U0119241

科學天地 37

World of Science

觀念生物學(2)

The Way Life Works

by Mahlon Hoagland & Bert Dodson

霍格蘭、竇德生／著

李千毅／譯

作者簡介

霍格蘭（Mahlon Hoagland）

傑出的分子生物學家，美國國家科學院院士。霍格蘭的重要學術成就為：發現胺基酸活化酵素，以及與同僚共同發現轉移RNA（tRNA），揭露了如何把DNA攜帶的訊息轉譯為蛋白質的機制。退休後，專注於科學寫作與教育。

竇德生（Bert Dodson）

才華洋溢的畫家，曾為60多本書繪製插畫。竇德生也在學校開課教授素描與插畫，並著書教人如何畫素描。

譯者簡介

李千毅

中興大學植物系畢業，密西根大學生物碩士，現任天下文化資深編輯，「科學文化頻道」（scc.bookzone.com.tw）主編。譯有《金色雙螺旋》（與涂可欣合譯，天下文化出版）。

觀念生物學(2)——目錄

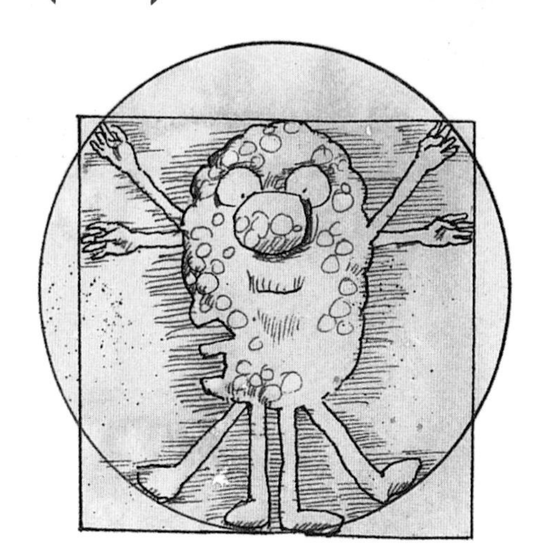

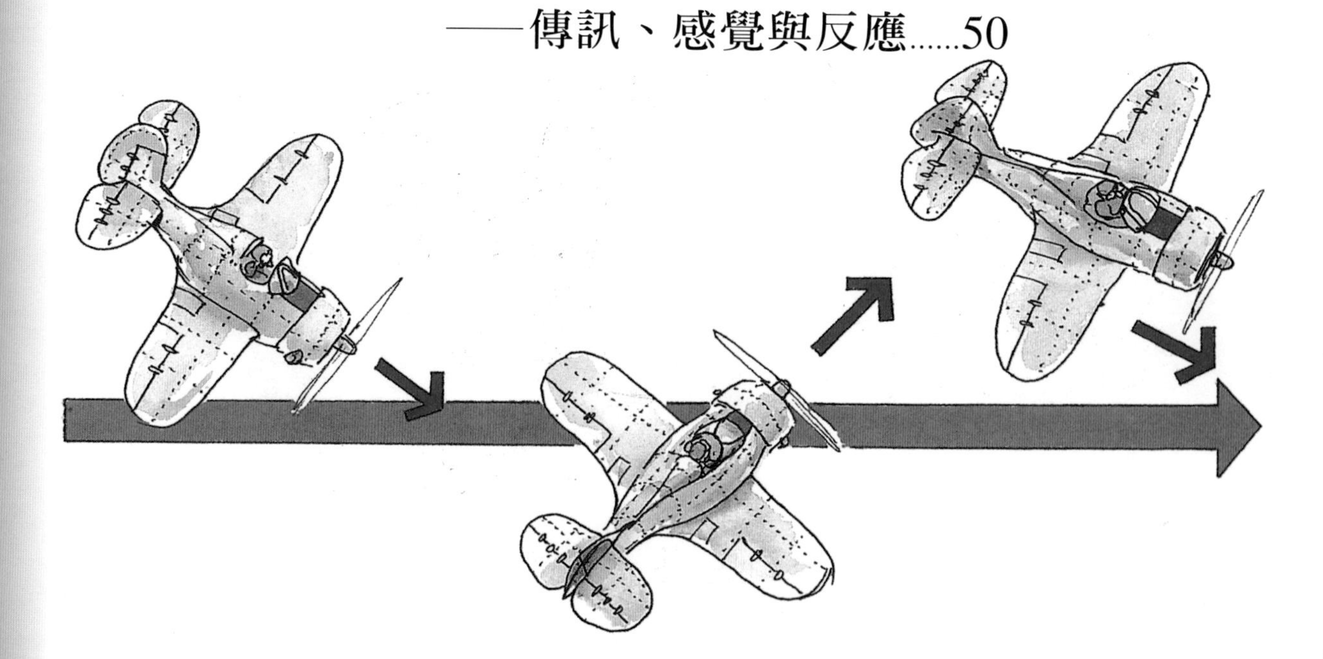

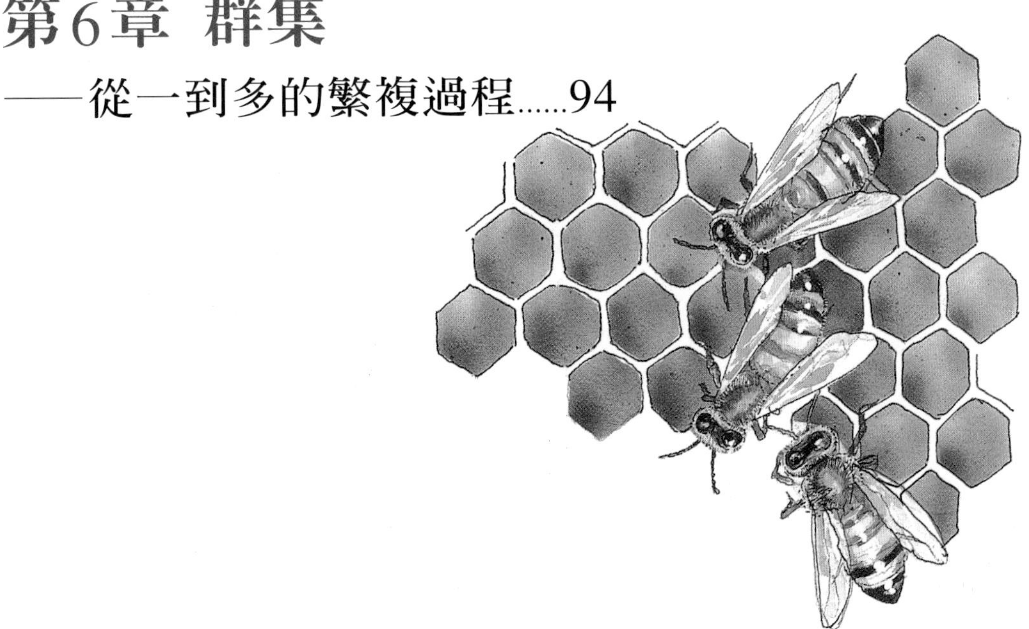

觀念生物學(1)——目錄

簡介

第1章 模式

——16種你該知道的生命現象

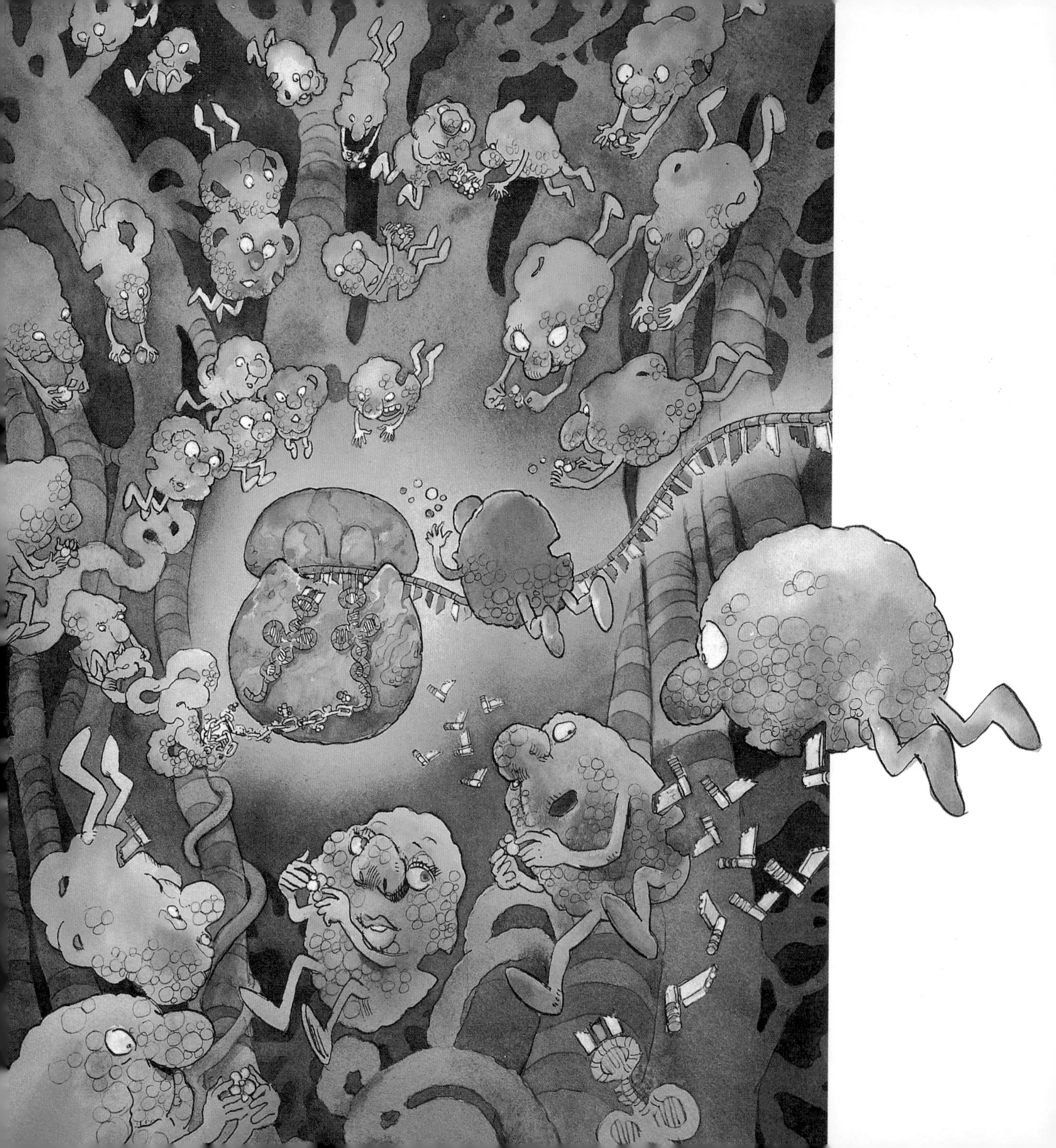

第4章

機器

——打造機靈的小組件

當人類製造收音機、汽車或電腦時，我們是利用累積了幾百年的知識，來組裝各種無生命的零件。但當我們的細胞在建造我們時，可是應用累積了40億年以上的訊息呢！而且細胞還把訊息直接安裝進組件中，所以這些組件都是很有頭腦的唷！DNA上的指示可以轉譯成許多小而美的組件，這些組件幹起活兒來，一點也不馬虎，它們精準、正確又頗能發揮互助合作的精神。我們日常生活中所做的每一件事，不論是思考、說話、大笑、哭泣、坐臥跑跳、懷孕生子等等，都是源自蛋白質群集中各種成員之間的密切交流與互動。

我們把這些蛋白質稱爲「機器」，是因爲它們可以移動、工作，如同機器會運轉、做工那樣。單單是可以移動這項特長，就足以使蛋白質肩負起各式各樣精巧的任務（請見第11～14頁）。儘管每種蛋白質只「表演」單一種專長（偶爾，有些蛋白質懂兩種），我們還是覺得這些蛋白質頗有「頭腦」。藉由微妙的改變內部結構，蛋白質可以暫時改變形狀，稍後再變回原貌。如果讓你一整天都看著一種

◀◀
像DNA這種僅由4種核苷酸串連起來的單調序列，看似稀鬆平常。但每天在我們體內執行神奇工作的20,000種各式各樣的蛋白質，究竟是如何由DNA轉變成的？答案就在細胞內的蛋白質製造工廠中。

蛋白質做這樣「變過來，又變回去」的演出，你可能會覺得蛋白質的IQ並不高嘛！但你若觀察一組蛋白質的工作，除了每個組員賣力的演出之外，它們集體的聰明表現便會讓你刮目相看！

蛋白質的十八般武藝

蛋白質都做些什麼事呢？

只要追蹤生物間蛋白質分子的種類及排列的差異性，就可以體認生物世界存在的多樣性。在我們的細胞中，扣除了水之後，一半以上的重量是來自蛋白質。每天，蛋白質在細胞內處理各種日常生活中的大小雜務，賦予細胞特有的外形以及特殊的能力。先前，我們已略為提到蛋白質的某些專長，現在繼續讓大家瞧瞧蛋白質的其他才藝表演。

酵素

酵素算是一種催化劑，它們可加速分子的分解和結合。酵素的表面有一些特別的形狀，用以「辨識」特殊的分子，就好比一個鑰匙孔只能接受一把鑰匙。雖然酵素會改變其他分子的形狀，但它們自己的形狀卻絲毫不受影響，所以可以一再反覆的使用。

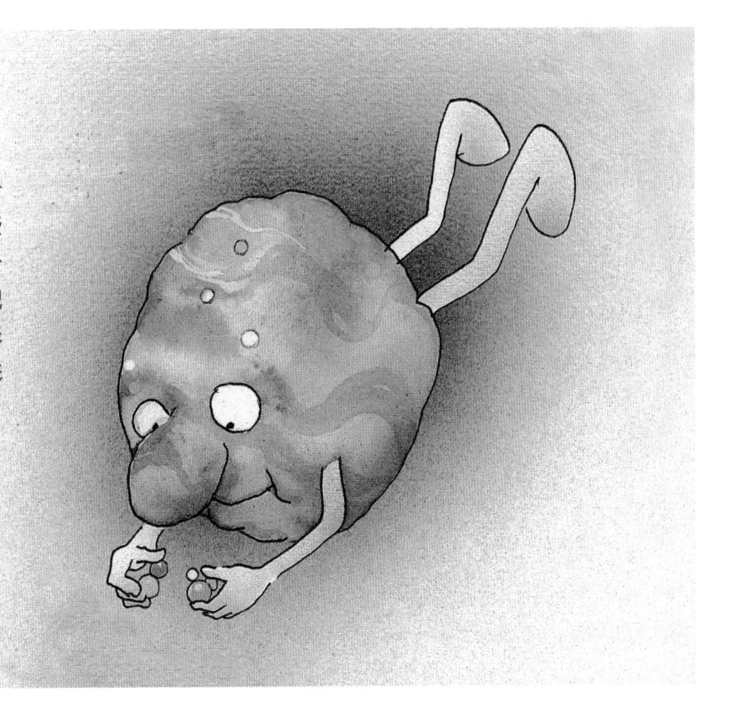

運輸蛋白

鑲嵌在細胞膜上的特殊運輸蛋白，具有「隧道加喞筒」的功能，可以讓物質進出細胞。

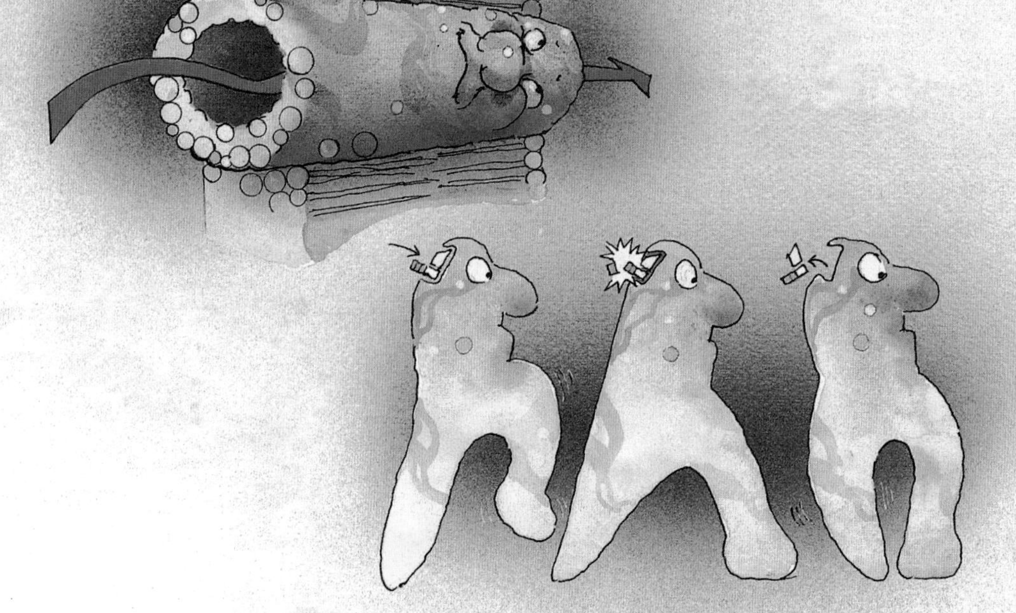

移動蛋白

由於蛋白質長鏈（即胺基酸序列）的形狀幾乎是取決於能輕易打斷及重建的微弱化學鍵，所以這些長鏈在有能量輸入時，或是把能量抽離時，可以變短、變長及變形。能量分子ATP可以活化蛋白質分子的某一部分，使該蛋白質的另一部分滑動，或者說是「往前邁一步」。稍後將蛋白質上的ATP移除，蛋白質會恢復原來的形狀，但在這過程中，蛋白質又往前邁另一步。這些步驟可以反覆的進行下去，於是蛋白質就能移動。

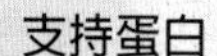

支持蛋白

折疊或盤繞的蛋白質長鏈可以形成許多種片狀及管狀結構，相當於細胞的樑柱、夾板、水泥和釘子等等。

調節蛋白

把某種化合物轉變成另一種化合物的過程，需要一系列酵素分若干步驟來完成。在這循環的過程中，第一個酵素會注意「看」，如果最終的產物累積夠多了，它就會關閉整條生產線。調節酵素對回饋機制的應變能力，就建構在該酵素本身的結構中（請見第5章）。

傳訊蛋白

想要和諧順暢的分工合作，細胞必須能夠傳送及接收訊息，保持良好的溝通品質。蛋白質可以扮演細胞的化學信使，蛋白質做成的荷爾蒙就是一例；而傳訊蛋白質則會坐在細胞的表面上，等著接收從他處傳來的訊號。

防衛蛋白

抗體是一類特殊的蛋白質，外觀呈「Y」字形。抗體可以辨識細菌或病毒等外來物，然後與它們結合，把它們包圍起來，讓免疫系統中的清道夫來消滅這些外來物，並將它們趕出體外。

舉重大力士，力氣從哪來？

團結就是力量！

人類細胞內所製造的蛋白質多達50,000種以上，我們僅從中選出兩種——肌動蛋白和肌凝蛋白，來展示小小的分子活動如何產生巨大的效果。肌動蛋白和肌凝蛋白是讓肌肉得以伸縮的蛋白質。在肌肉細胞中，肌動蛋白和肌凝蛋白的基因被轉譯成數百萬個肌動蛋白和肌凝蛋白，它們在肌肉細胞內排列整齊，形成一個生化棘輪裝置，並以ATP提供的能量來讓自己伸長或縮短。就是這種微小的分子機器，讓大力士在使力慢慢挽舉手臂時，產生隆起的二頭肌。

數以百萬的「肌動蛋白絲—肌凝蛋白絲」小單元，以頭尾相連的方式串連成長長的纖維，這些纖維又聚集成較粗的肌原纖維。一束束頗具彈性的肌原纖維，平行、緊密的填充在肌肉細胞中，最後這些肌肉細胞又一束束的平行排列成肌肉。

當每一個「肌動蛋白絲—肌凝蛋白絲」小單元同時收縮，可造成一個肌肉細胞的收縮；當所有肌肉細胞集體收縮時，將產生整塊肌肉的劇烈收縮。肌肉就是靠這樣「積小成大」、「團結就是力量」的原理來發揮功用的。

肌肉就是靠這樣「積小成大」、「團結就是力量」的原理來發揮功用的：

1. 肌動蛋白絲又細又長；肌凝蛋白絲較粗，而且會從側邊伸出許多「小手」，用以抓住肌動蛋白絲。

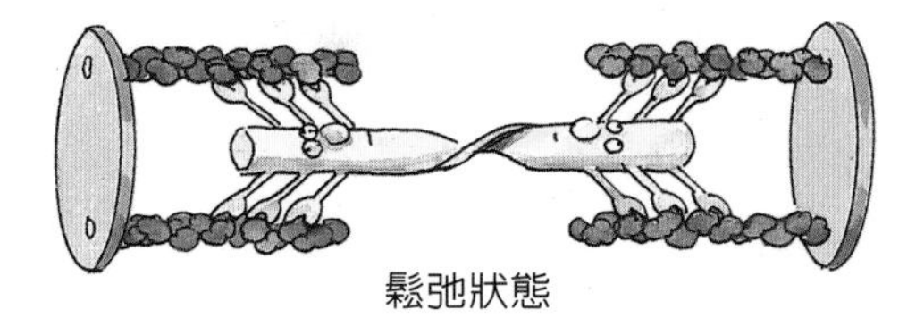

鬆弛狀態

2. 每一個收縮的小單元包含兩個相同的次單元迎面相向，每個次單元內有若干條肌動蛋白黏附在小圓盤上，兩個次單元之間則有肌凝蛋白相連。ATP 可以與肌凝蛋白的小手結合，然後在 ATP 打斷磷酸鍵的過程中，會釋出能量，造成肌凝蛋白的小手去抓住肌動蛋白。

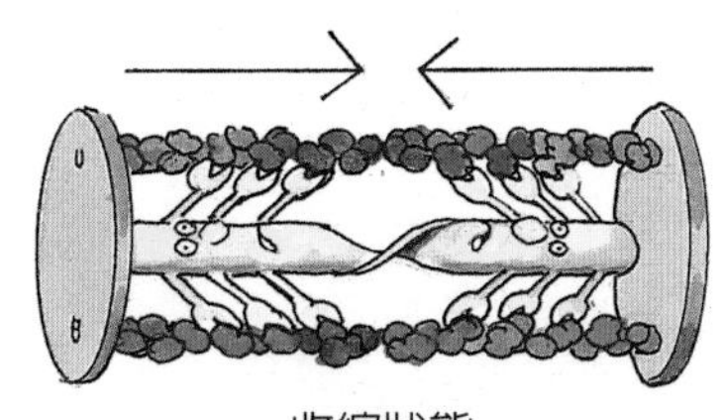

收縮狀態

3. 接著，失去磷酸的 ATP 從肌凝蛋白釋出，使得肌凝蛋白的小手臂像划船槳那樣用力一擺，讓相向的肌動蛋白迎面靠攏，兩個小圓盤也跟著靠近，最後導致肌肉收縮。

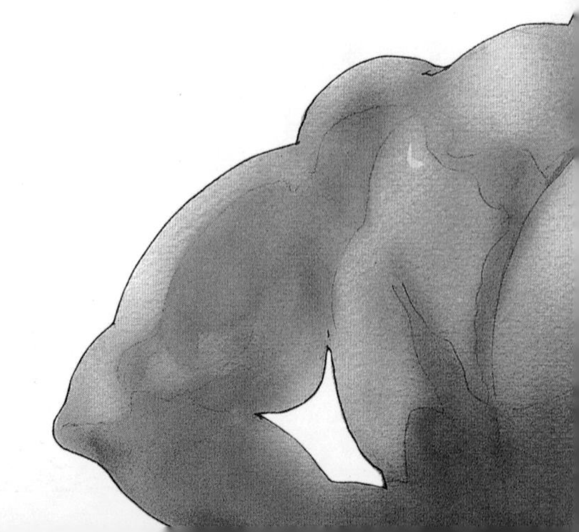

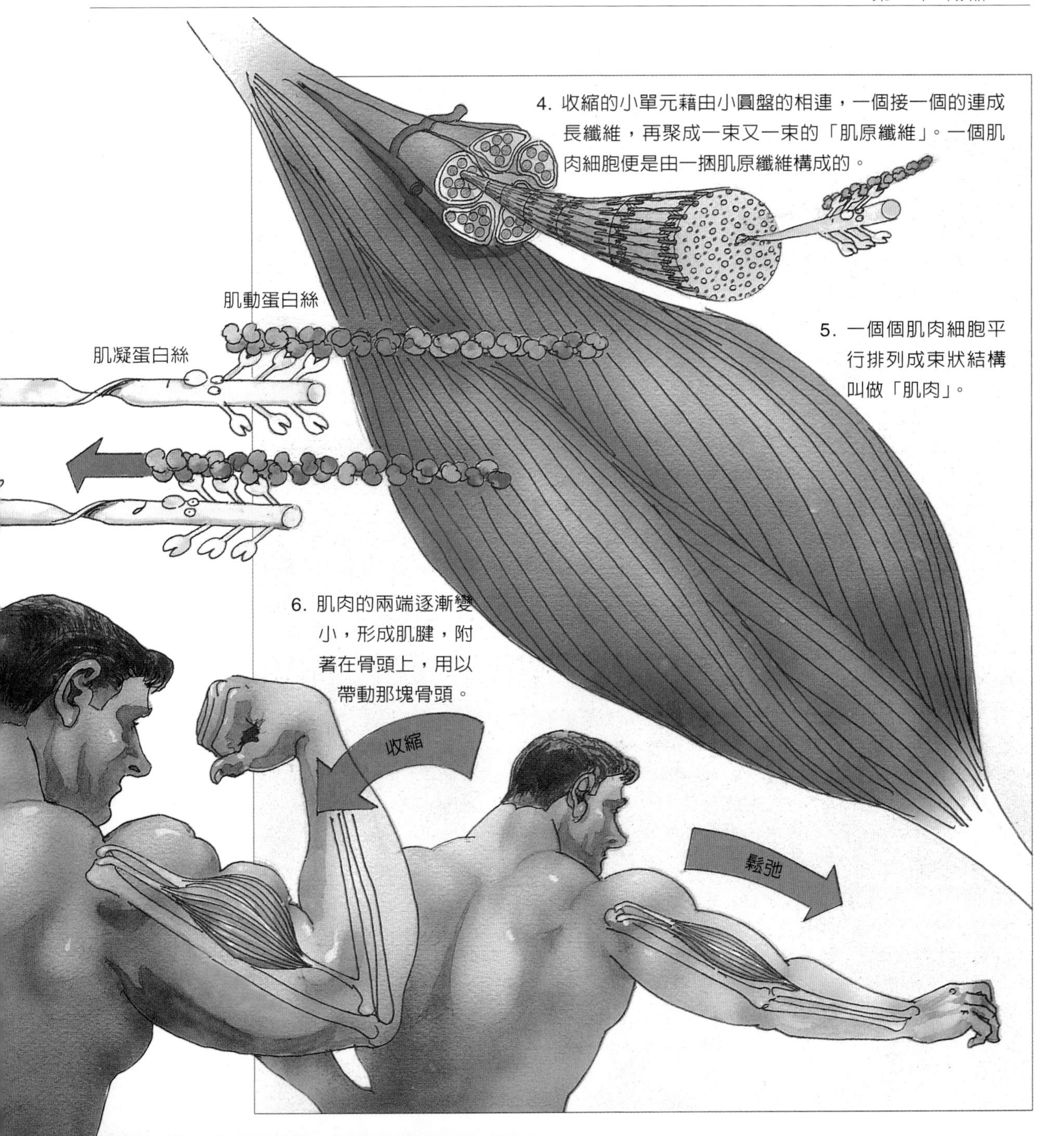
4. 收縮的小單元藉由小圓盤的相連，一個接一個的連成長纖維，再聚成一束又一束的「肌原纖維」。一個肌肉細胞便是由一捆肌原纖維構成的。
肌動蛋白絲
肌凝蛋白絲
5. 一個個肌肉細胞平行排列成束狀結構叫做「肌肉」。
6. 肌肉的兩端逐漸變小，形成肌腱，附著在骨頭上，用以帶動那塊骨頭。
收縮
鬆弛

蛋白質是由20種胺基酸組成的長鏈

有序列，才敢大聲說不同！

儘管蛋白質的種類、形狀、大小，多得讓你看了眼花撩亂，但在這麼繁複的變化背後，卻是一個相當簡單的基本原理。蛋白質與生俱來的形狀以及特殊的功能，完完全全是取決於蛋白質長鏈上的胺基酸排列順序（即胺基酸序列）。

胺基酸只有20種，不多也不少。動物、植物、細菌的蛋白質，都是利用這20種胺基酸合成的。每一種胺基酸都含有碳、氫、氧、氮4種原子，其中兩種胺基酸還含有硫。有10種胺基酸含有帶電的側鏈，可以被水分子吸引。因此在一個經過折疊的蛋白質長鏈上，這類能夠與水親近的胺基酸會聚集在蛋白質表面，接觸到細胞中的水。另外10種胺基酸不帶電，所以它們傾向於聚集在未與水接觸的蛋白質內部。

每個胺基酸之間靠著堅固的共價鍵連結成蛋白質的骨幹（即圖中一個個由小鐵環串成的長鏈）。一旦蛋白質分子組裝完畢，它上面的各個胺基酸之間會形成各式的微弱鍵結。就是這些可以輕易打斷及重建的微弱鍵結，賦予蛋白質驚人的能力，讓它們得以改變形狀，適時發揮所長。這種微弱的鍵結也讓蛋白質保有高度的彈性與移動力。

蛋白質折疊

蛋白質主要存在兩種環境中：不是水中，就是脂質中。這也說明了爲何蛋白質有時候是這樣折疊的，有時候又是那樣折疊的。存在有水環境中的蛋白質會把親脂性的胺基酸緊緊的裹在內部，讓親水性的胺基酸暴露在外，與水接觸。住在細胞膜（由脂質構成的環境）上的蛋白質，處理的方式恰好相反。除非經過正確的折疊，否則蛋白質可別想幹活兒。

1. 蛋白質長鏈組裝完畢後，會接著開始折疊，這過程往往需要小小的監護分子的協助。

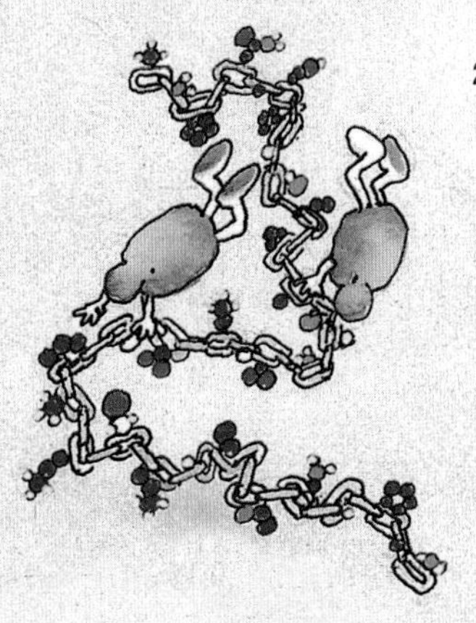

2. 通常親脂性的胺基酸會向內翻，且彼此以弱鍵相連，這樣可以形成穩定的結構。

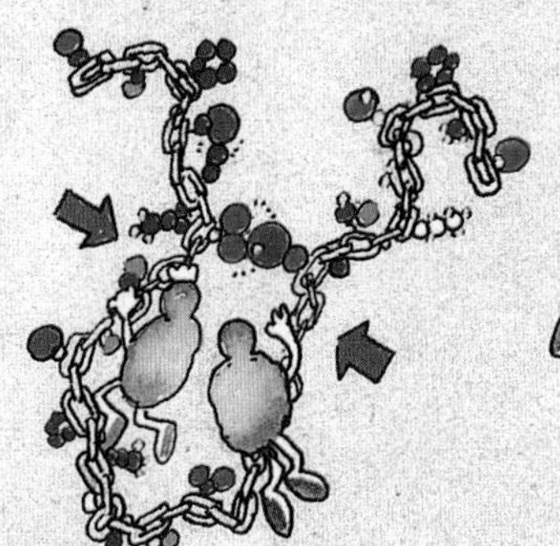

3. 親水性的胺基酸則翻到表面上，在那裡執行它們的特有功能。

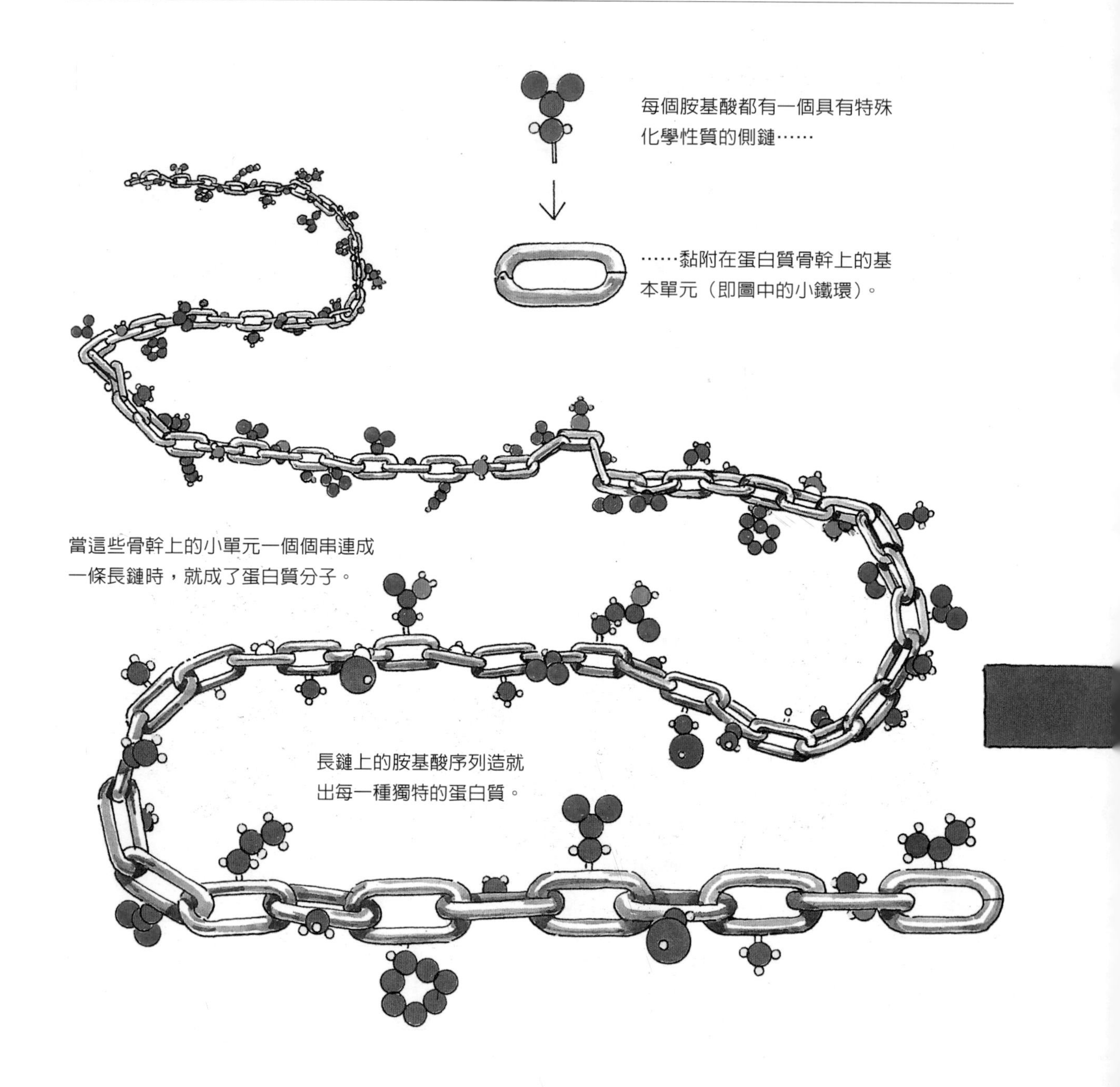
每個胺基酸都有一個具有特殊
化學性質的側鏈……
……黏附在蛋白質骨幹上的基
本單元（即圖中的小鐵環）。
當這些骨幹上的小單元一個個串連成
一條長鏈時，就成了蛋白質分子。
長鏈上的胺基酸序列造就
出每一種獨特的蛋白質。

胺基酸「環環相扣」，串成蛋白質長鏈

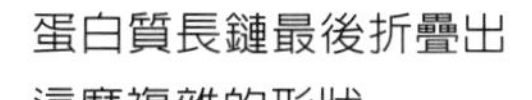

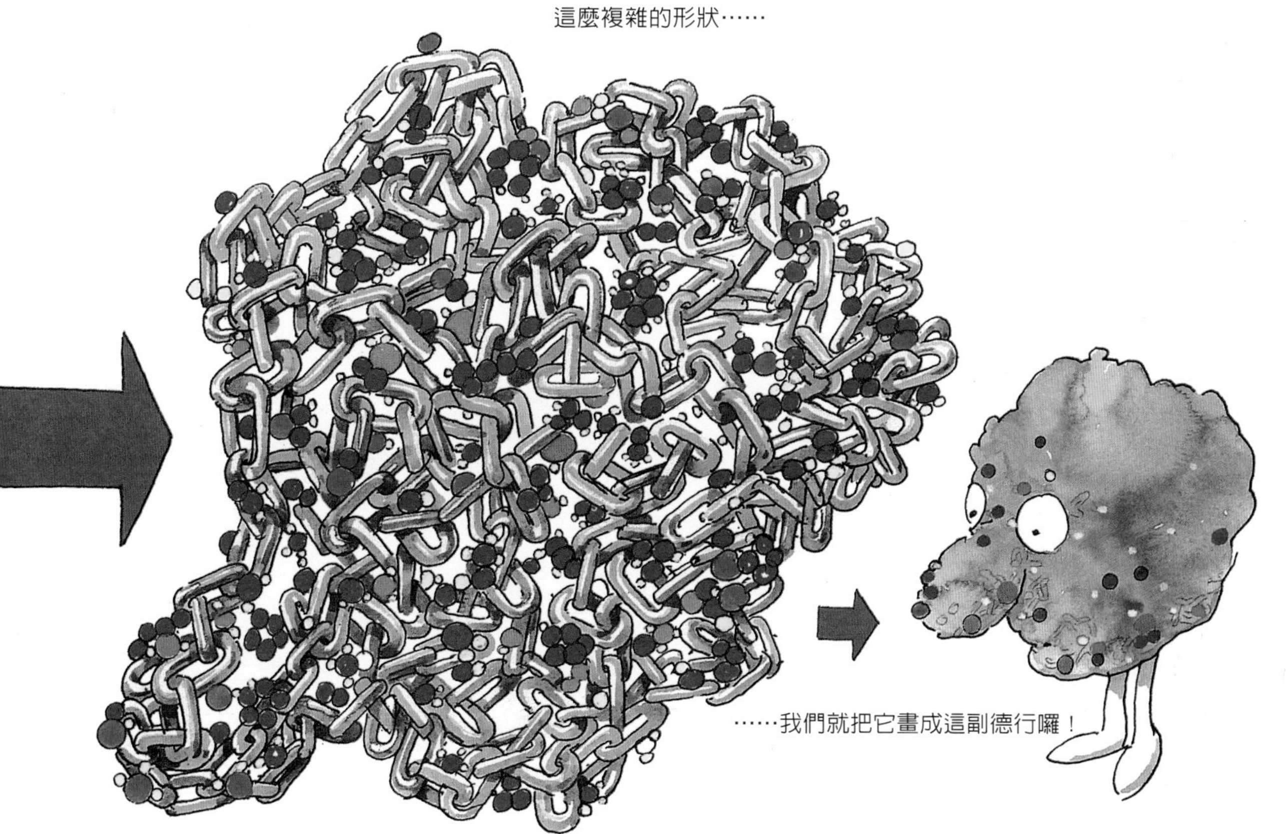

把訂單的順序轉譯成一盒盒的甜甜圈

衣夾與甜甜圈

歡迎來到「阿羅瑪多娜專賣店」，我們這裡有各式各樣美味可口的甜甜圈唷，草莓的啦、巧克力啦、椰子啦、楓糖啦，還有藍莓、杏仁、香蕉、鳳梨等等，一共有20種口味，任你挑選！不是我們自誇，每個來我們這裡買甜甜圈的顧客，或是每次訂單進來時，一次都是買好多好多個，而且每次都要我們把特定的口味按照特定的順序放在紙盒中交貨，你看他們可眞是百吃不厭呢！

一開始呀，在櫃台接受訂單的店員用喊話的方式，把客人要的甜甜圈依照訂單上的順序，傳報給廚房的夥計，不過這方式總是造成錯誤連連，不是店員喊太小聲，就是那夥計耳朵有問題。若把訂單直接轉給夥計，又不成了，因為那夥計不識字啊。後來有人想出一個妙計，他們把儲藏在地下室的彩色曬衣夾拿出來運用一下。用不同的衣夾顏色組成各種甜甜圈的代碼，來通知廚房的夥計。這下子，字雖看不懂，顏色總能辨識了吧！

這些衣夾共有4種顏色（紅、黃、綠、藍），而甜甜圈有20種。想想看唷，有沒有什麼有效的方法，可以用4種顏色來代表20種不同的甜甜圈？聰明的店員想出用「密碼」的法子。

首先，他取2個衣夾做組合：譬如說，「紅衣夾＋藍衣夾」用來代表草莓口味的甜甜圈；「黃衣夾＋紅衣夾」代表巧克力口味，諸如此類。但他很快就發現這樣兩兩一組，最多只能變出16種（4×4）組合，不足以用來代表20種甜甜圈。如果改成3個一組呢？這樣可以有64種（4×4×4）組合，這下子總夠用了吧！

於是店員把廚房的夥計找來協商，一起指定什麼樣的顏色組合代表什麼甜甜圈，並要大家把這些密碼牢記在心：好比說，「紅衣夾＋藍衣夾＋黃衣夾」代表草莓口味；「黃衣夾＋紅衣夾＋綠衣夾」代表巧克力口味等等。

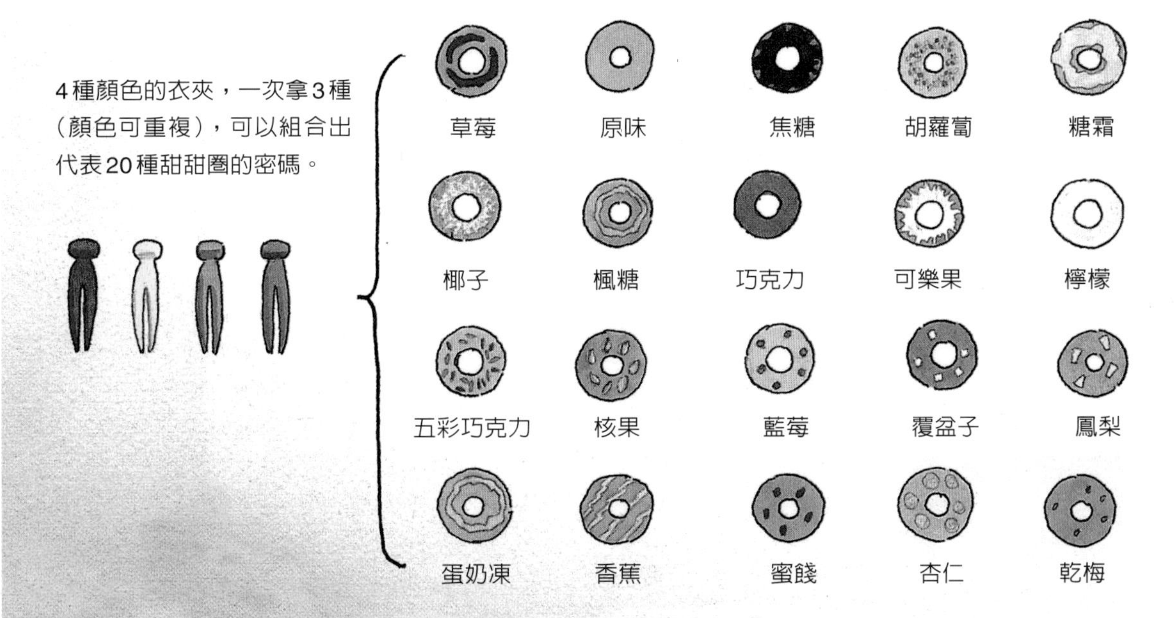

1個椰子，6個巧
克力，3個焦糖，
1個草莓……
解碼的人
草莓…

所以現在的情況變成這樣：一個人在櫃台報出訂單上的甜甜圈，一個人依序把3個一組的衣夾掛上運輸線。到了廚房後，一個人負責解碼，讀取每一組衣夾密碼所代表的甜甜圈，並將正確的甜甜圈掛上運輸線；另一個人專門打包，把傳送過來的甜甜圈取下，按照順序放進紙盒中。

從這整個流程中你可以看見，櫃台上的訂單被轉錄成曬衣夾的序列，進而被解碼成一盒盒綜合口味的甜甜圈。有了這樣的流程，從訂單到交貨從此順暢無阻，老闆開心，顧客滿意。

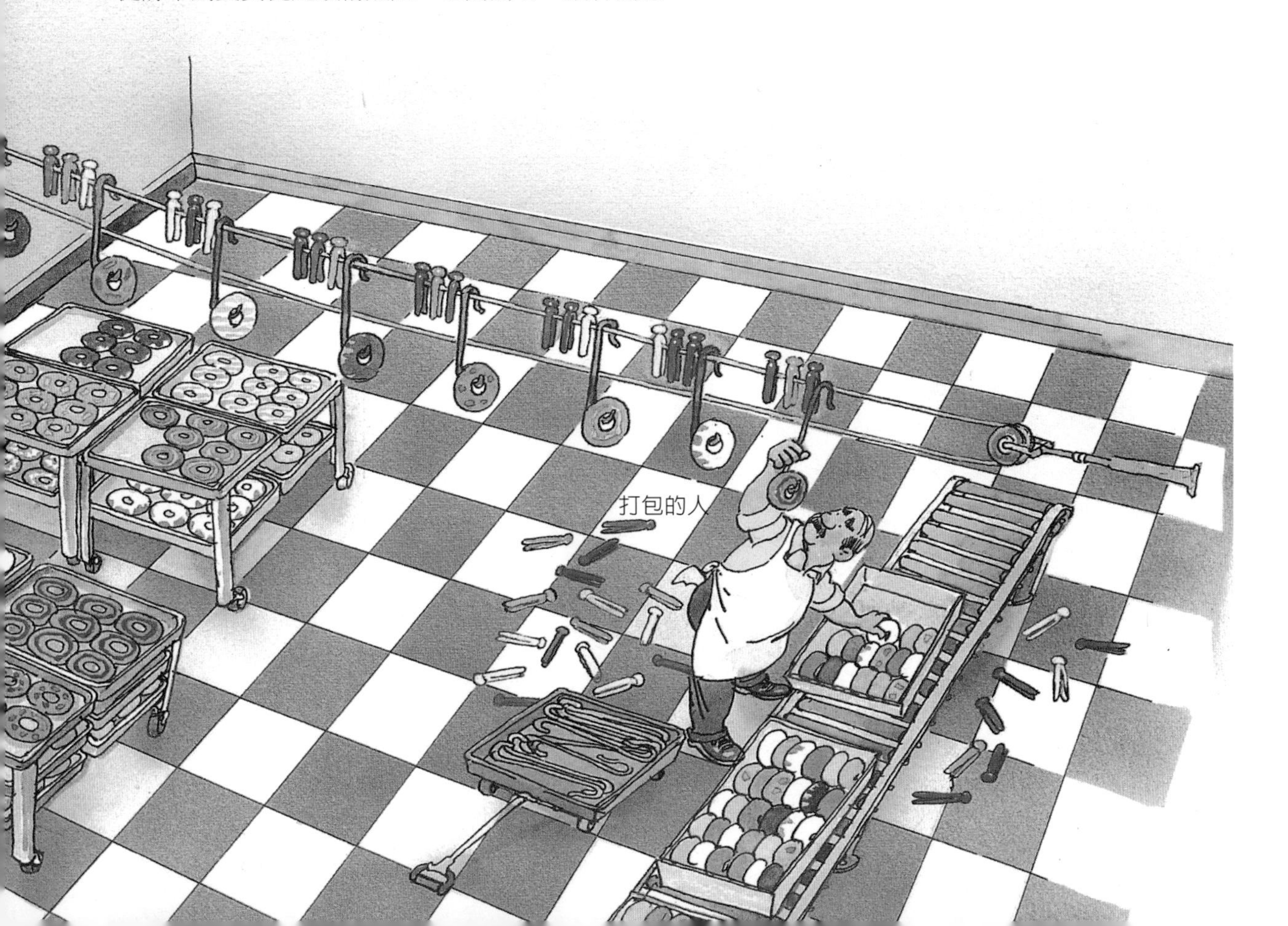

DNA的訊息如何轉譯成蛋白質？

從核苷酸到胺基酸

一個DNA分子是由好多好多核苷酸（曬衣夾）串連成的，上面住著許多基因，每個基因平均約有1,200個核苷酸長。若以每3個核苷酸爲一小組（也就是一個三聯體），每個基因上大約有400個這樣的小組，每個三聯體對應著1個胺基酸（甜甜圈）。因此，整個基因將被轉譯成一個含有大約400個胺基酸的蛋白質（一盒盒打包好的甜甜圈）。

蛋白質的製造過程是這樣的：首先，把基因上的核苷酸序列抄錄成一條單股的RNA（請見第1冊的第3章），叫做信使RNA（簡稱mRNA）。接著，把胺基酸接在轉移RNA（簡稱tRNA，類似接頭的功能）上，這個動作就好比解碼的夥計把正確的甜甜圈掛上傳輸線。每個「接頭」都能辨識一組特定的核苷酸三聯體（或稱密碼子）。然後，這些接頭帶著黏附在它們身上的胺基酸，和mRNA一起來到合成蛋白質的工廠，也就是「核糖體」（打包甜甜圈的人），胺基酸就是在這裡一個個串連成蛋白質。

4種不同的核苷酸（A、T、C、G），一次拿3個（種類可重複），可以產生多種組合，做為20種胺基酸的密碼。

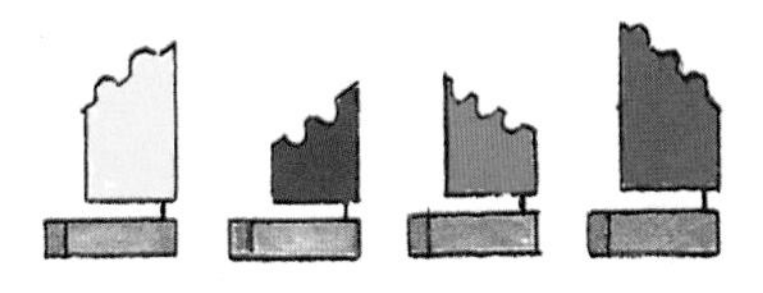

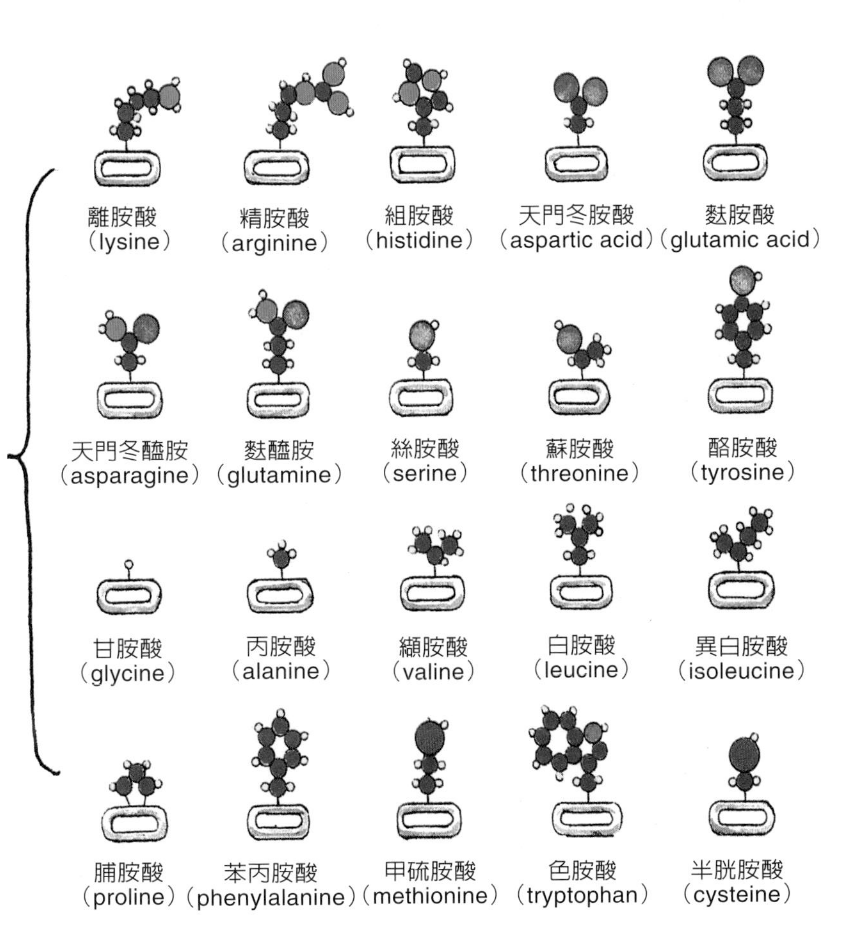

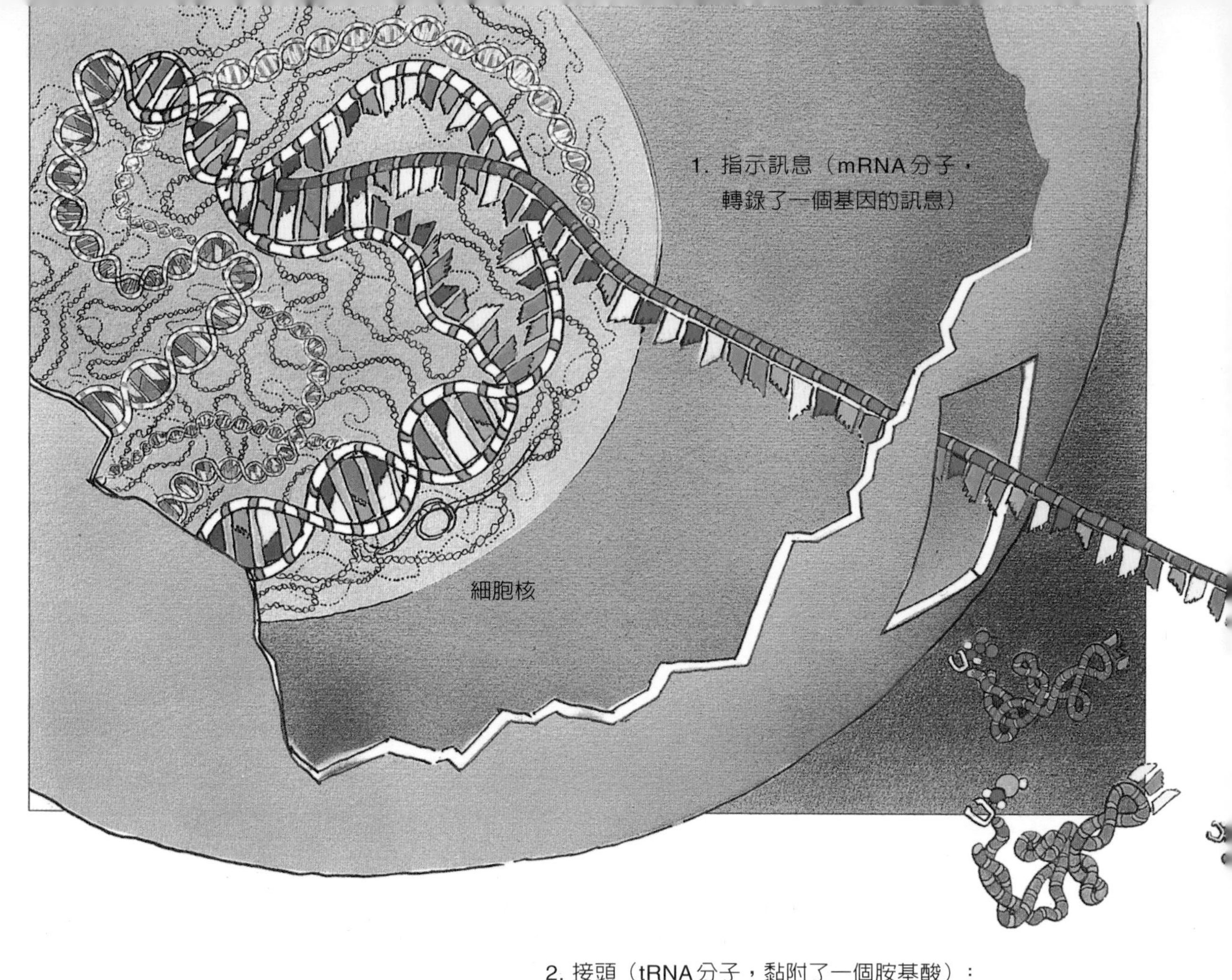

2. 接頭（tRNA分子，黏附了一個胺基酸）：tRNA是DNA訊息和蛋白質產物之間的關鍵「解碼者」。每個tRNA的一端都含有一組由核苷酸三聯體構成的密碼，另一端則帶有1個胺基酸分子。

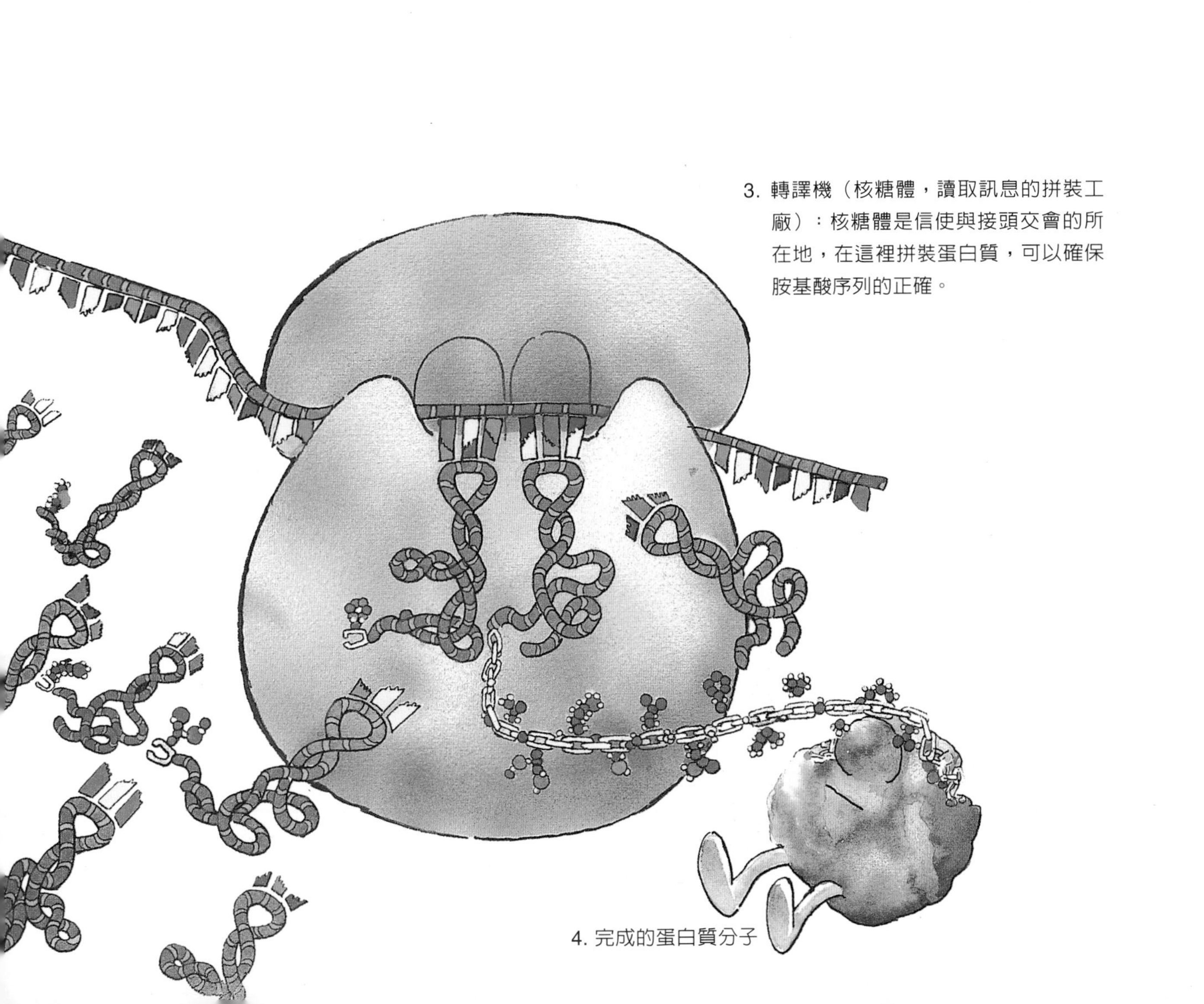
3. 轉譯機（核糖體，讀取訊息的拼裝工廠）：核糖體是信使與接頭交會的所在地，在這裡拼裝蛋白質，可以確保胺基酸序列的正確。
4. 完成的蛋白質分子

從DNA到蛋白質──多重步驟的過程

tRNA的神聖使命

前面我們看見DNA轉譯的過程中，基因上的訊息會指示蛋白質中的胺基酸排列順序。現在我們就來把這個過程看個詳細。在每個胺基酸與mRNA之間，必定存在某種化學連結。tRNA這個類似接頭功能的分子，正是扮演著這樣的角色。在tRNA的一端是核苷酸三聯體組成的密碼，會與mRNA上的另外三個互補的核苷酸配對。在tRNA的另一端，靠著一種聰明能幹的胺基酸活化酵素，把特定的胺基酸激活（需消耗ATP），並黏在tRNA上。由於胺基酸有20種，所以至少要有20種不同的胺基酸活化酵素以及20種不同的tRNA做接頭。在第32、33頁的圖中，我們將展示蛋白質製造過程的前幾個步驟，包括活化胺基酸，以及把胺基酸黏在tRNA上。

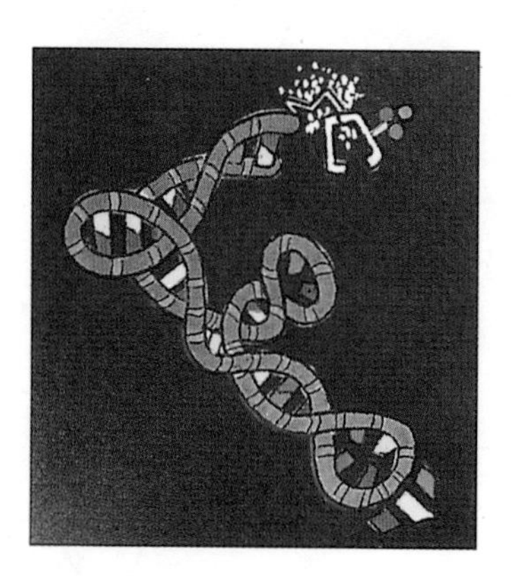

基本概念
一個活化的胺基酸黏在一個tRNA接頭的末端。

圖中顯示活化胺基酸所需的4種關鍵因子：ATP分子、胺基酸、tRNA接頭，以及活化酵素。

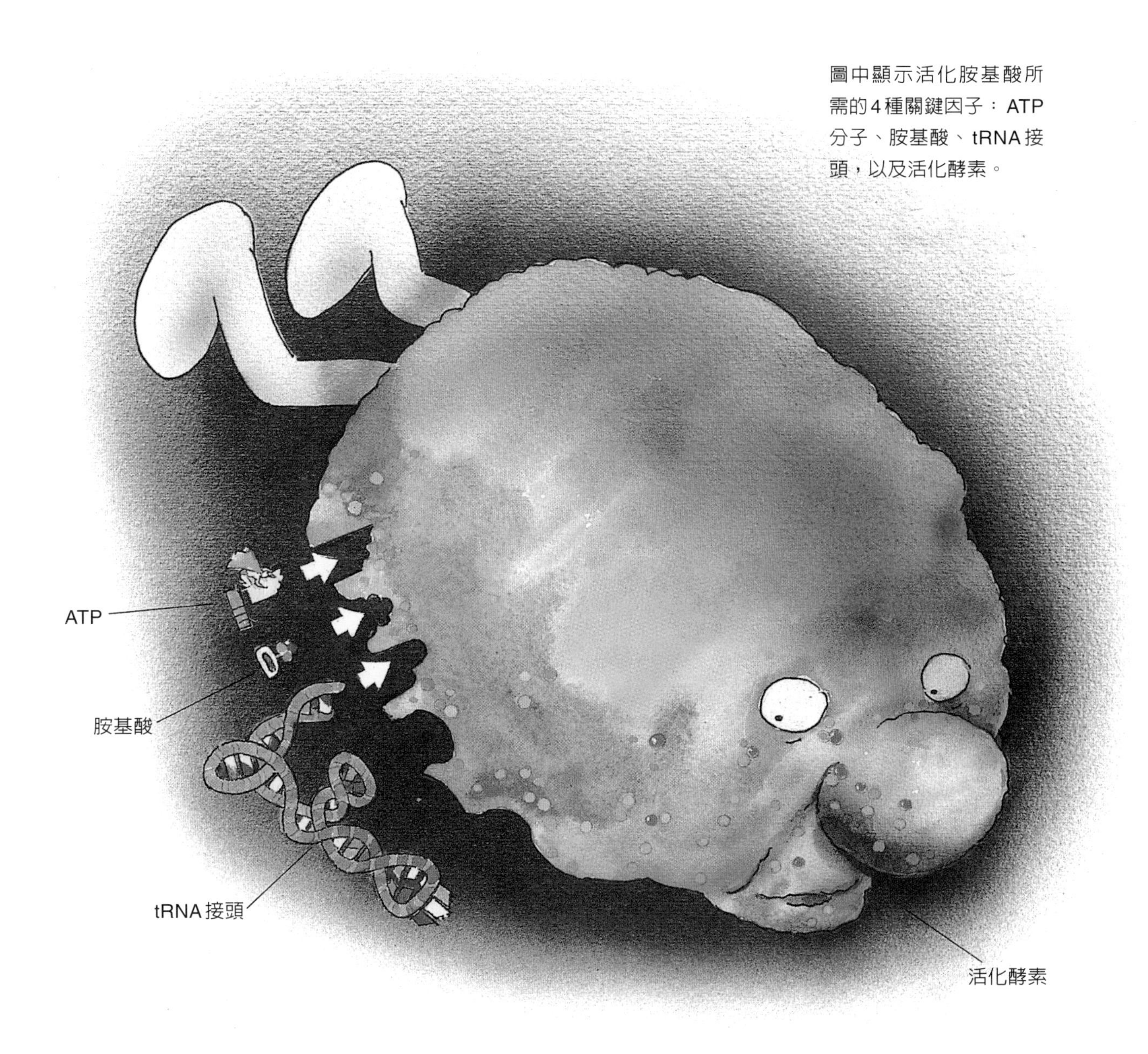

詳細過程

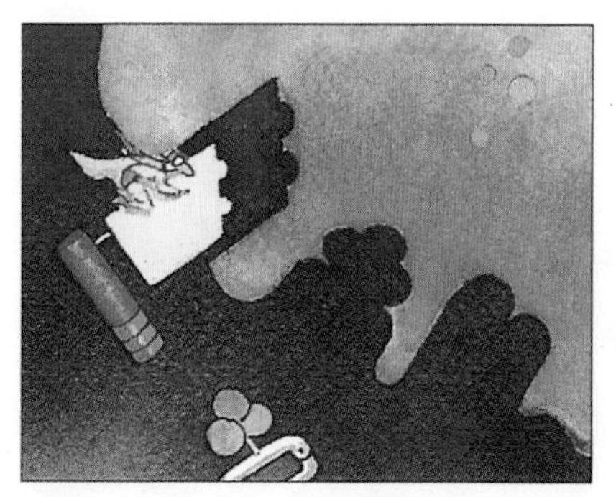
ATP接近胺基酸活化酵素，停靠在該酵素為它量身訂做的「碼頭」內。

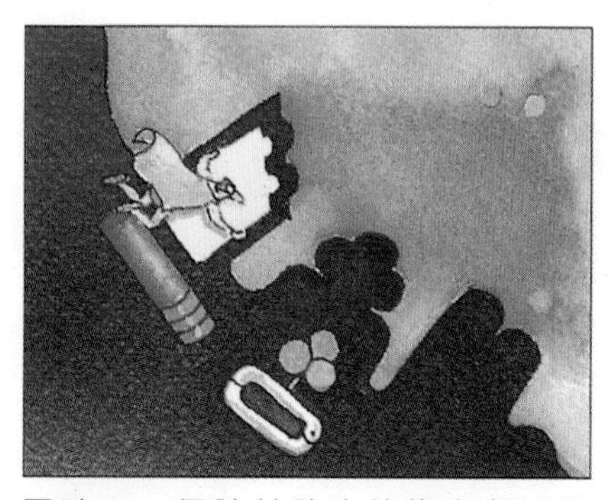
同時，一個胺基酸也停靠在鄰近的「碼頭」內。

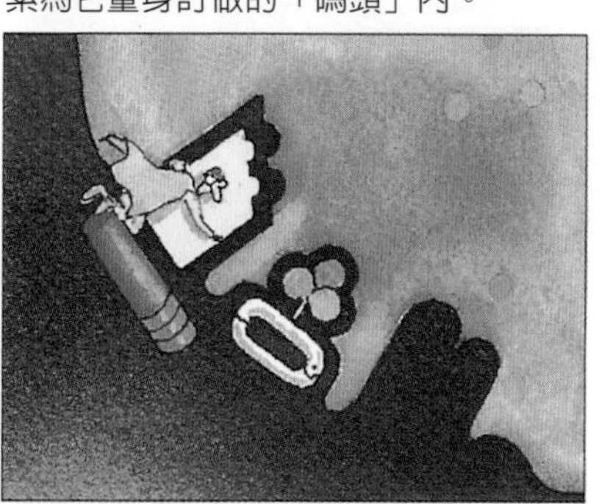
ATP與胺基酸被彼此拉近……

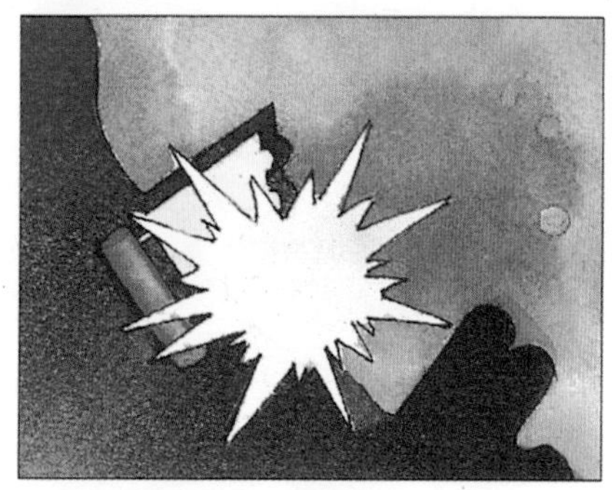
……靠近到「碰」的產生了鍵結……

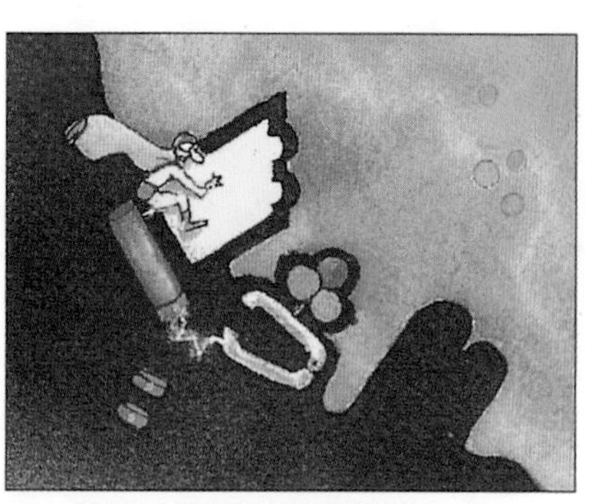
……並從ATP釋出兩個磷酸。

現在胺基酸呈活化狀態。（注意看！象徵胺基酸的小鐵環打開了。）

接下來，長得怪模怪樣的 tRNA 接頭出現了……

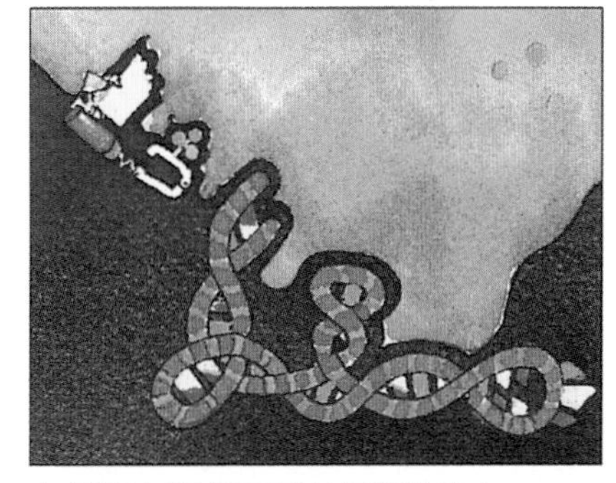
它停靠在與前面兩者相鄰的地方。

接頭的一端被拉向胺基酸……

一直靠近到「碰」的形成了鍵結。

能量轉移到新的鍵結中；而「使用過」的 ATP 分子被釋出。

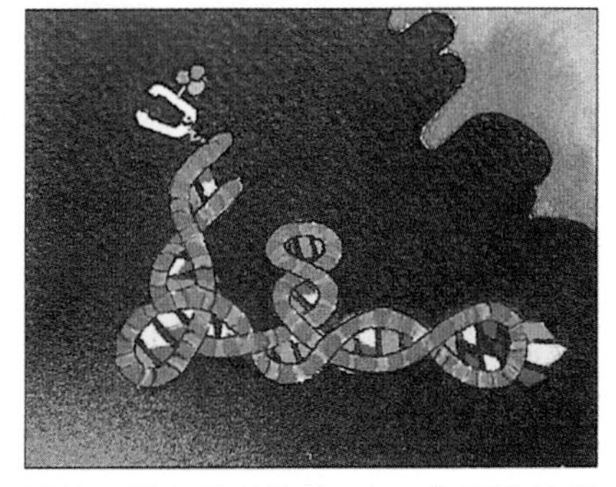
隨後，黏上胺基酸的 tRNA 接頭也被釋出。

轉譯作用

拼裝蛋白質長鏈

現在tRNA的一端已接上活化的特定胺基酸，另一端則有一組對應此胺基酸的密碼（由3個核苷酸構成）。接下來，tRNA要根據mRNA上的訊息，依序把特定的胺基酸帶過來，好讓蛋白質長鏈逐漸增長。這項把胺基酸一個個串連成蛋白質長鏈的工作，需要一種機器，既能透過接頭去讀取mRNA上的互補密碼子，又能將一個個胺基酸銜接成長鏈。這正好是核糖體的工作。

一個核糖體含有一個較大的次單元及一個較小的次單元，兩種次單元皆由RNA和蛋白質構成，RNA和蛋白質約各占一半。核糖體的外形則像一個造型特殊的電話機，較小的次單元像聽筒，較大的次單元像機座。在上工的時候，核糖體一邊讀取mRNA的訊息（一次讀3個核苷酸），一邊沿途把胺基酸一個個串連起來。等核糖體來到mRNA的末端，會遇上「無意義密碼子」，表示胺基酸序列已達終點，這時核糖體會釋出完成的蛋白質長鏈（這動作好比打包甜甜圈的夥計把甜甜圈裝好後，把盒子蓋上）。

轉譯過程的三種關鍵要素

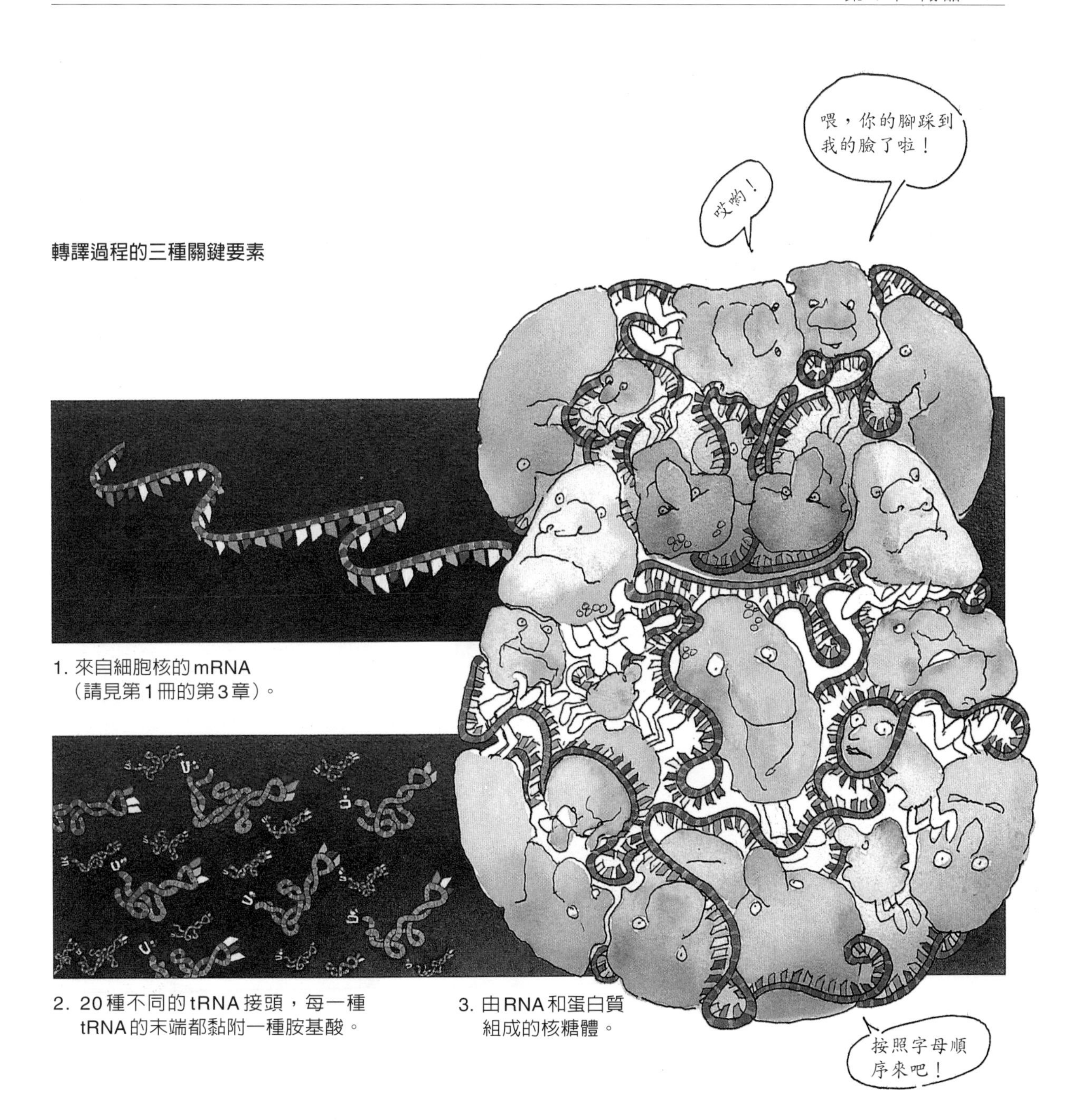

1. 來自細胞核的 mRNA（請見第 1 冊的第 3 章）。

2. 20 種不同的 tRNA 接頭，每一種 tRNA 的末端都黏附一種胺基酸。

3. 由 RNA 和蛋白質組成的核糖體。

拼裝蛋白質長鏈

mRNA把自己黏附在核糖體的較小次單元上。

第一個tRNA接頭與mRNA上的第一組密碼子配對。

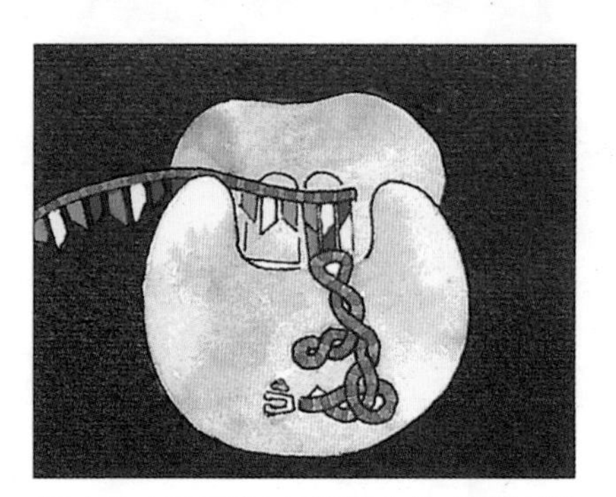

較大的次單元過來與較小的次單元結合。

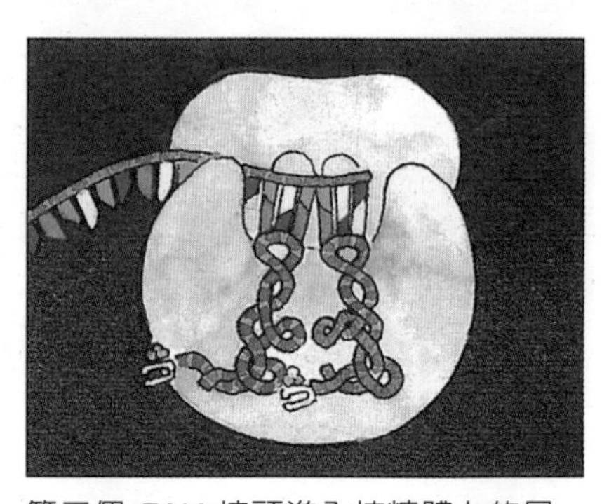

第二個tRNA接頭進入核糖體上的另一個「碼頭」。

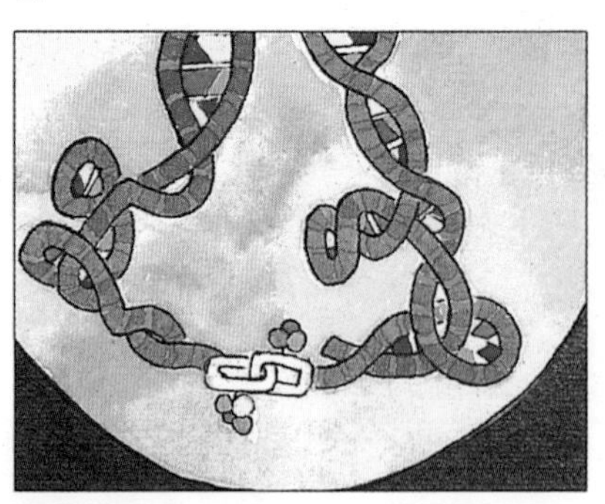

第一個胺基酸與第二個胺基酸以構成蛋白質骨幹的部位相連結。

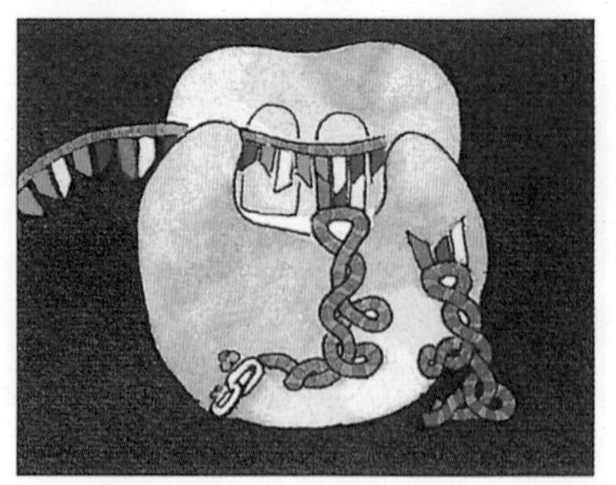

mRNA向右移動，第一個tRNA掉了出來。

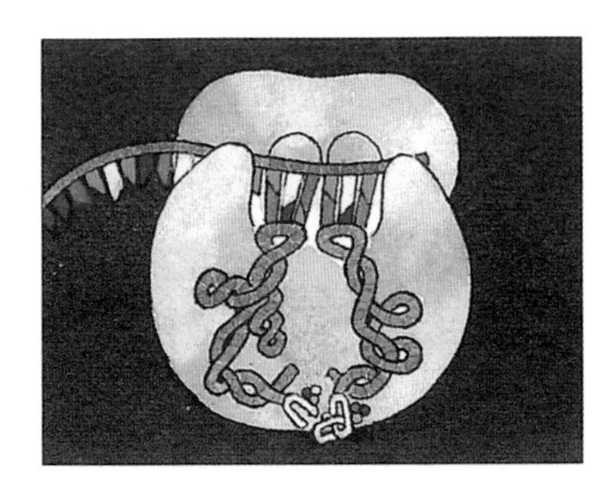

下一個tRNA接頭又來到第二個「碼頭」，並把第二個tRNA接頭上的2個胺基酸連接過來。

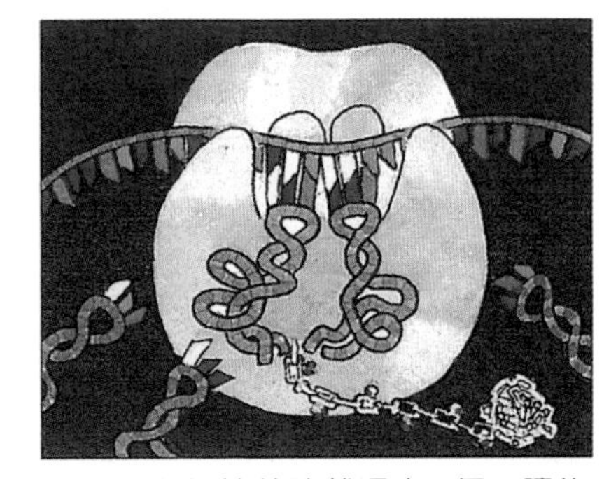

mRNA上的核苷酸就這麼3個一讀的進行下去，蛋白質長鏈也在過程中逐漸增長。

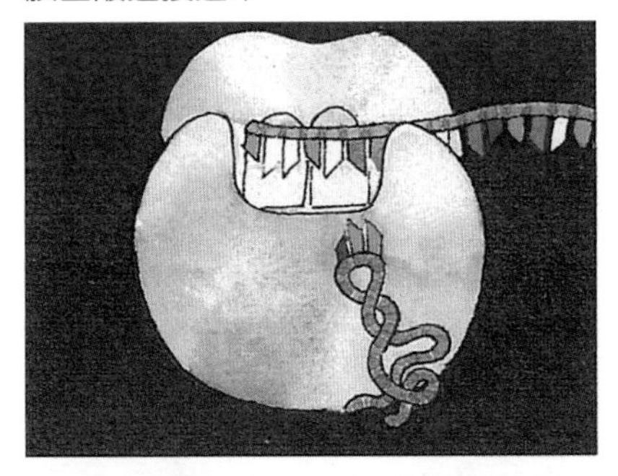

最後來到mRNA上的無意義密碼子，在此沒有任何tRNA接頭可以配對，轉譯的過程也就到此為止。

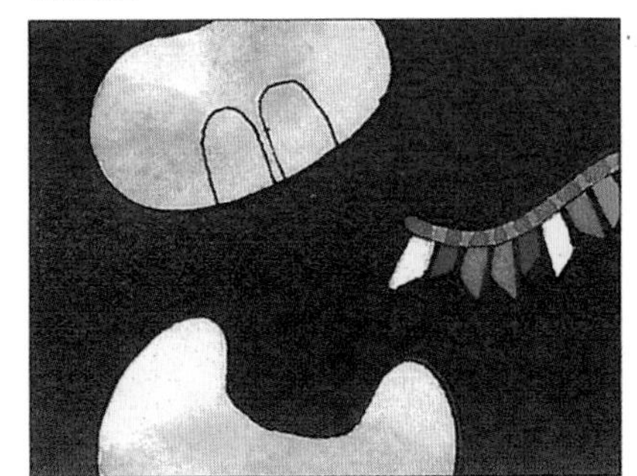

核糖體隨之拆解，釋出mRNA。

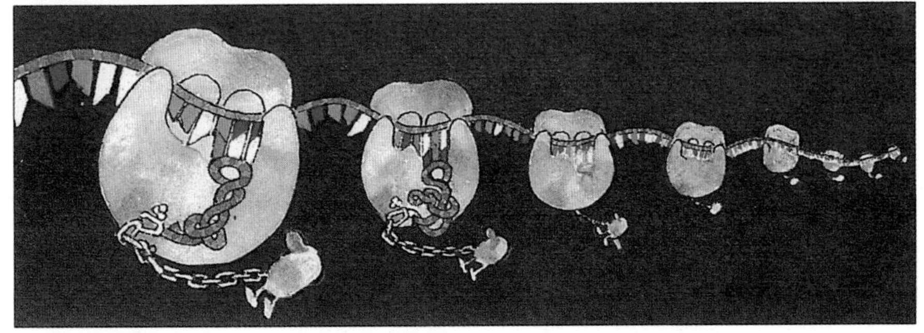

為了提高效率，一條mRNA分子上可以同時有若干個核糖體進行轉譯的工作。

從DNA到RNA到蛋白質

訊息的流動

我們在第1冊第3章中介紹的「從DNA到蛋白質、再到DNA」的循環，在此可以更精確的說成是「從DNA到RNA、到蛋白質、再到DNA」的循環。就嚴格的「生產線」定義而言，核苷酸序列上所指示的訊息僅以單一方向流動：也就是DNA的訊息被轉錄成RNA，RNA又被轉譯成蛋白質。蛋白質是DNA訊息流動的終點，蛋白質無法再把訊息回傳給DNA。

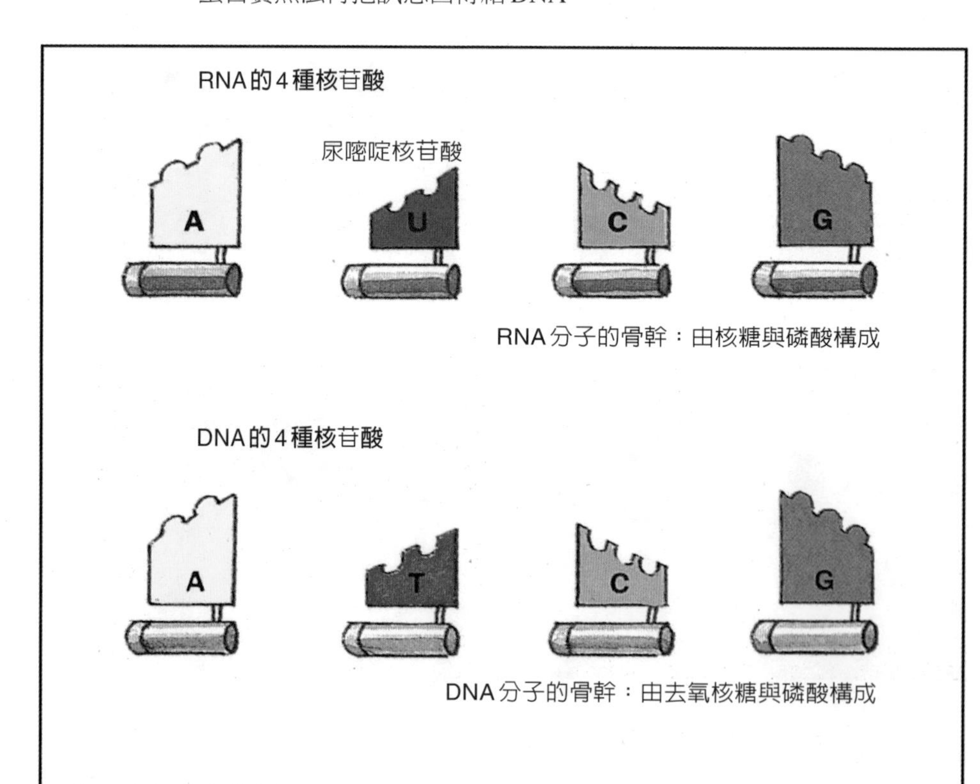

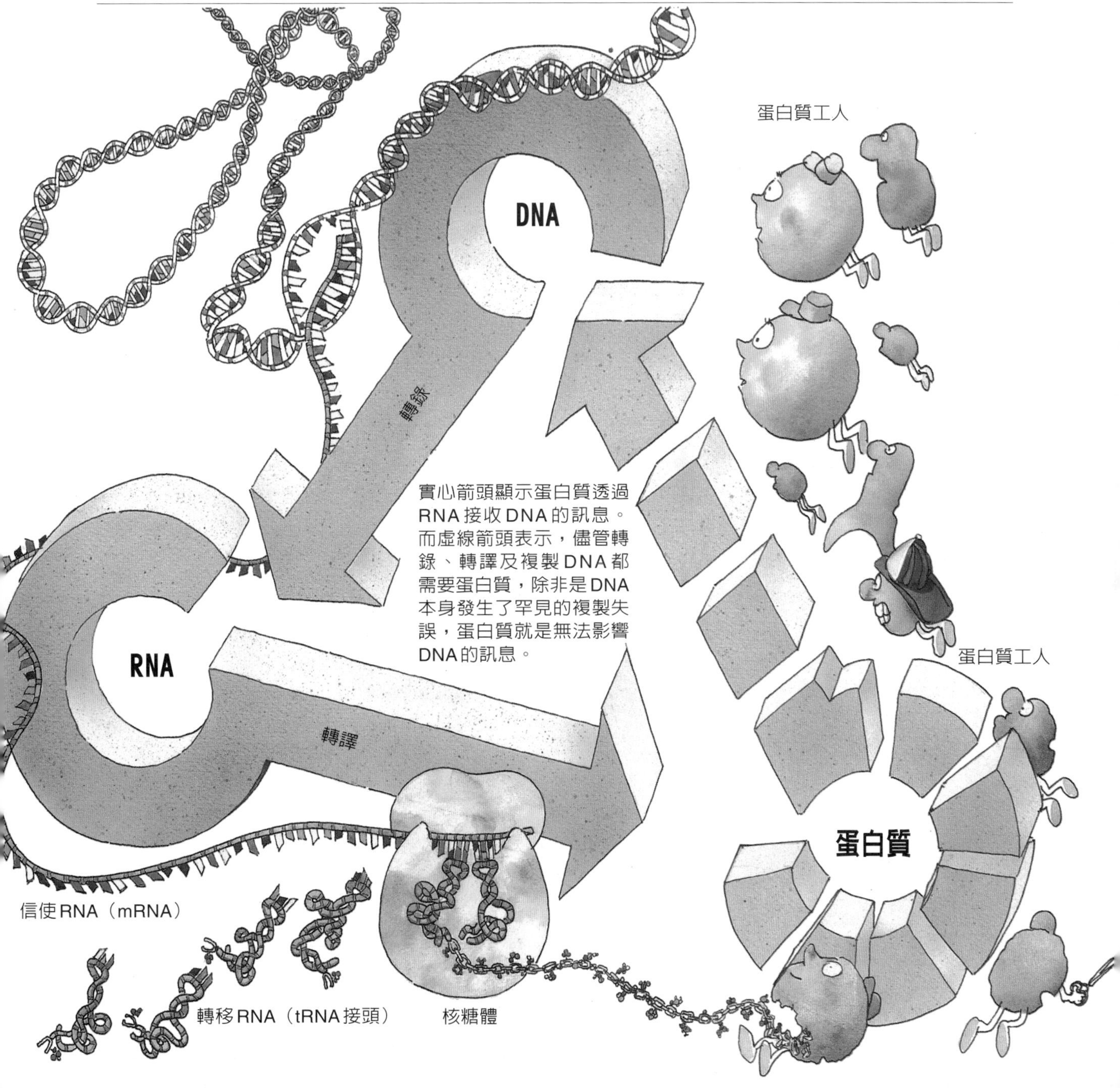
蛋白質工人
DNA
轉錄
實心箭頭顯示蛋白質透過RNA接收DNA的訊息。而虛線箭頭表示，儘管轉錄、轉譯及複製DNA都需要蛋白質，除非是DNA本身發生了罕見的複製失誤，蛋白質就是無法影響DNA的訊息。
RNA
轉譯
蛋白質工人
蛋白質
信使RNA（mRNA）
轉移RNA（tRNA接頭）
核糖體

而且，從較廣的角度來看，我們和這個世界互動、交流所需的眼睛、耳朵、鼻子、皮膚、神經等等，都是源自蛋白質所付出的心血與功勞，和DNA沒有直接的關係，因此我們所經歷的各種事情並不會改變我們DNA上面的密碼序列。這也是爲什麼我們在一生中所學到的各種經驗與行爲，以及一些後天的特徵，都是無法遺傳的。不管我們的蛋白質發生什麼事，都不會改變DNA上所乘載的訊息。

儘管如此，蛋白質卻也是讓訊息得以循環、再利用的關鍵因子，因爲在每一種生物的一生中，蛋白質會參與讀取並轉譯DNA訊息的工作，而且也是複製DNA（以便傳給下一代）不可或缺的東西。除此之外，蛋白質還會控制什麼時候該讓某些基因表現，什麼時候不該；也就是說它們懂得根據周遭環境的變化，來打開或關閉基因（請見第5章）。蛋白質就是靠著這些方式，來影響生物體內所有的訊息流動。

重大的發現

解開遺傳密碼

1961年，位於美國馬里蘭州貝什斯達市的國家癌症研究中心裡，兩位年輕生化學家——奈倫柏格和馬太，做了一項驚人的發現。當時他們還不知道英國和法國的科學家已經發現了mRNA，他們正試著找出「某種」可以驅使核糖體製造出蛋白質的RNA。他們把任何可以弄到的RNA樣品與來自細菌的核糖體一起培養，同時加入一些活化酵素、ATP、幾種tRNA，以及各式各樣的胺基酸。接著，他們等著瞧瞧有沒有哪一種RNA會刺激蛋白質的合成。

奈倫柏格（Marshall Nirenberg, 1927-），美國生化學家，研究蛋白質合成機制，1968年諾貝爾生理醫學獎得主。
馬太（Johann Matthaei），德國生化學家。

一開始並沒有什麼令人鼓舞的結果出現，直到奈倫柏格和馬太很偶然的把一種人工合成的RNA加入，才出現重大的突破。他們加入的RNA是聚尿嘧啶核苷酸（U-U-U-U……，或稱polyU），即由尿嘧啶核苷酸串連成的RNA長鏈。結果真不可思議，核糖體竟乖乖的讀起聚尿嘧啶核苷酸的長鏈來，並轉譯成一種人工蛋白質——聚苯丙胺酸，也就是由一個個苯丙胺酸串連成的長鏈！所以，苯丙胺酸所對應的密碼子一定是UUU，這樣的結論肯定錯不了的。

令人非常興奮的進一步推論是：如果核糖體可以經由誘發，把任何核苷酸序列的RNA轉譯成蛋白質，那麼我們可以將已知核苷酸序列的RNA與核糖體一起培養，然後等著瞧會跑出什麼樣的胺基酸序列。對呀，只要照著這個方法去做，所有的遺傳密碼就可以眞相大白了！於是奈倫柏格和馬太一股腦兒栽進去，其他知道他們這項發現的科學家也蜂擁而上，大家瘋狂的進行遺傳解碼的實驗。就在1965年，代表20種胺基酸的61組密碼子全解讀出來了。

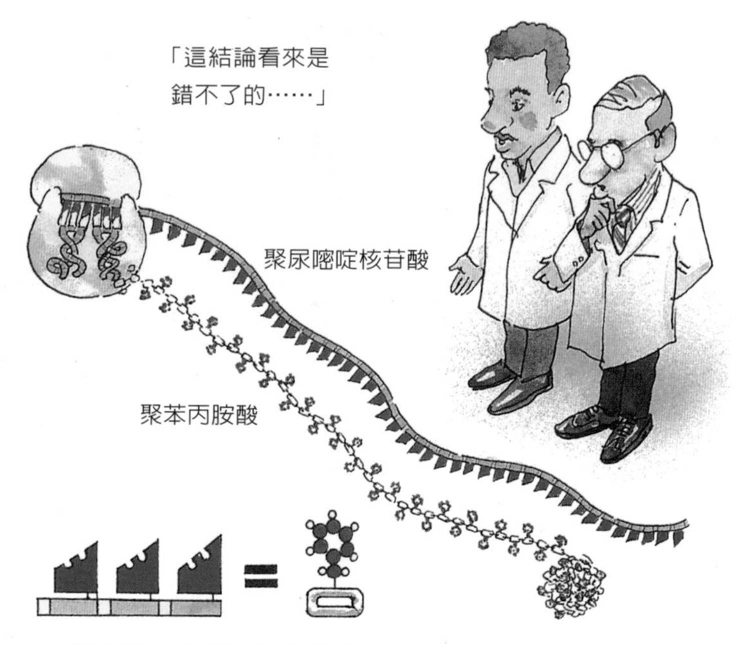

如何讀取遺傳密碼 ▶▶

右邊這個圖表正好把遺傳密碼做一個摘要。我們不妨把它看作有座標的地圖來讀。每3個核苷酸密碼對應1個胺基酸，例如，假設你要找出CAU所對應的胺基酸，你首先在左欄第一位置處找到C，接著到頂端第二位置處找到A，再找出C與A相遇的格子，會出現組胺酸與麩醯胺兩種胺基酸。最後到右欄第三位置處找到U，向左對過來，便可以確定CAU對應的是組胺酸。同理，你會發現CAC也代表組胺酸。

所有的生命都利用這套由4種核苷酸組成的64種三聯體密碼子，來代表20種不同的胺基酸，所以大部分的胺基酸都對應著1個以上的密碼子。不過其中有3組密碼子是所謂的「無意義密碼子」（UAG、UAA、UGA），不能解碼成任何胺基酸，因此當轉譯過程中遇上這種密碼子，表示蛋白質的製造已抵達終點。

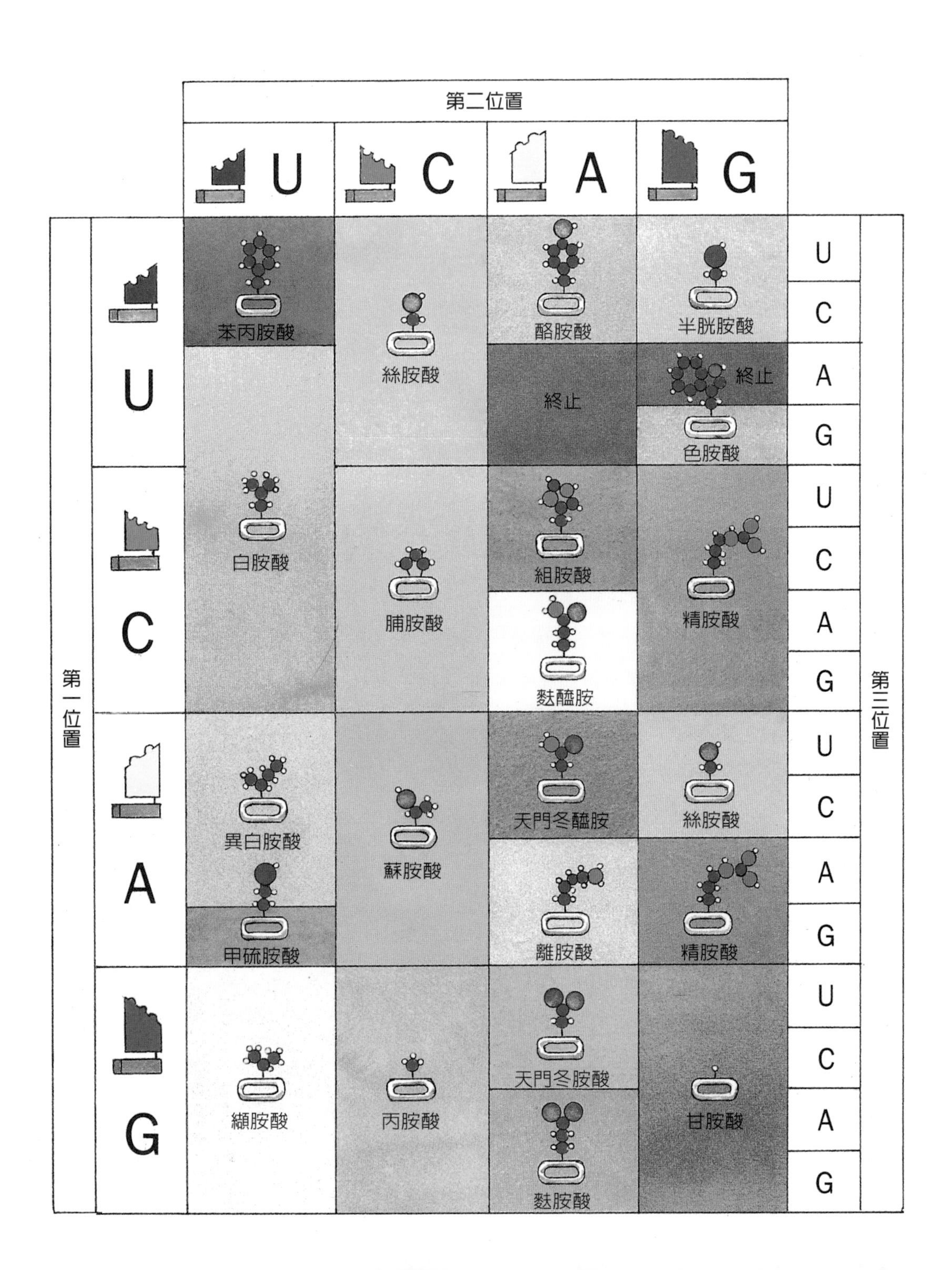
第二位置
U
C
A
G
第一位置
第三位置
苯丙胺酸
絲胺酸
酪胺酸
半胱胺酸
終止
終止
色胺酸
白胺酸
脯胺酸
組胺酸
精胺酸
麩醯胺
異白胺酸
甲硫胺酸
蘇胺酸
天門冬醯胺
絲胺酸
離胺酸
精胺酸
纈胺酸
丙胺酸
天門冬胺酸
麩胺酸
甘胺酸

生物世界的一致性

從閃爍的小光點到輝煌的燈火

一提到生命，我們總是立即想到繽紛、多采的生物世界。演化的結果讓每一種生物找到自己的生態區位，例如：耐高溫細菌可以生長在溫泉中；深海魚可以在深不可測的晦暗海底生存；鳥類可以抗拒地心引力，向青雲扶搖直上。你瞧，在這個巨觀的世界中，每一種生物都是多麼的奇特與不同。

但當我們把範圍縮小到細胞中的分子運作，便不得不驚訝各種生物間的一致性。所有的生物都是利用DNA與RNA來儲存及複製訊息，儘管每種生物的DNA序列與RNA序列都不同，但組成這些序列的4種核苷酸都是相同的（DNA由A、T、C、G構成，RNA

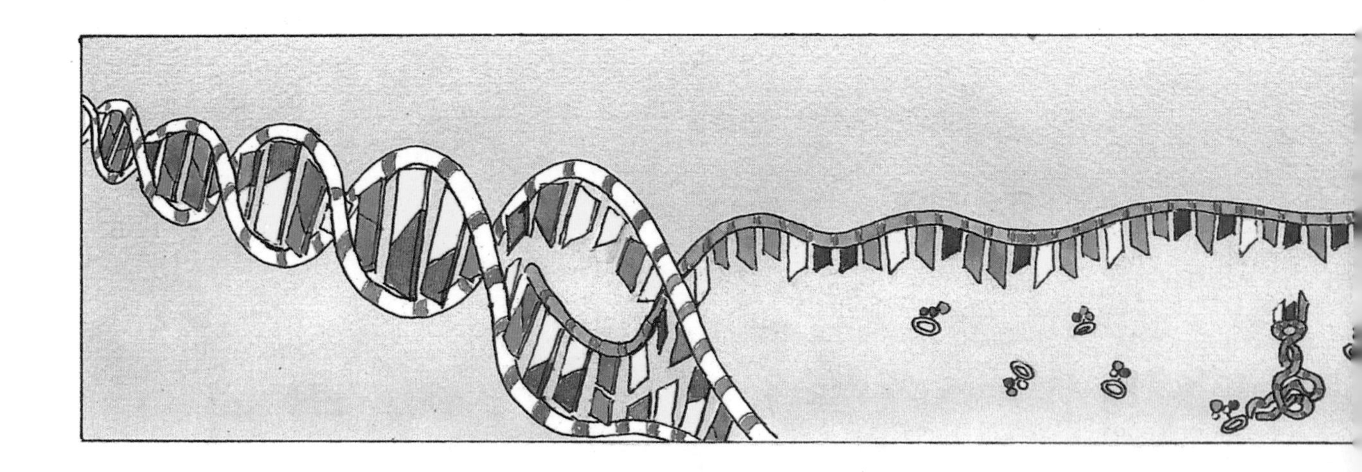

由A、U、C、G構成)。所有的生物也都利用相同的遺傳密碼以及相同的20種胺基酸，把DNA的核苷酸長鏈轉譯成蛋白質；而且轉譯所需的各種分子儀器也都很類似，包括核糖體、tRNA、mRNA、活化酵素等。如果我們把來自細菌的核糖體放進試管中，它們也能夠把人類的mRNA轉譯成蛋白質，相反的，如果我們把人類的核糖體與細菌的mRNA放進試管中，同樣能夠轉譯出細菌的蛋白質。此外，許多蛋白質，例如用來支撐細胞結構的蛋白質、用於移動、傳訊、運輸或催化的蛋白質，若將它們拆解成初級的胺基酸序列，我們會發現，在大多數生物之間，這些分子都很相似呢！

這樣的共通性讓我們領悟到：所有的生命有一個共同的起源。遙想幾十億年前，地球上的某個角落突然出現一個閃爍的小光點，經歷了漫長的歲月後，小光點擴散成輝煌的燈火，照亮地表的每一個角落！

儘管我們已經學會了讚嘆自然界繽紛多樣的生命形式；但我相信，生物間所隱藏的共通性才剛開始要讓我們驚訝不已！

——湯瑪士(Lewis Thomas, 1913-1993，美國醫學教授、作家)

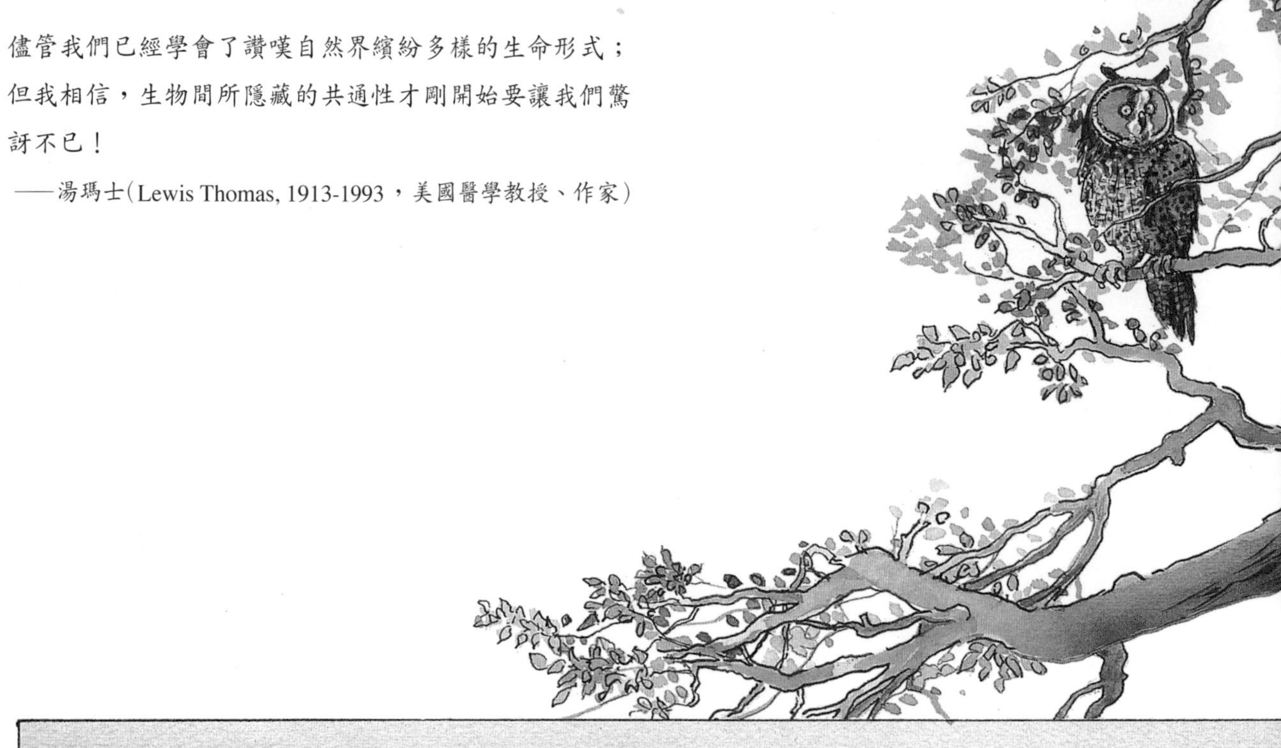

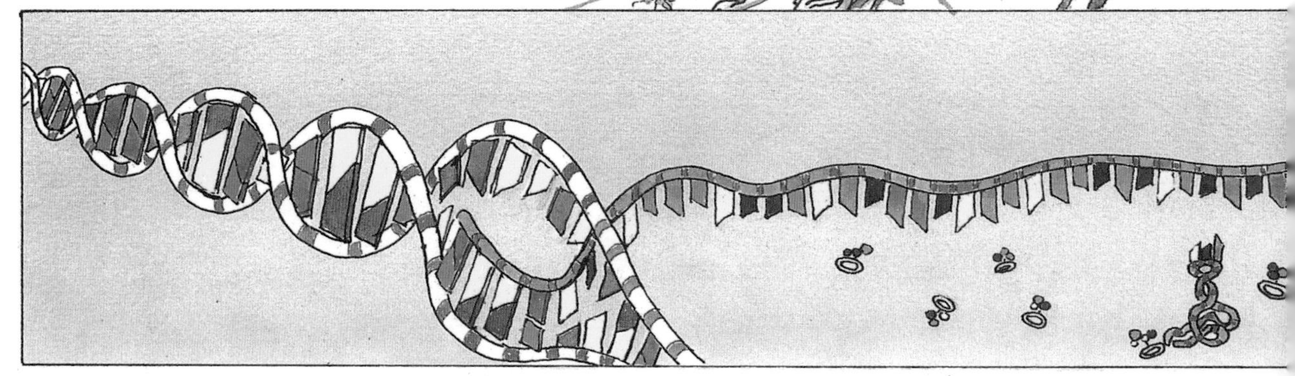

名詞解釋

肌原纖維 myofibril 肌肉細胞中負責肌肉收縮的纖維，由許多肌絲組成，包括肌動蛋白絲和肌凝蛋白絲等。

肌動蛋白 actin 爲一種小球狀蛋白質，由單體聚合爲肌動蛋白絲。肌動蛋白與肌凝蛋白絲合作，藉由肌凝蛋白拉扯肌動蛋白的力量，使肌肉收縮。肌動蛋白在維持細胞形狀，或使細胞移動上也很重要。

肌凝蛋白 myosin 爲蛋白質的一種，構成肌肉細胞中的肌凝蛋白絲，與肌動蛋白絲交錯排列。肌凝蛋白絲可拉扯肌動蛋白絲，造成肌肉的收縮。在其他細胞中，肌凝蛋白則可以使力於肌動蛋白絲網路，而改變細胞的外形或使細胞能移動。

抗體 antibody 動物免疫系統的B細胞針對侵入體內的外來物質（例如細菌或病毒等異類蛋白質）所產生的免疫球蛋白。抗體具有高度的專一性，專門與某一種抗原分子相結合，協助免疫系統殺死病原。

核糖體 ribosome 細胞內合成蛋白質的「工廠」。信使RNA先與核糖體結合，在那裡接收到攜帶著胺基酸的轉移RNA分子，然後用胺基酸組合成蛋白質。

密碼子 codon DNA所含的遺傳訊息經轉錄到信使RNA，成爲3個一組的核苷酸，即稱爲密碼子。密碼子既對應於DNA上的遺傳密碼，也對應於轉移RNA上的3個核苷酸。

荷爾蒙 hormone 也稱爲「激素」。荷爾蒙是內分泌細胞或腺體的分泌物，到達目標細胞發揮作用。目標細胞可以是位於鄰近或遠處組織的細胞，也可以是分泌荷爾蒙的細胞本身，目標細胞上有特殊受體能與荷爾蒙結合。

蛋白質折疊 protein folding 胺基酸長鏈在彎曲盤繞後、最後具有功能和形狀的過程，而折疊的模式主要受序列中胺基酸之間的作用力所影響。

無意義密碼子 nonsense codon 信使RNA上沒有任何胺基酸可對應的密碼子，即UAG、UAA、UGA這3組密碼子。

監護分子 chaperone 可協助胺基酸鏈折疊出適當形狀和功能的蛋白質。

轉移RNA transfer RNA 簡稱爲tRNA，含有可與信使RNA上密碼子互補的3個核苷酸，在核糖體的控制下，將游離狀態的胺基酸帶到核糖體，以成長中合成胺基酸鏈的特定位置。

轉錄 transcription 將DNA所含的遺傳密碼抄錄到信使RNA的過程，這是合成蛋白質的第一步驟。

轉譯 translation 按照信使RNA的訊息，轉移RNA把特定胺基酸帶到信使RNA與核糖體結合的複合體，製造出蛋白質的過程。

飛行員、羅盤以及駕駛系統，皆是組成自我修正迴路的一部分，這個迴路其實就是一個回饋控制系統（有時也叫模控系統）。

我們的目的地是朝北方，這飛機現在偏西，所以我們轉向東方做修正。

哎呀！這下又太偏東方了，來吧，再把方向盤轉向西方。

經過這樣反覆的修正航向，飛機總算抵達目的地

第 5 章

回饋

——傳訊、感覺與反應

對地面上的觀察者而言，一架飛機看似以一直線朝目的地飛去。但若從駕駛室中看出去，整個情況將很不一樣。強勁的風與變化的氣壓讓飛機一直偏離航道，因此飛行員要不斷的把飛機修正回正確的方向，萬一他矯枉過正，那就得再修正先前的修正，把偏離的方向再扳回來。總之，整個過程中，飛行員就是這麼修過來、修過去的把飛機開抵目的地。因此，飛機在空中其實是像「Z」字形般曲折的飛行。

「回饋」機制是生命世界的一個重要特徵：所有的生物都有能力去偵測自己體內的狀況，並在必要時做出一些改變，就像中途不斷修正航道的飛機。回饋機制掌管了我們的生長情形、幫助我們應付壓力與逆境，還會調節體內一些因子，例如體溫、血壓及膽固醇濃度。這種目的明顯卻又常在不知不覺中進行的機制，運作於生命的各個層級中——從細胞中蛋白質間的交互作用，到複雜生態系中個體與個體間的交互作用，都可見到回饋機制的表現。

回饋機制究竟是如何運作的呢？這過程需要兩種要素：首先是

某種能偵測出「目前狀態與預設目的狀態有出入」的設備(好比飛行員的羅盤與航線圖);其次是某種能確實降低差異程度的操作儀器(好比飛機上的駕駛系統)。差異愈大,操作儀器的工作量就愈大,以努力縮小差距,這就是所謂的「負回饋」。不過有時候,回饋機制就像一個擴大器,會提高現況與目標狀況的差距,這就是所謂的「正回饋」——這可能導致系統如脫韁之馬一去不返,最後發生故障、停擺甚至解體。不過它有時候也會導致創新與改變,我們將在稍後探討。

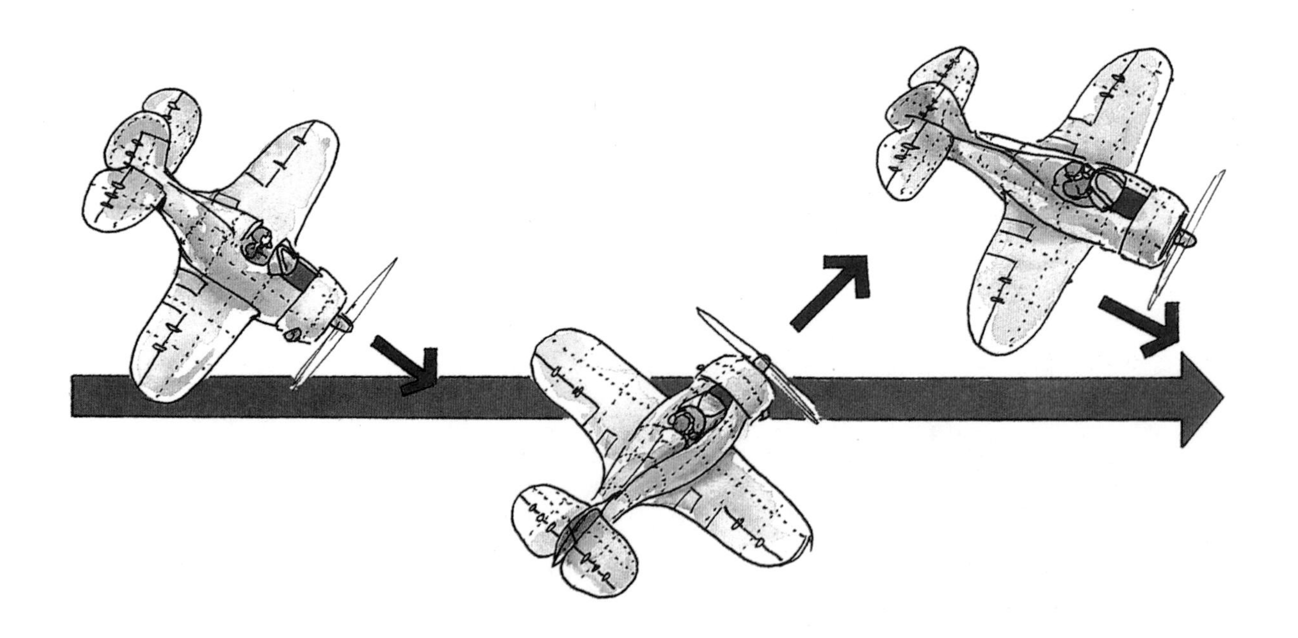

工廠裡的裝配線

飛機製造廠

想要了解一個活生生的細胞如何自我調節，我們不妨以舊時的飛機製造廠爲模型來說明一下。首先，技術純熟的作業員在各個生產線上拼裝一架飛機所需的各種必要組件。另有一些作業員在蒸汽鍋爐下引火、添加燃料，以產生能量來驅動機器運轉。此外，公司的決策單位會控制預算、調查市場的供需情形，並根據調查結果重新規劃設計及建造飛機的相關訊息。而產品經理則在接到決策單位的指示後，協調整個生產線的拼裝過程，並控制工作效率。

從遠處觀看，生產線的運作似乎平穩順暢的進行著，但若挨近一看，整個生產過程其實是有一點紊亂的。怎麼說呢，作業員可能過度高估生產目標啦，或者把所需的零件數目計算錯啦，還有，機器也可能故障、停擺等等。不過他們也懂得迅速修正種種錯誤，讓輸送帶繼續轉動下去。

就組織結構以及自我修正功能來說，一個最簡單的活細胞就好比飛機製造廠那樣，儘管細胞內的情況要複雜多了。酵素是細胞內的作業員，它們在裝配線上一字排開，有些就好比產品經理，擁有評鑑系統運作情況的超級本領，並適時做出必要的調整。細胞最終的產物當然就是它自己。細胞內的一切運作都是爲了製造出更多自己的組成物質、設法維護這些組成，並利用這些組成去供應整個生物體的需求，最後又複製出新細胞。

飛機製造廠和細胞都是根據
一些基本規則來組織的：

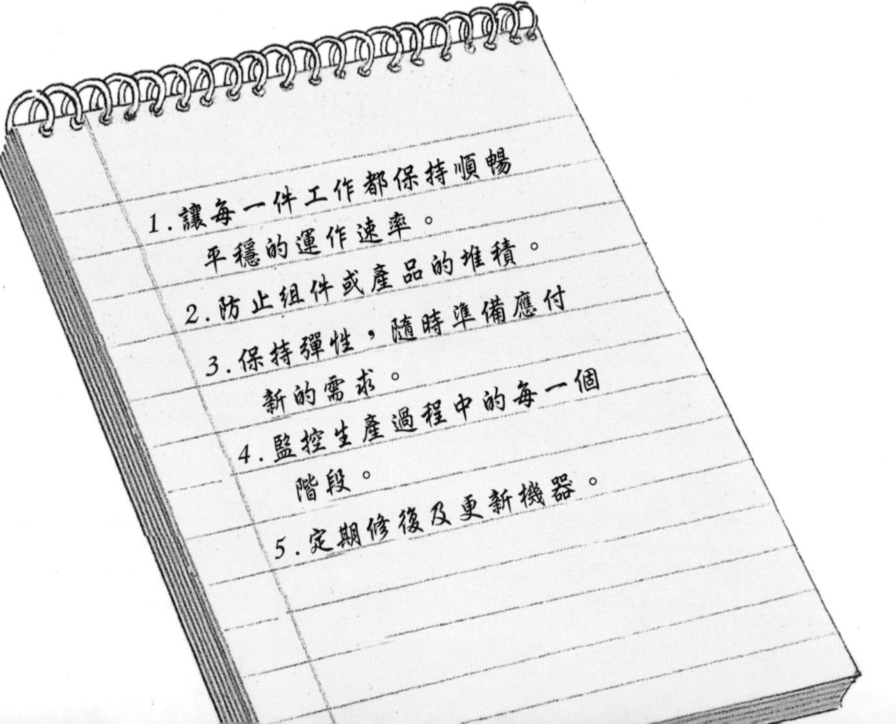

環形的訊息流動

直線與迴路

一條裝配線往往僅朝單一方向前進，也就是從原料的輸入到產品的輸出，過程中有產品經理的監督，做爲一種調控機制。如果生產過量，庫存開始堆積，產品經理會減慢原料輸入的速率。相反的，如果原料過剩，產品經理會加快生產的速率。

想要看出回饋機制是如何巧妙的運作，我們不妨把「過剩」或「不足」的信號想像成是在一個迴路中流動。你想想，如果我們把一條直直的生產線彎曲成一個圓圈，並在可以同時監控輸入及輸出情形的戰略據點上安置一位產品經理，這樣將有助於產品經理掌控整個生產的局勢。這種環形的訊息流動對許多工廠而言，也許很不切實際，但在細胞內部，這可是一種絕佳的設計呢！就像第59頁中所展示的分子裝配線。

作業員拼裝飛機尾翼的速率恰到好處，產品經理十分滿意。

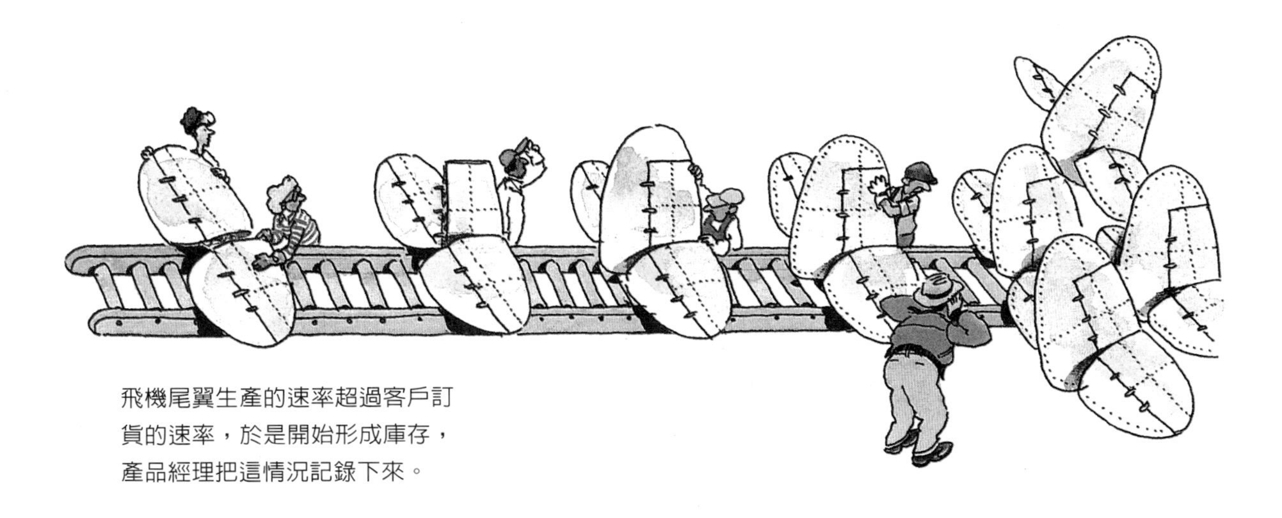

飛機尾翼生產的速率超過客戶訂貨的速率，於是開始形成庫存，產品經理把這情況記錄下來。

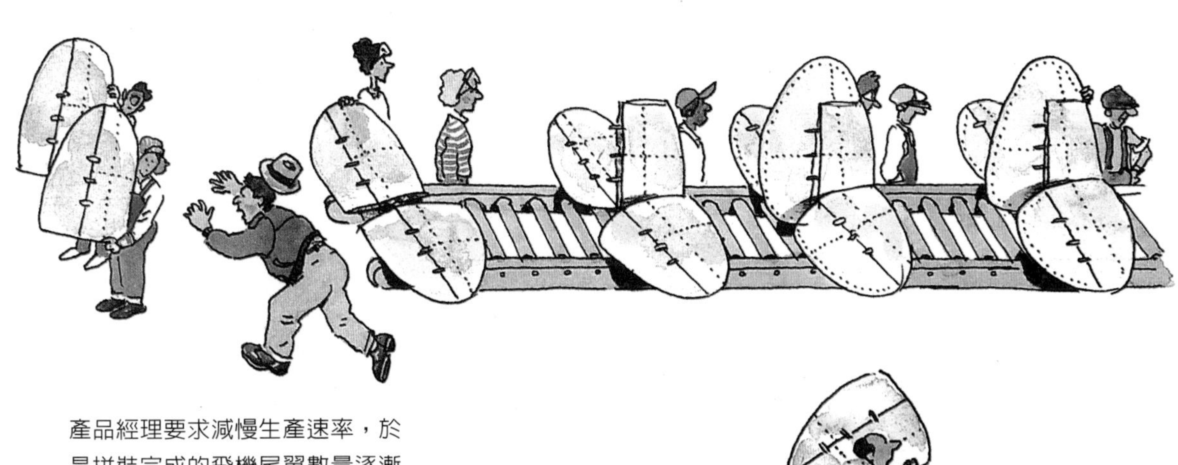

產品經理要求減慢生產速率，於是拼裝完成的飛機尾翼數量逐漸減少。稍後，飛機尾翼的供應量又往下降，產品經理又通知作業員加快拼裝的速率。

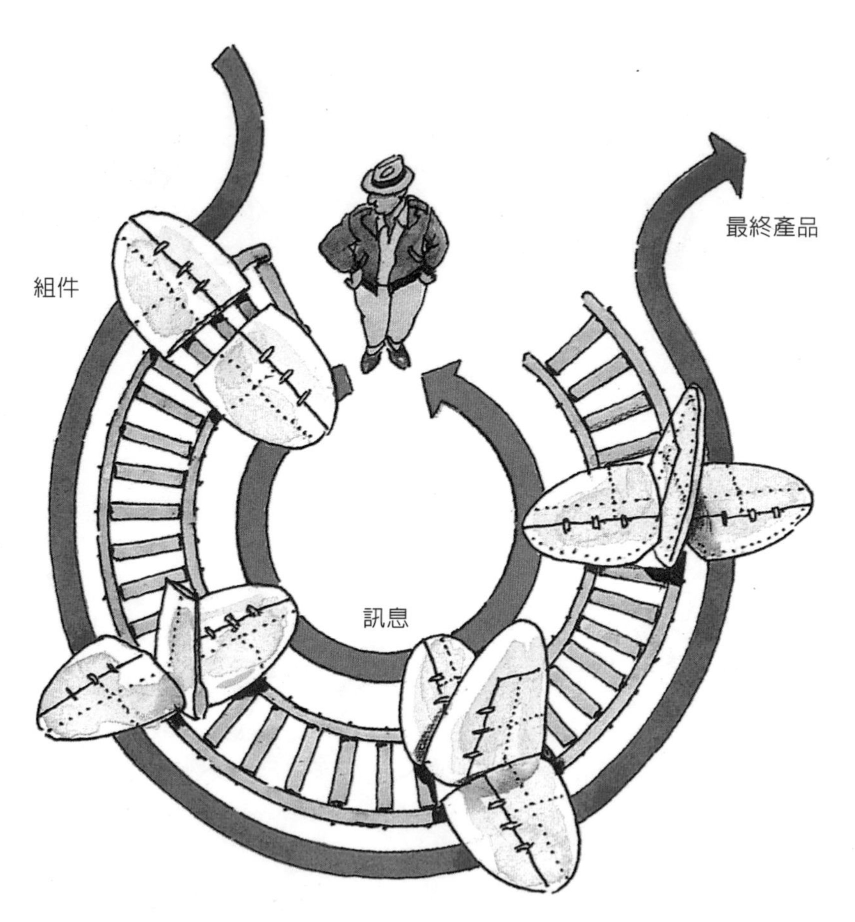

在一個負回饋的迴路中，
訊息以環形的路線流動，
這對控制裝配線的拼裝速
率是很重要的。產品經理
在此可說是讓訊息迴路保
持流暢的關鍵人物。

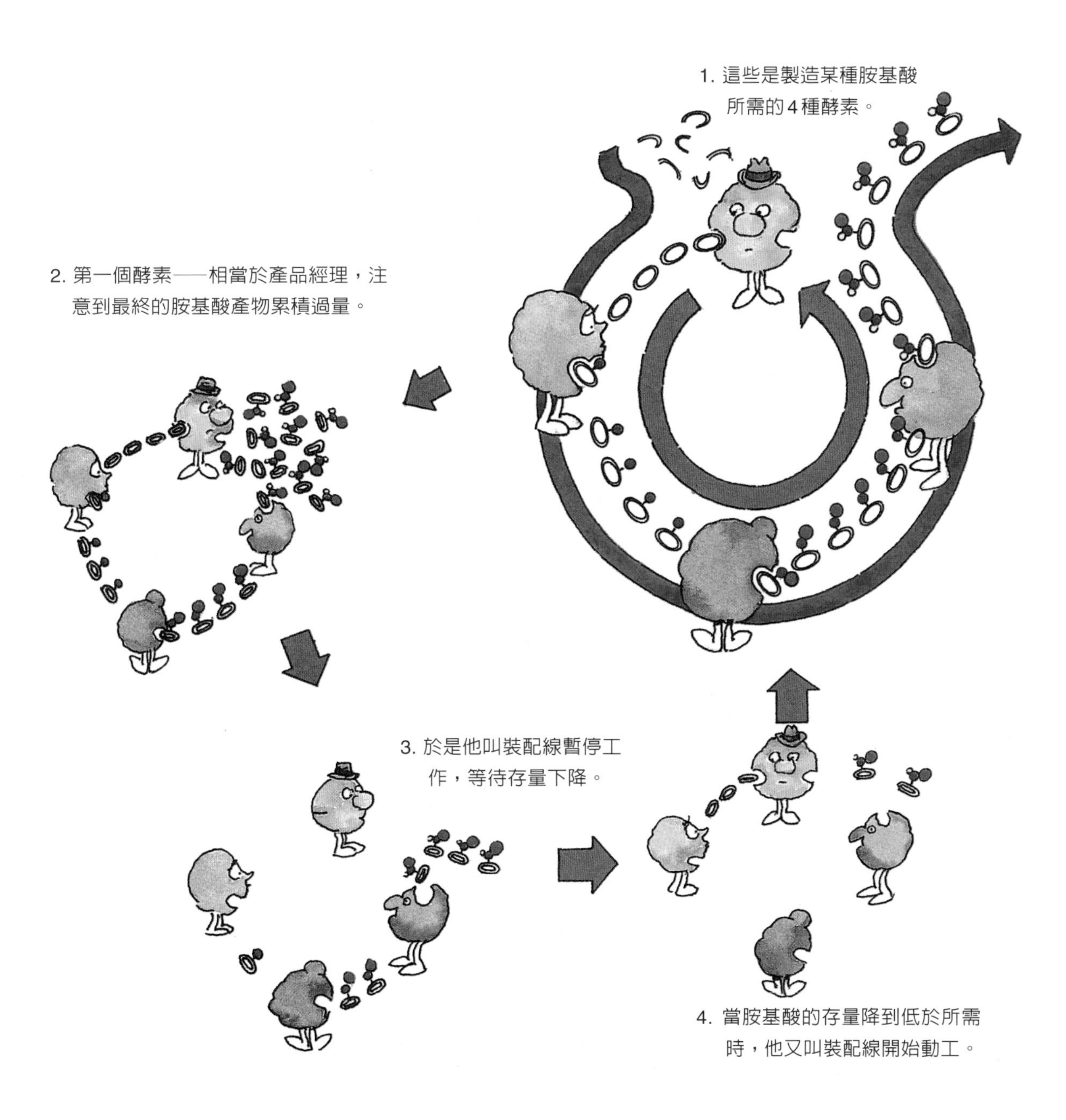
1. 這些是製造某種胺基酸所需的4種酵素。
2. 第一個酵素——相當於產品經理，注意到最終的胺基酸產物累積過量。
3. 於是他叫裝配線暫停工作，等待存量下降。
4. 當胺基酸的存量降到低於所需時，他又叫裝配線開始動工。

變構作用——回饋調控的關鍵

變構酶，細胞內的調控者！

現在大家可能比較明白爲何我們會說酵素「很聰明」了。酵素獨一無二的化學特質，不僅讓它們能夠執行重組或拆解其他分子的日常工作（請見第11頁），還可以處理一些訊息。某些具有監控或調節能力的酵素，可以在接收到信號後，快速的改變自己的形狀，事後還可以再變回原來的形狀。這類調節酵素由於能暫時改變結構，故又稱變構酶，它們的表面，除了提供反應分子「停泊的碼頭」及接受加工處理的部位之外，還有其他經過專門設計的部位，用來接收小型的信號分子。信號分子棲身在這個安逸的「小窩」，就好比指頭放在切換式的開關上：它可以讓酵素暫時改變形狀，以關閉酵素的工作部位。儘管「變構作用」（allostery，原文字面上即「其他的形狀」之意）一詞源自這種看似非常簡單的酵素行爲，但它卻是生命世界中諸多難以想像的複雜調節過程背後所依據的原理。

調節酵素在接觸到化學信號後會關閉起來，也就是停止工作；當化學信號移除後，調節酵素再度開啓。（不過有些調節酵素運作的方式恰好相反。）就像大多數的蛋白質行爲，這些調節反應也具有高度的專一性：通常在一系列反應過程中，僅有一個酵素充當調節反應速率的開關，且僅接受單一種信號的調控。不過一旦調節酵素的工作部位被關閉，整個生產線便告暫停。看來，僅僅一個調節酵素就可以控制一個大型的迴路，就像一個小小的調速機可以控制整台蒸汽引擎的運作那樣。

變構酶的行爲讓我們窺見生物體內所展現的驚人複雜性。酵素，這些細胞內的作業員，專司運輸、合成，以及分解小分子；而變構酶，這類細胞內的調控者，則負責協調及控制這些反應過程。稍後我們還會看到，在一個層級分明的回饋調控系統中，較高層級的調控者還會控制較次級的調控者。

變構作用——基本概念

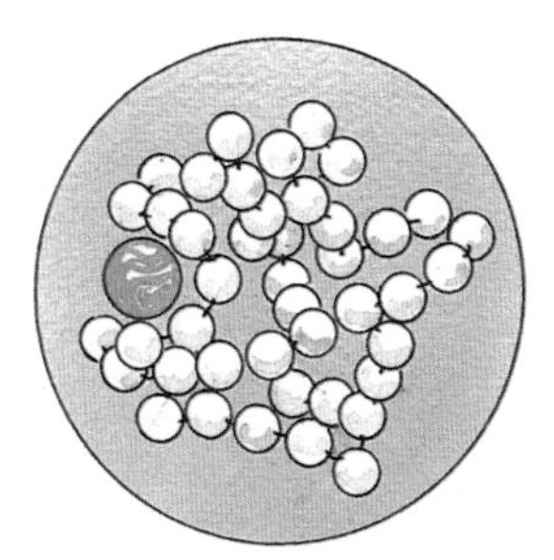

想像一條用珠子緊密串連成的珠鍊，包圍著一顆彈珠。

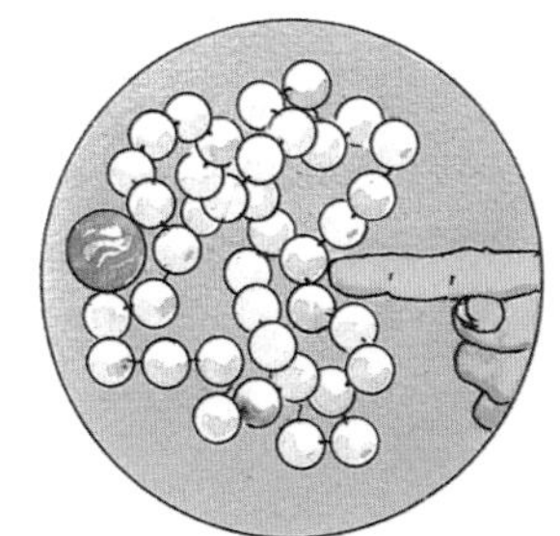

現在假設你用手指從彈珠的相反邊向珠子推進。

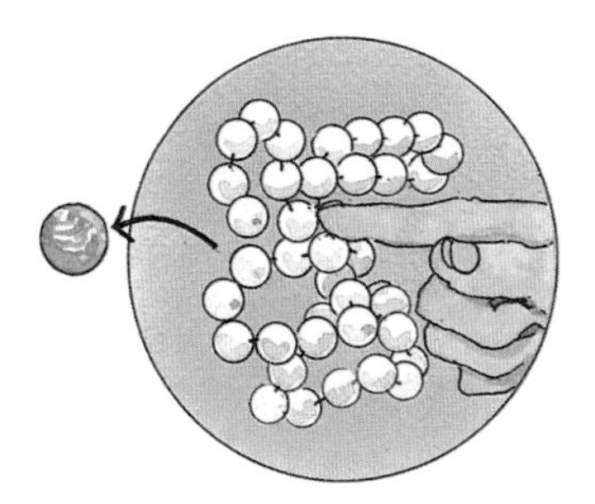

當你的手指插入它的正確位置時，彈珠便被彈出去。

調節酵素（變構酶）的作用方式也是類似的情形。當一個信號分子進入酵素的調節部位時，將改變該酵素工作部位的功能。

活化狀態

在此形狀下，酵素的工作部位是開啓的，也就是系統呈「開」的狀態。

調節狀態

在此形狀下，酵素的工作部位是關閉的，也就是系統呈「關」的狀態。

▲ 在一條以酵素為作業員的裝配線上，究竟是怎樣的信號讓系統一下開、一下關呢？其實是反應的最終產物來充當信號。這個產物分子相當於產品經理傳給裝配線上首位作業員的訊息。當它塞進酵素的調節部位後，會立即告訴酵素：「好啦，已經夠多了，別再製造我們了。」

信號分子填入酵素調節部位的情況，和信號分子出現的數量有關。如果有很多產物分子（信號）堆積在附近，酵素上的調節部位比較可能被占滿。

當產物分子的濃度下降時，它們開始掉出酵素的調節部位，留出空缺。

變構作用與傳訊分子

蛋白質是生命通用的傳訊者

變構機制揭發了一個生命的基本特質。分子似乎僅在彼此都有化學親和力時，才會出現交互作用。但生物體內的變構蛋白質卻可以讓彼此間沒有什麼直接化學關連的分子「發生關係」。透過這種具有傳訊功能的蛋白質，理論上，任何小分子都可以充當信號分子，去影響體內的各種化學反應。舉例來說，我們腦部、甲狀腺、或卵巢製造的簡單荷爾蒙分子，可以經由血液，循環到身體各部，去啓

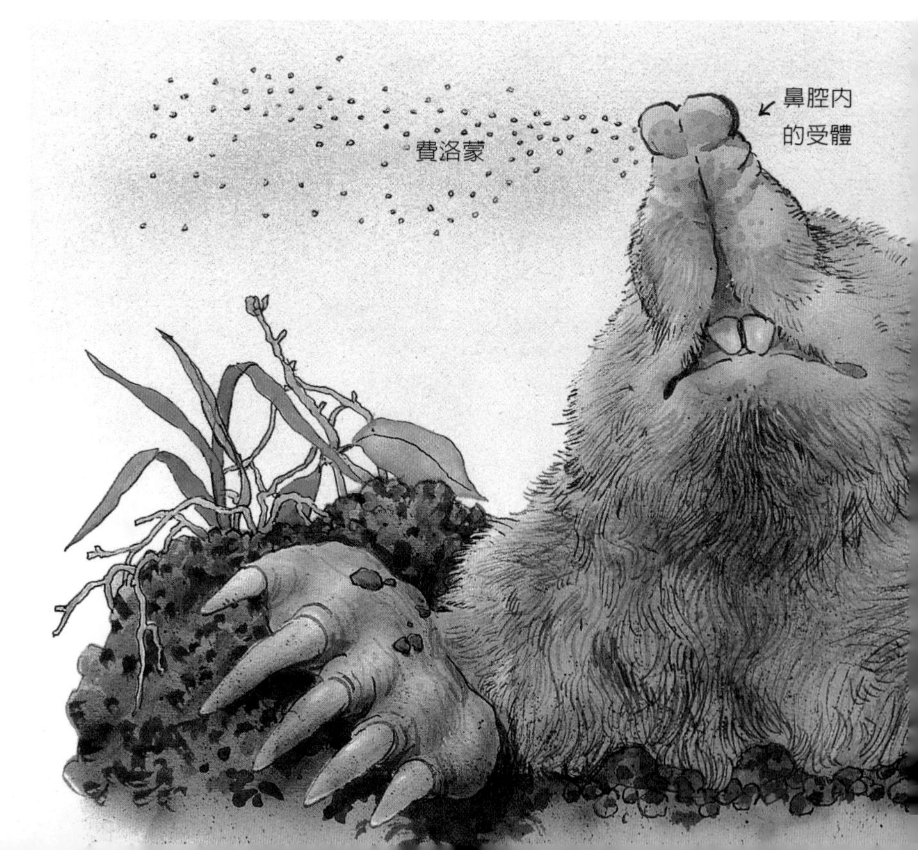

動細胞內的化學活動。雌鼠釋放到空氣中的費洛蒙分子，可以和雄鼠鼻腔內的受體蛋白質接觸，去引爆一連串的化學反應，最後導致牠們交配。

變構作用不僅讓生命精通「以分子調控化學反應」的藝術，也允許生命利用分子來傳訊與溝通。經過漫長的演化歷程，調節蛋白所產生的林林總總的化學關係（即什麼樣的分子會影響什麼樣的調節蛋白，進而影響什麼樣的反應），已編織出一張繁複的網路，從細胞內的分子互動、到細胞之間，再到組織、器官間的交互作用，充分展現出生命錯綜複雜的特質。

變構受體鑲嵌在細胞膜上。

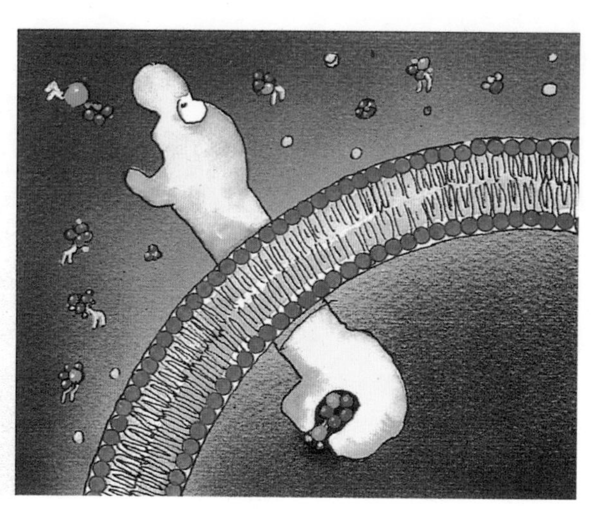

每一種受體僅接受一種特定的信號分子。

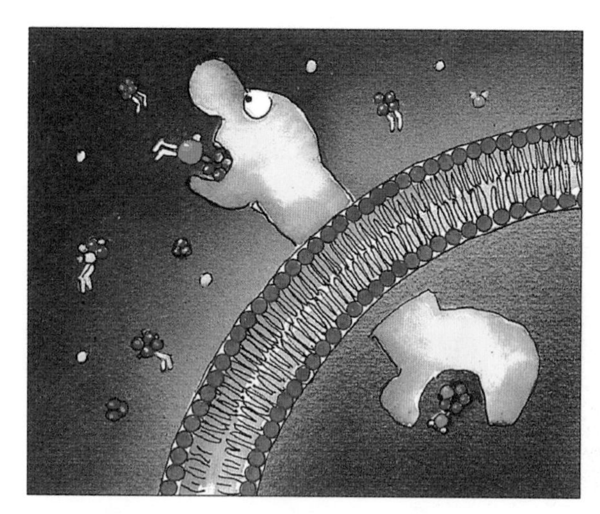

當一個信號分子與受體結合後……

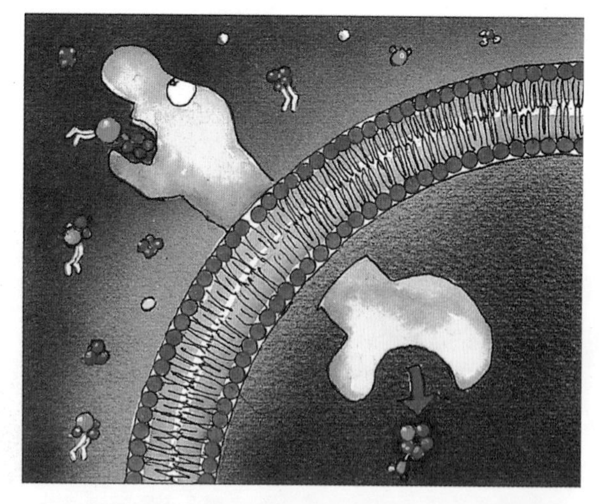

……受體會改變形狀，向內釋出信號，進而觸動細胞內的變化。（詳情請見第116～117頁。）

較高階層的控制

控制製造蛋白質機器的機器——基因調控

前面我們已經看到在每一條裝配線上，回饋機制是如何進行調控，也就是最終產物會抑制第一個酵素的活動。這個過程既迅速、又敏銳，且是可逆的。

較高階層的回饋機制則調控著製造產品的機器本身的生產。這種回饋機制直接作用在基因上，儘管過程比較緩慢，但影響比較深遠。它會引發整個酵素製造過程的中斷，導致裝配線上負責生產某種特定產物所需的一系列酵素全面停產，這就好像解僱某特定裝配線上的所有作業員。

在此，做爲信號分子的產物再度扮演類似於切換開關的手指的角色；只不過在這種情況中，一下打開、一下又關閉的蛋白質，是一種所謂的「基因調節蛋白」(或稱抑制子)，可以控制一種或更多種酵素的生產。基因調節蛋白可以「坐在」某基因上，阻斷若干種讓一條裝配線得以運轉的酵素（包括調節酵素）的生產。基因調節蛋白之所以能夠如此，靠的就是終止信使RNA的轉錄作用（請見第1冊第3章）。

這種較高階層的回饋調控與先前介紹的回饋調控，有著一樣的目的，都是避免生產過量，但它的影響層面較深遠。這種調控機制爲細胞保留原料及能量，以免細胞製造出一些不需要的蛋白質，造成不必要的庫存與浪費。這樣的回饋作用就像直接去控制管絃樂團的指揮，而不是去命令個別的演奏者。

基層的調控

這裡是一台假想的鉚釘製造機，它的輸出量受到鉚釘產量的控制。
當機器生產過多鉚釘時，鉚釘會關閉機器的運作。這就是基層的調控方式。

▼ 高層的調控

這裡是一台生產鉚釘製造機的機器。就像鉚釘製造機一樣，它的停止及啓動皆取決於鉚釘的堆積數量。一旦鉚釘數量過多，就會關閉生產鉚釘製造機的機器。這就是高層的調控方式。

這個系統包括一台大型機器、幾台小型的鉚釘製造機、作業員以及操作員。

基層的調控迴路

一條裝配線僅受一種調節酵素的控制，而該調節酵素本身也是裝配迴路上的一名作業員。

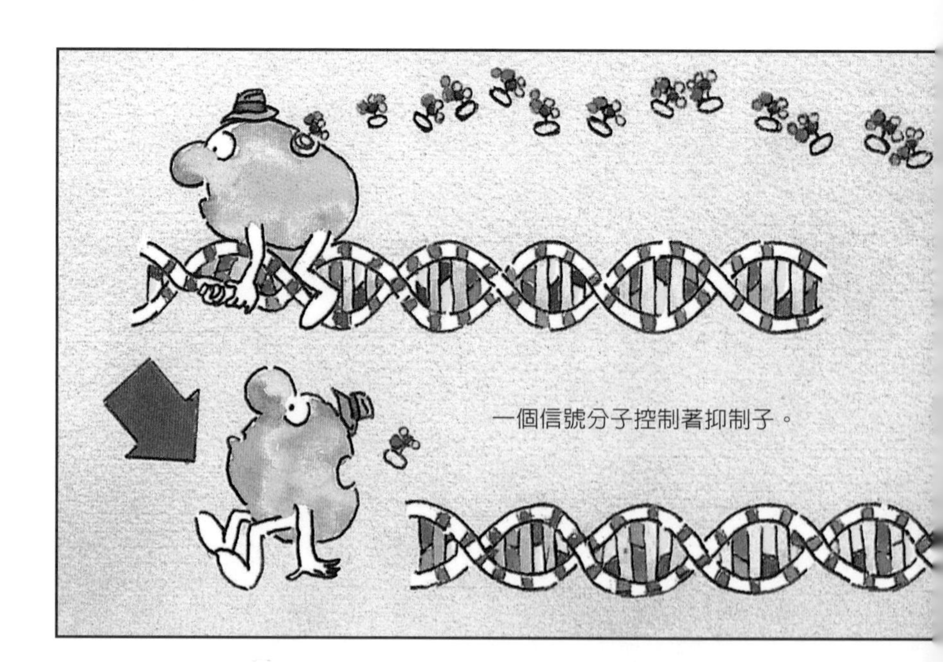

一個信號分子控制著抑制子。

▼ **高層的調控迴路**

一種叫做抑制子的變構蛋白質，有一個部位可以對信號分子產生反應，另有一個部位可與 DNA 結合。抑制子控制了裝配線上各種酵素作業員本身的合成，當抑制子處於活化狀態下，會與 DNA 結合，以防止信使 RNA 的合成。（在某些狀況下，信號分子會活化抑制子；在某些狀況下，信號分子則使抑制子失去活性。）

這個高層的調控迴路包括抑制子、若干基因、所有製造蛋白質的機器，以及裝配線本身。

撿不到現成貨，就自己動手做吧！

「報告，色胺酸用完了！」

想像你是一隻細菌，孤零零的裸露在漫無邊際的荒野水域中，一心想著如何用力長大，然後分裂成兩個同樣的你。你像一台陽春型的賽車，配備簡陋，沒有什麼多餘的舒適及便利的奢侈品，精簡的設計只為了成全單一個目的——繁衍後代。與人類細胞中5萬種以上的蛋白質相比，你這隻細菌只靠4千多種蛋白質，就搞定了生存及繁殖的大事。不過你最了不起的成就還要算是你贈予所有比你高等的生物一份最精緻的禮物，那就是「以調節蛋白做開關、來調控基因」的能力。你總是懂得適時打開某些基因及關閉另一些基因，來適應不斷改變的外在世界，這也算是你這小小的生物在演化上的一大進步。

算你本領高，你只需利用醣類分子就可以做出所有的胺基酸及核苷酸，當然這些過程需要上百種不同的酵素才能完成。（順便一提，人類的細胞可沒有這麼厲害唷！）在一般情況下，你都是從周遭腐敗的生物中，撿拾現成的胺基酸及核苷酸來利用。不過在資源貧乏、且只剩醣類可利用時，你就必須臨機應變，製造出可以讓你從醣類分子合成胺基酸及核苷酸的酵素，否則你只有死路一條囉！

在這裡秀一段你的眞工夫給讀者看吧。來瞧瞧你如何做出合成色胺酸所需的酵素。這過程中也有調節蛋白（即抑制子）充當開啓或關閉基因的開關。

在細菌內：當色胺酸含量充足時，相關的基因暫時被關閉。

色胺酸裝配線上所需的5種酵素作業員，是分別由5種基因製造出來的。在色胺酸含量充足時，有變構能力的抑制子會與DNA結合。

RNA聚合酶是負責把DNA的訊息轉錄到信使RNA的酵素，一旦抑制子坐在DNA的結合部位上，RNA聚合酶便無法執行轉錄的工作。

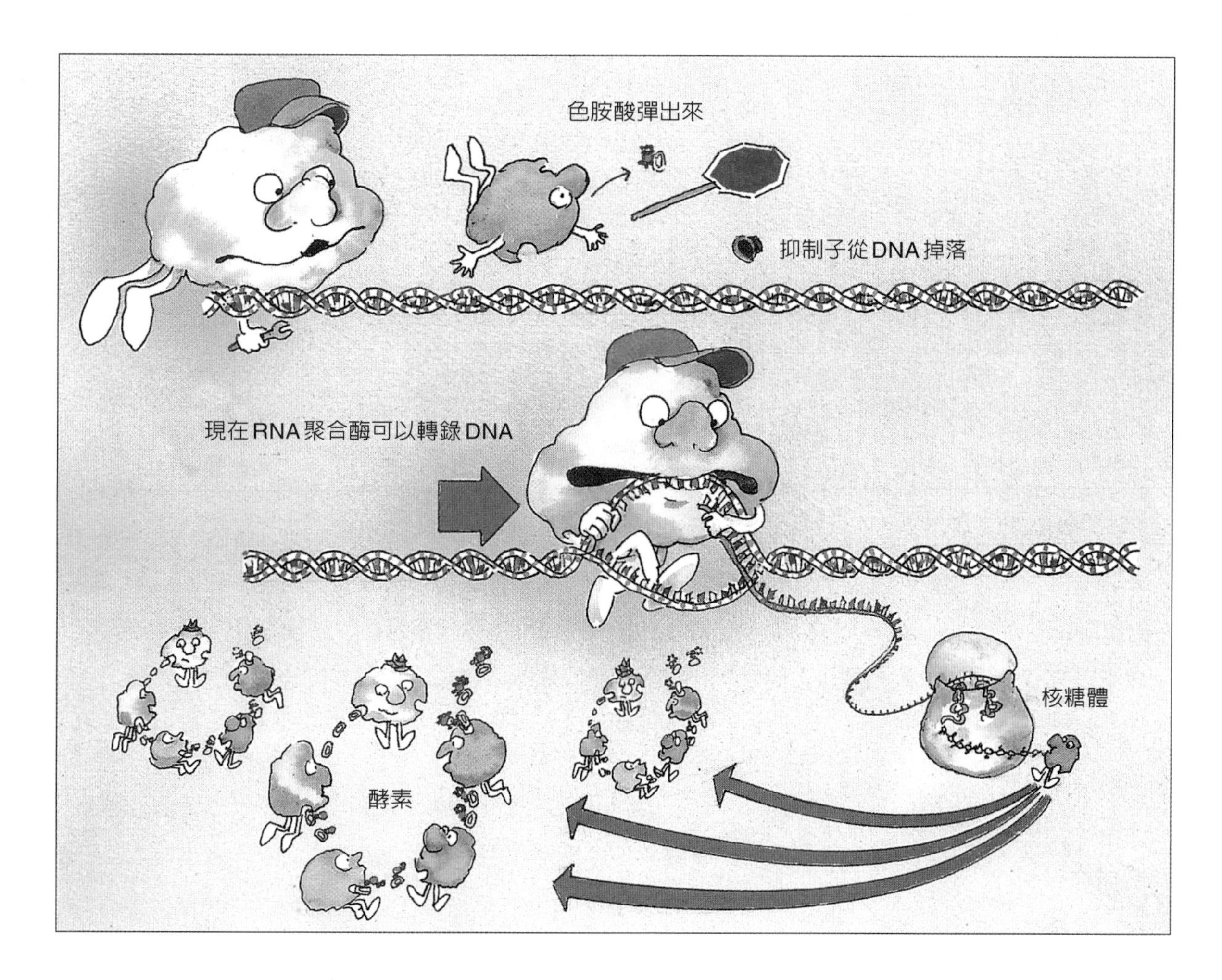

當色胺酸的含量不足時，相關的基因重新開啓。

當色胺酸分子含量減少時，也就是當它們被快速消耗來合成蛋白質時，色胺酸便不再占據抑制子的調節部位，使得抑制子無法穩坐於DNA上，因而從DNA上掉落。

這下子RNA聚合酶就能夠把5種基因上的訊息轉錄成5種信使RNA 。這些信使RNA繼續前往核糖體去轉譯成5種酵素，然後這些酵素立即動工，利用醣類分子製造出色胺酸。

如果色胺酸沒有迅速消耗掉，將再度堆積在細胞內，並重新活化抑制子，使得一切又回到調控機制的起點。

趨化性：化學信號如何產生有方向性的移動？

直線前進與隨地打滾，輪番上陣

趨化性（chemotaxis，按照字面的意思就是「受到化學物質誘發所產生的移動行爲」）是細菌用以尋找環境中的食物的方式，這也是生命最古老的化學傳訊形式之一。

細菌在若干鞭毛的協助下四處游動，它們的鞭毛是類似鞭子的細長尾巴，由蛋白質構成，並由細菌表層的轉盤（或稱「馬達」）來驅動鞭毛旋轉。當轉盤以逆時針方向轉動時，細菌的鞭毛會聚攏起來，並像船尾的汽油引擎那樣，合力將細菌向前推進。當轉盤以順時針方向轉動時，細菌的鞭毛會像打穀用的連枷那樣不停的揮舞，造成細菌漫無目的的滾動與翻轉。在正常的情況下，轉盤每隔幾秒就會交替一次方向，也就是一下子逆時針、一下子順時針轉動，因此細菌的移動並沒有鎖定固定的方向前進。它總是一會兒直行，又一會兒翻滾，結果就是漫不經心的任意亂走。

不過當細菌碰上食物時，它會突然一本正經，變得很有目的，且方向明確。其實是因爲食物分子與細菌表面的受體蛋白結合，引起受體蛋白的變構作用，進而將信號傳進細菌內的轉盤，去驅動轉盤儘量以逆時針方向轉動。結果讓細菌多走直線，少做無意義的翻轉，於是細菌一直朝著信號的源頭，即食物的來源前進。只要與細菌表面受體結合的食物分子不斷的增加，有方向性的移動就會持續凌駕在漫無目標的翻轉之上，一路引導細菌往食物的方向前去。當食物分子與受體結合的速率慢下來之後，細菌又開始隨意翻滾，讓自己可以大致停留在食物最集中的地方。

我們不妨將細菌這種微小生物對環境中的化學信號所做出的驚人反應，視爲生命世界中「有目的之行爲」的萌芽與開端。細菌可以感應出環境的變化，並運用自己內在的能量來應付這樣的訊息。

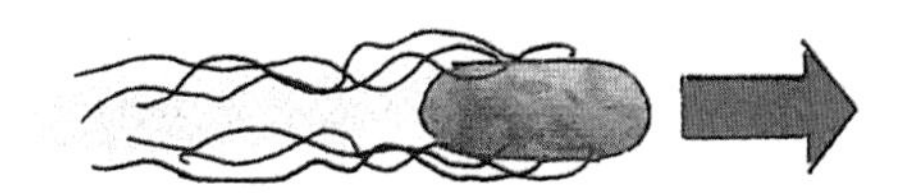

細菌的移動牽涉到兩種作用的交替進行：直線前進（上圖）與隨地打滾（下圖）。

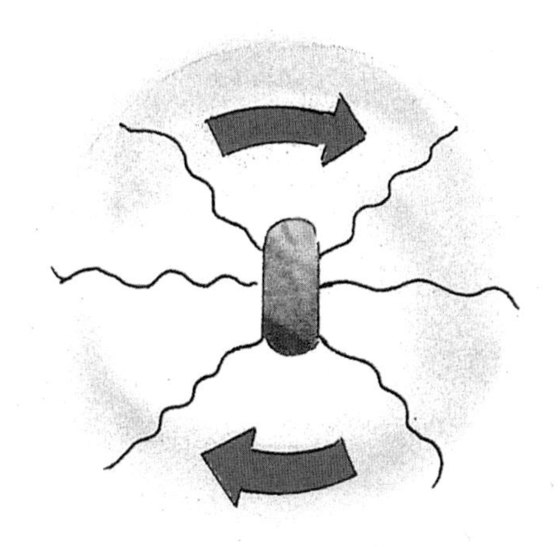

每一次的打滾都會改變前進的方向。在沒有接收到任何信號時，前行與打滾大略是每隔一秒就交替一次，造成細菌總是漫無目的、隨意亂走。

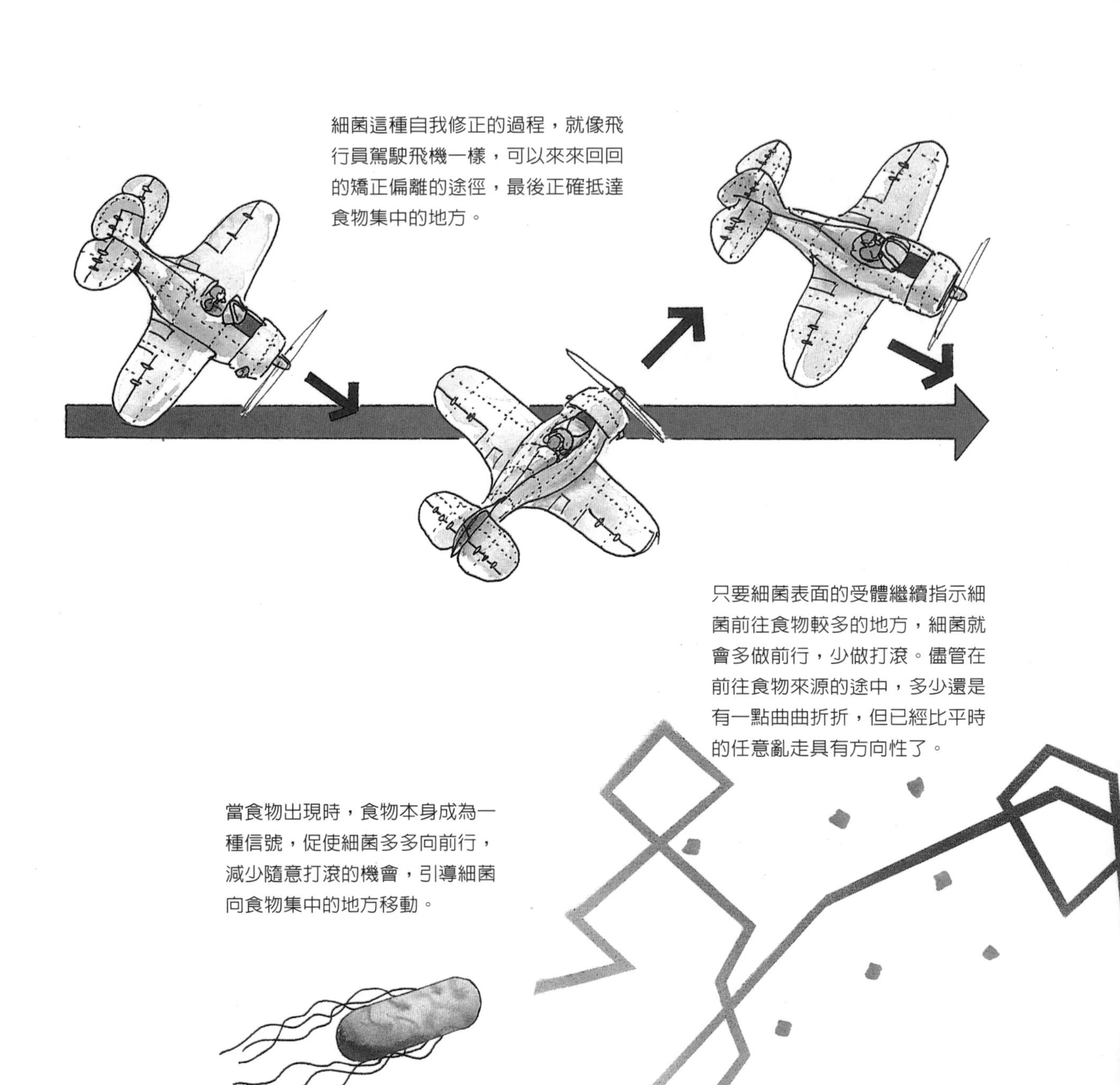

細菌這種自我修正的過程，就像飛行員駕駛飛機一樣，可以來來回回的矯正偏離的途徑，最後正確抵達食物集中的地方。

只要細菌表面的受體繼續指示細菌前往食物較多的地方，細菌就會多做前行，少做打滾。儘管在前往食物來源的途中，多少還是有一點曲曲折折，但已經比平時的任意亂走具有方向性了。

當食物出現時，食物本身成為一種信號，促使細菌多多向前行，減少隨意打滾的機會，引導細菌向食物集中的地方移動。

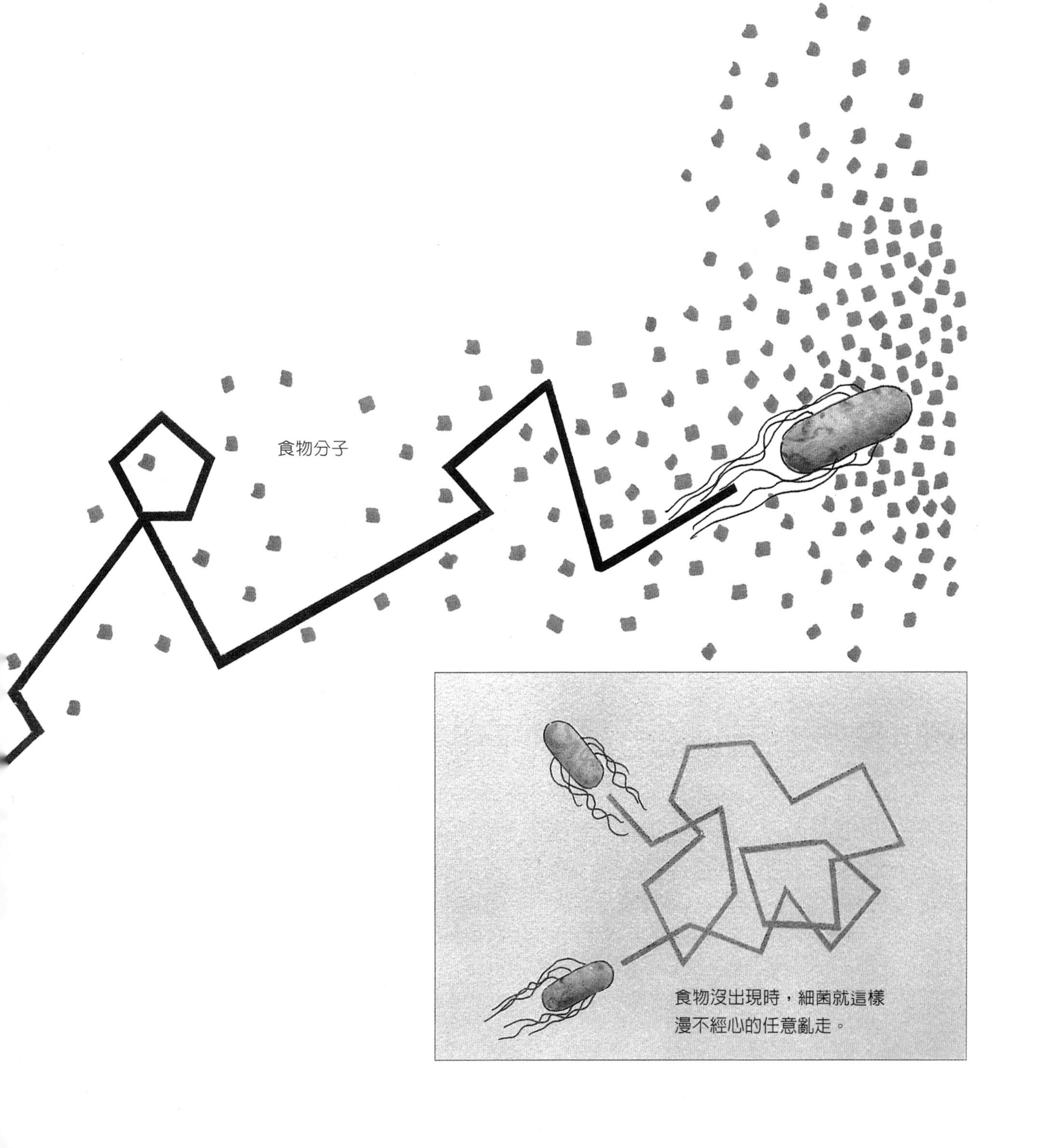
食物分子
食物沒出現時，細菌就這樣
漫不經心的任意亂走。

神經系統迴路的回饋作用

打造一個未來

爲了適應環境的變化而回到基因庫去製造新的蛋白質，有時似乎太花時間了。複雜的生物，尤其是動物，需要的是更有效率的回饋系統，既可以應付現況，又可以預測未來。神經細胞的發育讓這樣的需求成爲可能。

蜘蛛吐絲織網是在爲自己的未來做打算。如果牠尋覓到一個好地點；如果牠在織網時，讓網的放射狀骨架有足夠的支撐張力；又如果牠讓環繞著骨架而行的圓形線彼此間距均等，且有足夠的黏性；那麼，牠在未來的幾天中，保證可以大快朵頤的享受好幾頓美食。蜘蛛是依循著一套埋藏在神經系統中的程式化規則來織網的。蜘蛛的各種特定行爲是由較僵化的規則掌管的；而牠們的整套求生策略則由較具彈性的規則來控制。

現在假設你是一隻蜘蛛，且你有4種織網的規則可依循：（1）因循守舊；（2）如果／那麼；（3）嘗試與錯誤；（4）模擬作用。咱們來看看你如何應用這些規則來織網。

首先，「因循守舊」的規則是這樣的：你向風中吐出一條絲線，當它隨意黏住一樣東西後，你就把這絲線扯緊，並把靠近你這端的絲線固定好。接著，你沿著這條懸掛在空中的絲線向另一端前進，一邊吐出另一條新的絲線，這條線比第一條鬆弛一些，在你到達彼端時，把絲線固定好。然後你又掉頭往回走，來到第二條線的中央，向下方吐出第三條絲線，形成一個「Y」字形等等。由此可以看出這種「因循守舊」的方式主宰了一系列一成不變的特定步驟，好比製作蛋奶酥的食譜，你就是得跟著指示一步一步來，才可能做成功。這種方式還真沒有多少讓回饋機制發揮的空間。每一系列步驟的結束便又是下一個系列的開始。

1. 「因循守舊」規則：

在最基本的層級上，蜘蛛依循著一套程式化的步驟來織網。

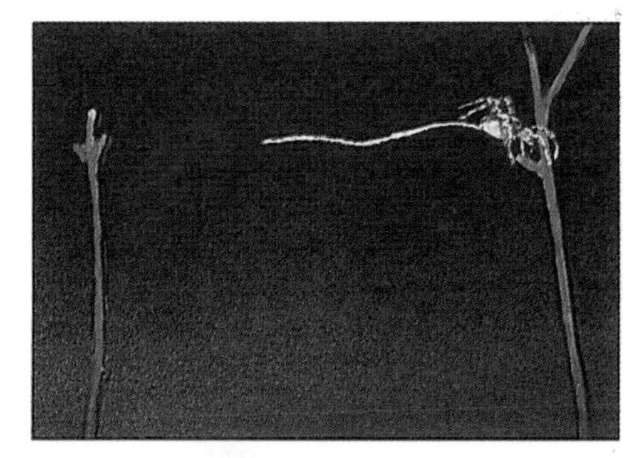

首先，向空中拋出一條絲線。

等絲線黏上任何東西後，把絲線扯緊，並把靠近自己的這端固定好。

沿著第一條絲線向前走，一邊吐出另一條比較鬆弛的絲線，在抵達彼端後，將它固定好。

回頭走，來到這第二條線的中央，向下吐出第三條線，形成一個「Y」字形。

接下來是「如果／那麼」規則，在這過程中出現了回饋機制：首先，你會檢查每一條線的張力，如果有一條線鬆垮垮的，你就會把它扯緊一些。然後從蜘蛛網的中心測量每一條放射狀絲線之間的夾角，如果某個角度太大（表示兩條放射狀絲線之間距離太寬），就再添入另一條放射狀絲線，以此方法修正放射狀絲線之間的角度。就像「因循守舊」規則，「如果／那麼」規則也掌管著特定的行動，但它還允許來自感覺系統的回饋機制，用以修正一些錯誤。

第三種規則算不上是一種特定的行為，只能概略的說是一種「嘗試與錯誤」的經驗規則，也就是有效的行為，就繼續重複操作，無效的嘛，就別再重蹈覆轍。研究者觀察到，如果一隻蜘蛛在織網時，把太多時間耗在反覆的破壞又重建上，那麼牠最後會乾脆放棄這個補來補去都補不好的蜘蛛網，重新再打造一個。這就是「嘗試與錯誤」的規則（見第84頁的圖），或者說得更貼切一點，應該稱為「嘗試與回饋」。

最後一種規則是「模擬作用」，這回憑藉的不是確實去完成一項精心製作的工程，然後看看成效如何。相反的，「模擬作用」只是先在心中模擬一個模型，然後去想像結果會如何。這樣的模擬需要一套較複雜的神經系統迴路。如果蜘蛛也有這種本事，那肯定是非常粗糙的方式（見第85頁）。不過，牠們倒是能夠為蜘蛛網最終的圖樣事先畫一個大略的草稿；接著，重新描摹走過的路徑，用腳測量線與線的間距，做出一個較精確的版本，同時把先前的草稿吃掉。

所有的動物，甚至包括植物，在維持生命的運作時，都是把僵化的規則以及有彈性的規則混著用。愈複雜的動物，使用的規則愈有彈性，這也導致牠們逐漸能夠透過由經驗而來的回饋作用，修正各種行為——說穿了，這就是一種學習的過程。

2. **「如果／那麼」規則：**

測量每一條放射狀絲線的角度，如果角度太大，就再添加一條放射狀絲線。

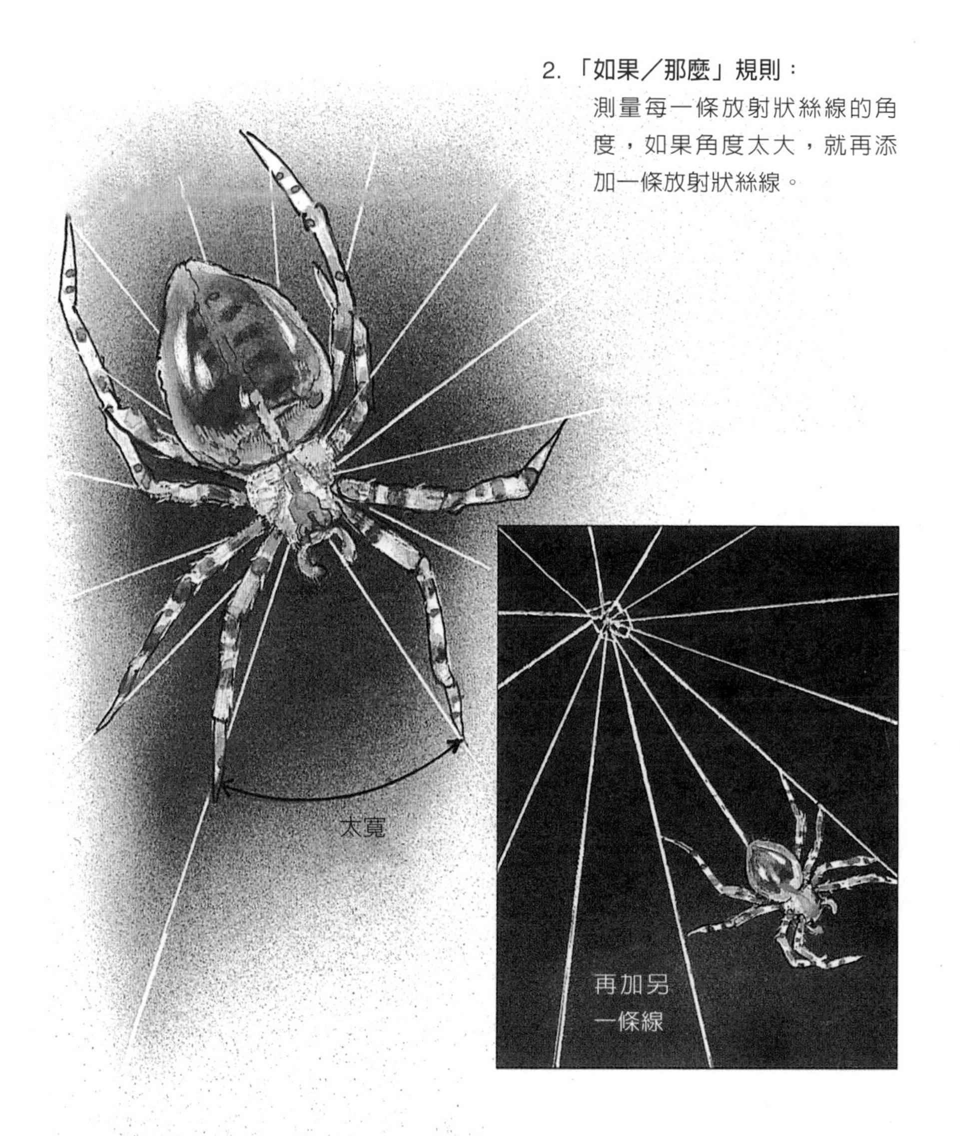

3. **嘗試與錯誤**：

如果蜘蛛網在風中搖擺得太厲害，蜘蛛會嘗試為牠的網增加一些重量。如果這樣做，並不管用，蜘蛛將放棄這個地點，另起爐灶。

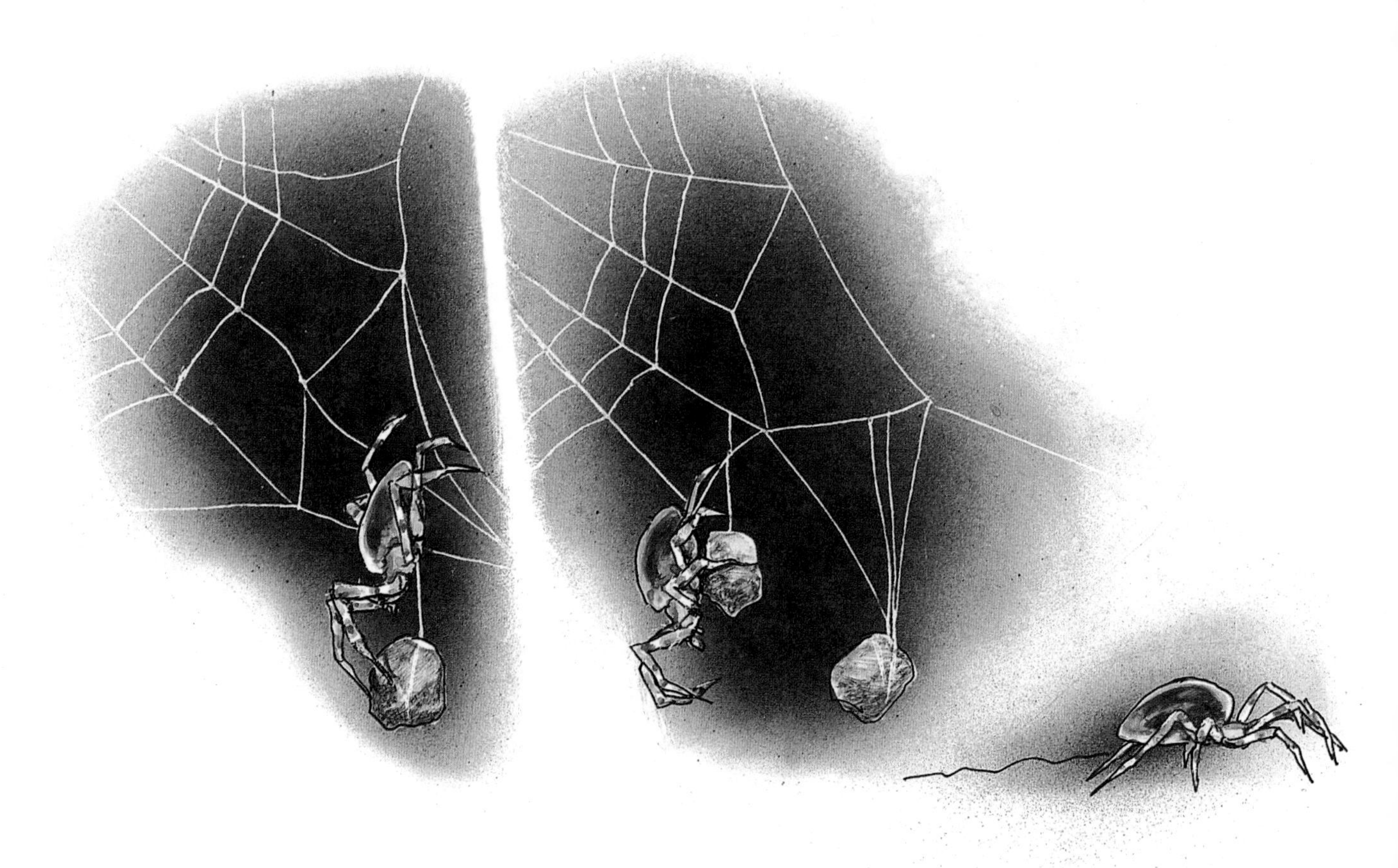

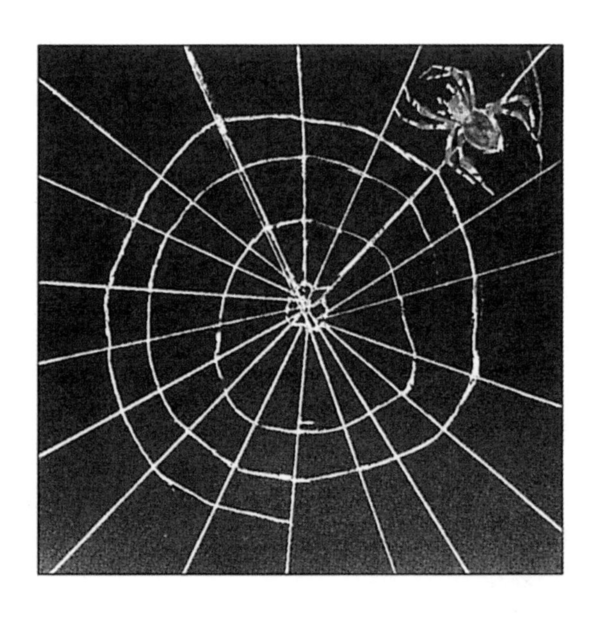

4. **模擬作用：**

蜘蛛會打造一個暫時的草稿，模擬出蜘蛛網最後的圖樣，然後重新描摹先前走過的路徑，仔細測量每一步，並把草稿吃掉，最後打造出一張精確、實用的蜘蛛網。

瀑布般的階段式信號放大過程

正回饋

直到目前爲止，我們所討論的回饋機制都算是負回饋。在一個迴路中，當信號是刺激（而不是抑制）更多的產物形成時，我們就稱這種作用爲「正回饋」。也就是當產物愈多，就會進一步刺激更多的產物生成。

你不妨想像在一齣歌劇中，首席女歌手利用詠嘆調中的某個特定音符當作暗示，引導其他演員依序上場。這一組演員加入舞台上的歌聲後，更多的演員又陸續登台。由此可見，一個人可以帶來一些人，一些人可以帶來更多人，更多人可以帶來更多更多人，最後，舞台上聚滿了所有表演者。

在生物學中，正回饋的過程又叫做「梯瀑式放大」，一個反應會誘發出更大規模的下一個反應。這種情形可能導致「一去不復返」的危險狀況，吸毒者的毒癮或是癌細胞一發不可收拾的增生，都算是這種例子。不過，梯瀑式放大也可能是創新的來源，它讓系統從舊有的窠臼中破格而出，締造新境界。就像複利的計算方式，利息會再生利息那樣，學習往往會帶來更多的學習，成功也會衍生出更多的成功。

在第6章，我們將檢視一個很重要的梯瀑式放大例子，即從單一個受精卵細胞到胚胎生長的過程。至於第7章，也就是本書的最末一章，我們將來看看演化這個巨型的梯瀑式放大作用。

當首席女歌手唱出某個特定音符……
……第一男高音隨之出場。
當他們一同唱出
那個音符時……
……帶出一群
合唱的少女。
當首席女歌手、第一男高音
及合唱少女同時唱出那個音
符時……
……引進一群壯
碩的野蠻人。

每一次加入的歌聲都會傳喚出更大群的人，很快的，舞台上就聚滿了演唱者。

生態迴路

自我修正的系統

從模控學的角度來看，生態系即是一個巨大的回饋迴路系統，也就是由一系列彼此相連、環環相扣的組件構成的系統，組件與組件之間有密切的關係，所以當整個迴路的某處發生問題，其他地方也會受到波及。譬如說，在淡水湖中，魚類會吃藻類，並排出有機廢物；細菌吃這些有機廢物，並排出無機物質；藻類再把這些無機物質吃掉——我們可以說，每一種生物族群都在一個互相依存的循環中繁衍興盛。這樣的平衡生態系自有它的彈性：當麻煩出現而導致失衡時，這樣的系統可以從迴路中的某處修正回來。

水中溫度升高可能促使生態系失衡，好比說，使得藻類生長過盛。如果藻類生長得太茂密，陽光將無法穿透到較底層的藻類，這部分的藻類會因此死掉。死掉的藻類造成水中的有機廢物大增，導致細菌數量的暴增，進而使水中的氧氣消耗殆盡。在正常情況下，當湖中的藻類生長過盛時，魚類的數量會增加（因為攝取大量的藻類而快速繁衍），而恢復系統的平衡。

我們已見過細胞內的調控迴路如何受到變構蛋白的控制，變構蛋白的功能就好像生產線上的產品經理或蒸汽機的調速機。在生態系中，扮演調速器角色的通常是最大型的生物，也就是代謝活動最慢的生物。在淡水生態系中，若沒有魚類大量消耗過剩的藻類，便很難靠其他方式儘速修正失衡的狀況。不過就算生態系能夠自我修正，在遇上突如其來的巨變時，還是可能發生吃不消的情形。例如把過量的有機污物排進淡水生態系中，可能使得淡水中的氧氣完全

當水中的溫度升高，容易導致藻類生長過盛。較底層的藻類因為接收不到陽光而死掉，使水中的有機廢物增多。

耗盡，造成整個生態系的崩潰。

前面舉的這個例子只是一個簡單的模型。在大部分的情況下，生態系並非僅以單一迴路在運作，而是一個錯綜複雜的迴路網路，其中正回饋與負回饋都參與調控。而且我們若能深入那些迴路去瞧瞧，將會發現生態系每個成員的體內，無時無刻都在製造分子以及分解分子（這是生命的基本過程），而且無數個微小的蛋白質調速機正忙進忙出，監控著各種反應速率。

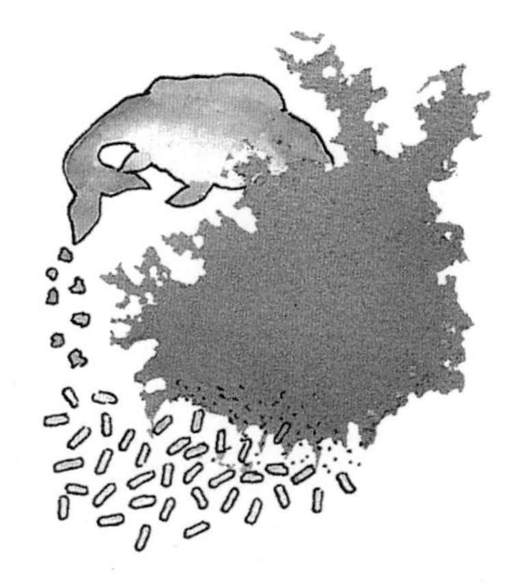

有機廢物的增加導致細菌大量繁殖，嚴重耗損水中的氧氣。

魚類因攝取過剩的藻類而迅速繁殖，如此減少了藻類的含量，幫助生態系恢復平衡。

魚
藻類
細菌
無機養料

名詞解釋

回饋 feedback 個體反應後，經由對反應後果的了解，從而修正後續反應，以增進反應效果的歷程

抑制子 repressor 一種由調節基因製造出來的蛋白質，能夠抑制某些製造蛋白質的基因，使其無法啓動。

受體 receptor 鑲嵌在細胞膜上的蛋白質，可與形狀相符的外來分子結合（例如荷爾蒙、藥物、病毒、或其他實體結合），而啓動細胞內的一些反應，或將外來分子帶入細胞中。

梯瀑式放大 cascading 也就是生物學上的「正回饋」，一種將訊息分段放大的過程。

費洛蒙 pheromone 生物體所分泌的揮發性化學物質，有吸引異性、警告同類、傳達訊息等不同的用途。

趨化性 chemotaxis 受到化學物質誘發所產生的移動行為。趨化性是細菌用以尋找環境中的食物的方式，也是最古老的化學傳訊形式之一。

變構作用 allostery 蛋白質擁有改變形狀的能力，而可以調節生化過程。字面上即「其他的形狀」之意。

來想想一張臉的情況：它的基本特徵在一年內幾乎沒有多大的改變，但其實在這段期間，臉上大部分的細胞以及構成這些細胞的所有分子，都被新的細胞及分子取代了。這就好像改變一塊布的料子，但沒有改變布的花紋。

第 6 章

群集

——從一到多的繁複過程

在生物界中最令人驚訝的事情莫過於發現，所有活生生的生物都是由活生生的「小生物」（即細胞）構成的。不像蓋房子的磚塊那樣死氣沈沈的，細胞雖是建構生物體的基本單位，但細胞本身也是獨立的個體，有它自己的生命；細胞會生、會死、會繁衍，和我們沒什麼兩樣。在某種意義上，我們人體其實就是一個密集的細胞群集。在這龐大的群集中，多虧了各種特化小組間的協調與整合，我們才能走路、吃飯和說話。

細胞是很小的東西。*Caenorhabditis elegans* 這種線蟲生物恰恰由969個細胞構成，但這些線蟲卻小得肉眼幾乎看不見。我們人體則由5兆左右的細胞構成。從這天文數字般的細胞數量可知，這個細胞的集合體顯然需要超凡的溝通技巧與合作關係，以便維持整體的運作。體內的細胞必須不斷的彼此「交談」，它們利用電流及化學信號來控制你的一舉一動。

在細胞群集中，細胞懂得把自己組織成特定的模式，並很精準的維持著它們的三維空間關係。兩個原本以不同頻率跳動著的心臟

細胞，若放在一起，它們的節奏將會調整成同步的狀況；來自不同組織的細胞，若用攪拌器相混後靜置，過不了多久，它們會再聚集回自己原來所屬的組織。

從演化的過程我們發現，當細胞愈是傾向彼此聚集在一起，它們能共享的訊息就愈多。漸漸的，原始單細胞內的一些原始系統開始相連相通，而且日益精緻，最後演化出較高等的行爲與能力，例如視覺、感覺及思考等。

突現

局部與全部

生命絕不僅僅是組成單元的總和而已。假設你把一大堆原本是可以預期、掌控的個體丟在一塊兒，幾乎可以肯定的是，這些個體彼此會交互作用，並以你完全無法預知的方式組成極複雜的結果。

以生命的訊息分子DNA爲例。前面我們已見到DNA是由4種核苷酸組成的長鏈分子（請見第1冊第3章）。就這些核苷酸的基本結構或化學特質而言，我們實在看不出，它們何以能讓DNA在所有生命中扮演這麼重要的角色。唯有當這些核苷酸以特定的序列串連起來後，我們才發現它們帶來的新意義──即DNA的訊息。DNA的眞正意義不在於它的組成單元是什麼，而在於這些組成單元是如何組織起來的。

這個事實不僅適用在DNA上，自然界許許多多的現象，不論生物或非生物，都存在這樣的特性。例如，單單一個水分子本身是沒有任何什麼潤濕性的，水之所以摸起來溼溼的，是因爲有億萬又億萬的水分子彼此相互滑動、翻滾，形成動態的晶格（即一下子形成，一下子又瓦解，不斷的反覆著）。單一個原子是沒有顏色的，顏色起源自當原子組成分子後，每個分子會吸收某些特定的光波並透射出其他光波。單一個腦細胞（神經元）並不會思考，思考能力來自上百萬個神經元在井然有序的神經網路中，傳遞電化學脈衝。

因此，一個完整的個體，與其說是組成單元的總和，不如說是組成單元的「產物」，即個體是所有組成單元間多重互動的結果。在眞實的群集中，不論是一株植物、一個人或一座城市，其中的組成單元似乎總是會設法超越它們自身，成爲更大整體的一部分；即使這些組成單元仍舊短視，依然運用自己的簡單規則在爲自己的目的工作。

突現的模式：當簡單的單元依循簡單的規則行事

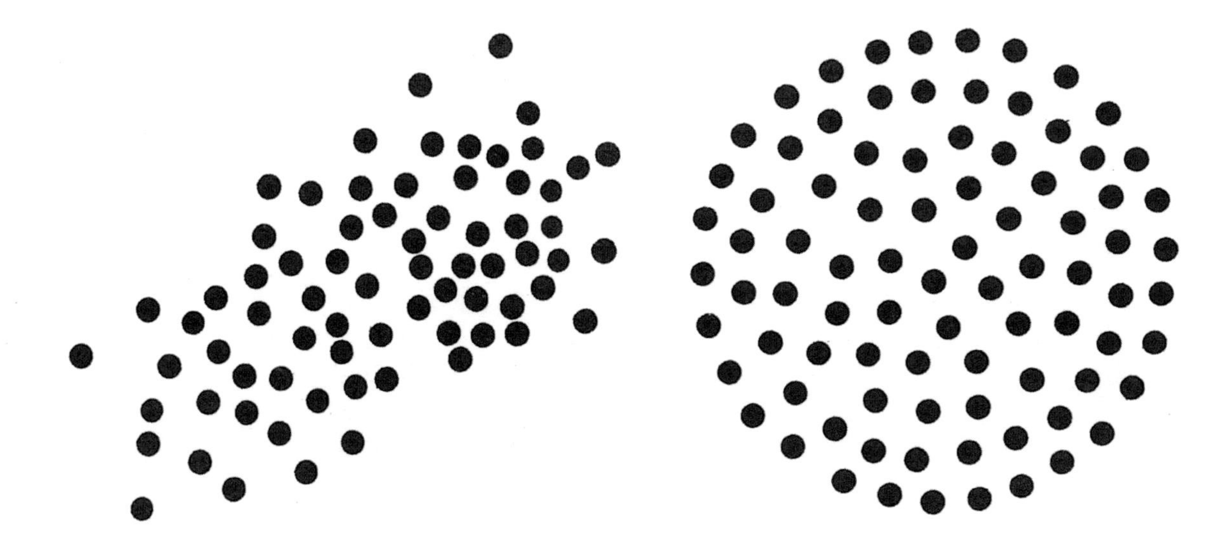

想像這些隨意排列的黑點僅依照兩種規則重組：

1. 與任一相鄰的黑點皆保持恰好是黑點寬度的距離。
2. 每個黑點都儘可能向中央靠攏。

突現的模式：一個由黑點構成的圓盤。

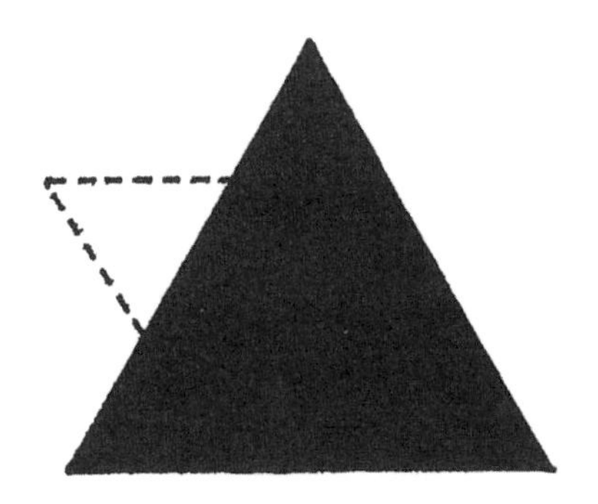

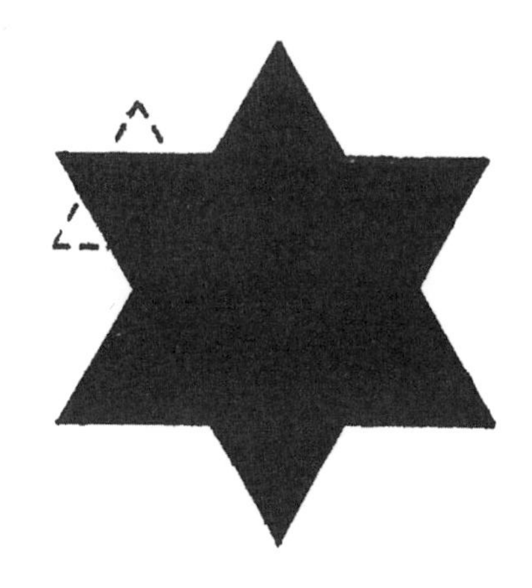

規則：持續把較小的三角形添加在較大三角形的每一邊。
突現的模式：一朵愈變愈複雜的「雪花」。

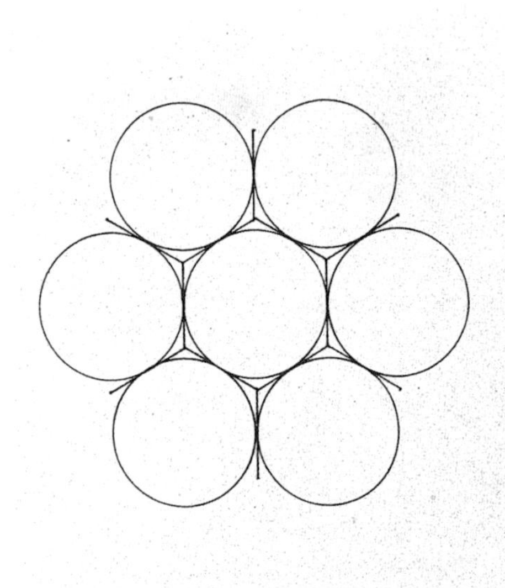

規則：
把一堆圓球或圓柱體聚集在一起，讓它們以最少量的物質填充於共用的邊界。

突現的模式：
六角形的小區間，例如蜂巢、肥皂泡、以及一些礦物結晶。

規則：
有兩個相連且原本平行的表面，現在讓其中一個表面長得比另一個快。

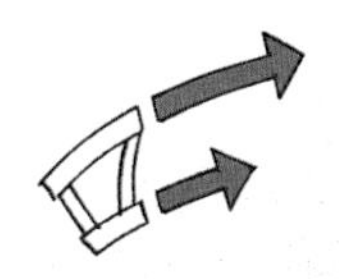

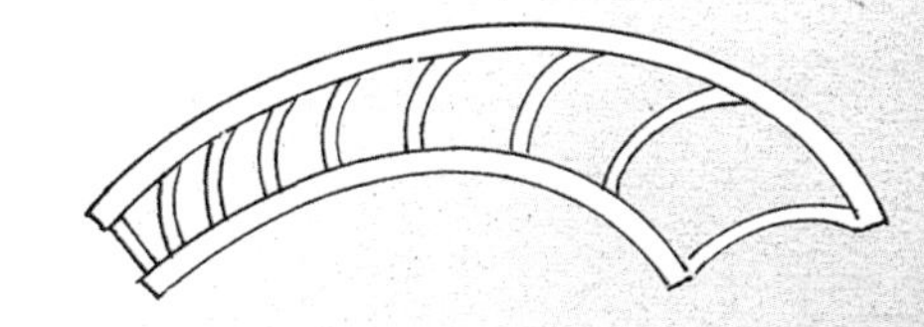

突現的模式：
公羊的犄角、藤蔓植物的卷鬚、鸚鵡螺殼內的小室。

高等行爲的突現

超生物體？

像蜜蜂、白蟻、螞蟻這些社會性昆蟲，提供絕佳的例子讓我們了解，複雜的行爲會衍生自簡單個體間的互動。好比一個個體「知道」的一定比他體內任一細胞所知道的多，一個螞蟻族群知道的肯定也比其中任一隻螞蟻所知道的多。

儘管螞蟻的視覺極差，牠們對化學信號的敏感度卻是相當驚人的。牠們會利用各種化學物質來傳送一些簡單的訊息例如：「跟著我的路徑來吧！」、「我和你是同一國的唷！」、「小心！」、「救命啊！」、「嘿，我在這兒！」等等。著名的螞蟻行爲專家威爾森曾說，一隻螞蟻可能能夠傳送與接收15種左右的訊息。

威爾森（Edward O. Wilson, 1929-），美國哈佛大學著名生態學家、演化學家，著有《社會生物學：新綜合論》、《大自然的獵人》、《繽紛的生命》、《*Consilience* — 知識大融通》。

來想想這種情況：假設有幾隻偵查蟻外出覓食，其中有一隻偶然發現一些蜂蜜。於是，在返回蟻窩的路上，牠會在自己的能力範圍內，開始留下一系列的化學訊息，告訴大家：「跟著我的路徑走吧！」。其他沒找到食物的偵查蟻就不會留下任何有助於折返的訊息。接著，大家族中的姊妹們會立即循著那隻找到蜂蜜的偵查蟻所留下的路徑，直接前往蜂蜜的所在地，然後，每一隻螞蟻在回家的路上，也留下一些化學訊息，強化了這條直達食物的路徑。很快的，一長串的螞蟻絡繹不絕的前往，牠們看似一隻跟著一隻，但其實每一隻螞蟻都是跟著自己的鼻子，或更正確說法是跟著觸角前進，跌跌撞撞的與那些扛著食物回家的螞蟻擦身而過。你注意到了沒？在這樣的行動腳本中，一開始漫無目的的尋覓，很快的轉變爲

群居社會中的各種專家——看看切葉蟻如何分工合作

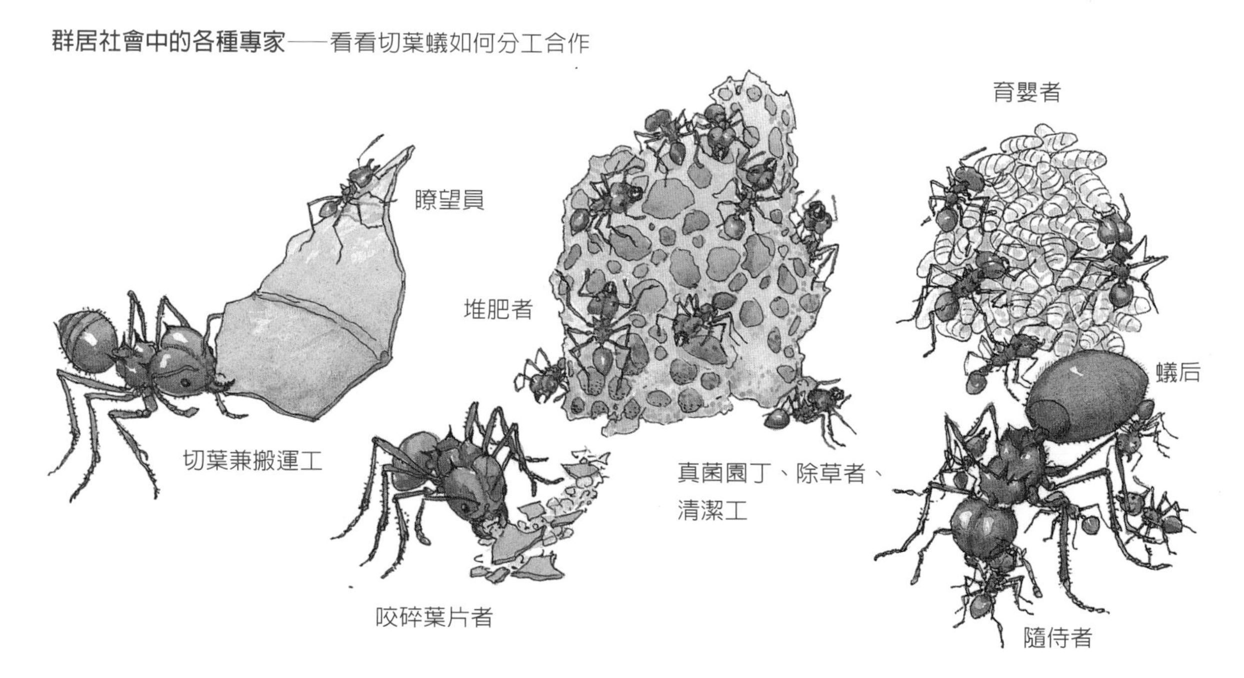

群居社會中的角色特化，賦予社會性昆蟲極大的演化優勢。儘管這類昆蟲僅占全世界昆蟲種類的2%，牠們可是占地球上所有昆蟲總量的二分之一以上呢！

很有條理的行爲，即使每一隻螞蟻只是依照自己的規則行事。

很明顯的，訊息的共享把螞蟻族群帶向一個較複雜、高等的階層（甚至有人將這種複雜化視爲一種智力），而這絕不會發生在單單一隻螞蟻身上的。這也就是爲何有些生物學家會將螞蟻、蜜蜂及白蟻等族群視爲一個「超生物體」（superorganism）。

不看藍圖怎麼蓋房子呢？

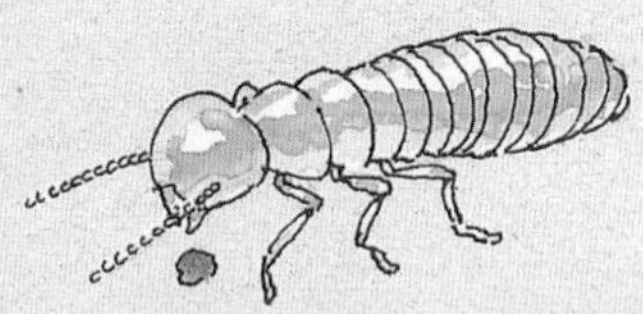

1. 一開始先由個別的白蟻用唾液混合泥塊與木屑，形成一團堆積物，然後隨意放置。唾液中含有一種化學信號：「吐在這裡！」

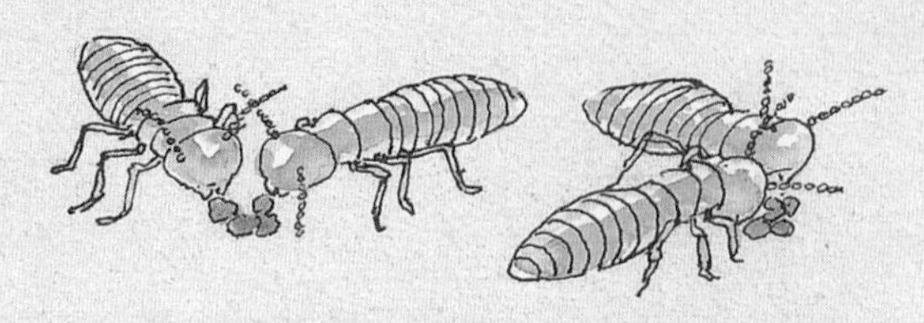

2. 其他的白蟻也過來，把牠們做的那團堆積物吐在原本的那一團上面。

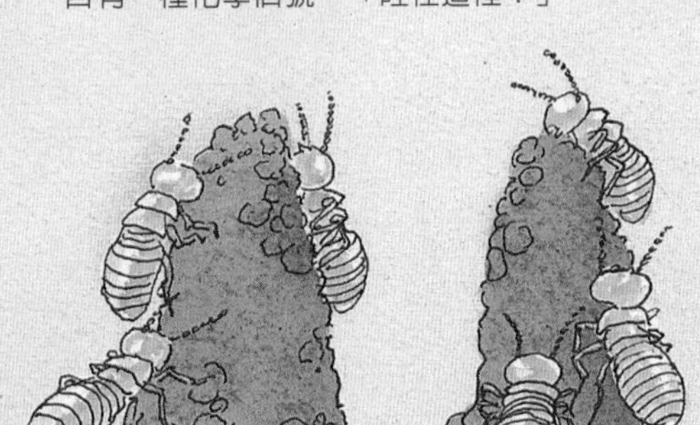

3. 很快的，小小的堆體漸漸長成柱狀體。當柱狀體達到某種高度後，白蟻會受到另一種化學信號的引導，轉而進行新訊息所指示的動作……

4.「吐在與隔壁柱狀體最靠近的那一邊。」白蟻在這種信號的指引下，把新的堆積物添加在柱狀體的邊上，使得柱狀體彼此「彎」向對方。

5. 就在每隻白蟻盡一己本分之際，圓拱門隨地林立，隧道四處相通的精緻蟻窩漸漸成形了。瞧，這是牠們多層次的摩天大樓系統，不用什麼特別的藍圖，照樣做得嚇嚇叫！

從單細胞生物到多細胞生物

黏菌與它的雙重特性

根據已故的哲學家及作家柯思特勒指出，我們每個人實際上都具有兩個面向。我們用其中的一面來檢視內在，把自己看作一個單獨的個體。我們可以從每個人展現出來的「獨立」與「自主」看出這一面。另一面呢，我們則用它來面對外在世界，了解自己都是更大群集中的一份子。我們可以從每個人都需要與外界「溝通」與「互動」看出這一面。擁有這兩種面向，並非是你可以選擇要不要的問題，這是生物的本質，由不得你作主。每一種活著的生物都同時具有「既是一個完整的個體，也是更大組織中的一部分」的特質。

柯思特勒（Arthur Koestler, 1905-1983），匈牙利哲學家及小說家。著有《日中昏暗》（*Darkness at Noon*），敘述史達林黑暗時代的情形。

說到這種雙重特性，很少有什麼生物可以比得上行爲怪異、出身低等的黏菌了。從四處移動到靜止不動、從多變的外形到有特定的形體，黏菌可以說把生物的雙重特性展現得淋漓盡致，遠超越其他的生物。黏菌的外觀就像可以自由移動的變形體，它們居住在陰暗潮溼的森林地表，以攝取細菌和酵母菌維生（黏菌利用由體表伸出的僞足來移動及覓食）。

不過當食物稀少時，將會發生不尋常的事：單一隻黏菌變形體受到自己的指派，開始釋放某種化學信號，鄰近的黏菌禁不起這種信號的吸引，紛紛聚攏過來，把自己黏附在發出信號的黏菌身上。每一隻靠過來的黏菌也會釋出它們自己的信號，放大了整團黏菌的信號（這就像前面提過的「正回饋」機制，請見第86頁）。這導致更多的黏菌靠攏過來，最後形成一個多達10,000個細胞的黏菌團。接著出現一個驚人的轉形變化：這黏菌團變成像蛞蝓的東西，開始移

一隻黏菌的旅程：從個體到群體、再到個體

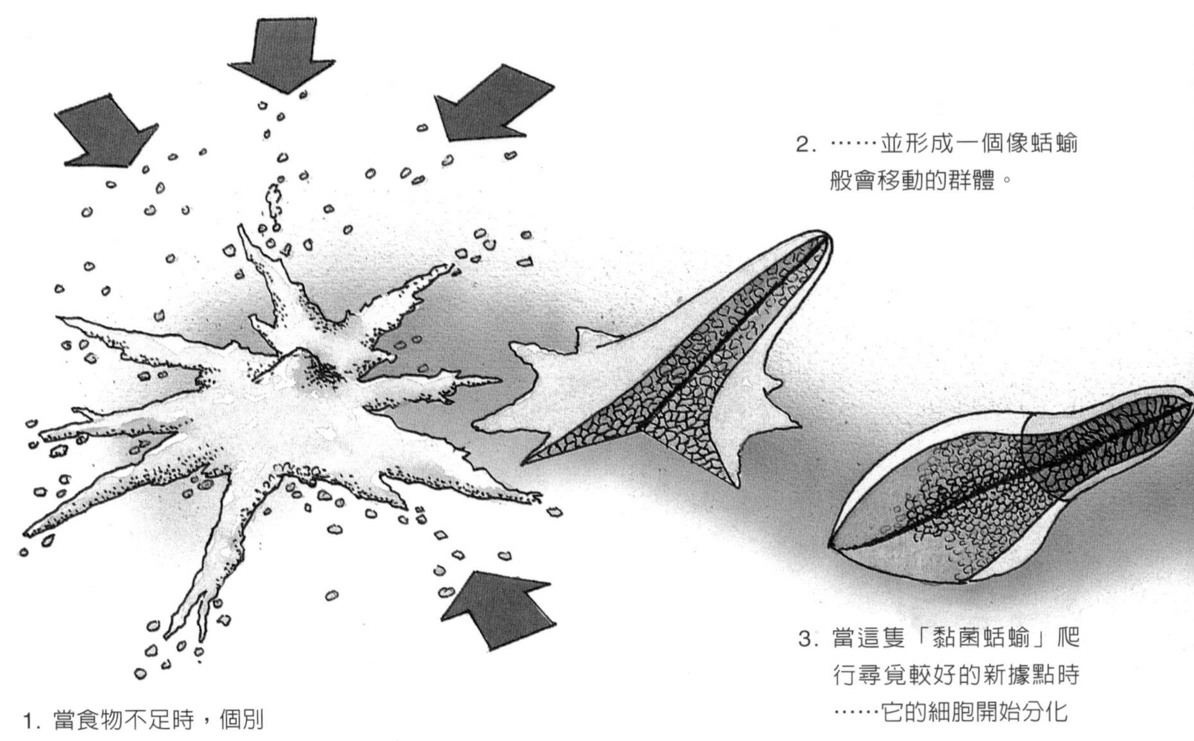

動到新地點，後面還拖著一條長長的黏液。隨著這團「黏菌蛞蝓」的移動，它的細胞開始分化成三群迥異的類型，這樣做的目的一直到這蛞蝓似的黏菌抵達一個舒適的新定點，才讓人恍然大悟。原來，其中有一群細胞先形成一個底板，並向上挺出一根長柄。接著，第二群細胞產生一個孢子囊，裡面裹著由第三群細胞分化而來的孢子。當這些孢子最後散播出去後，它們將在新的落腳地長成變形體，於是又展開新的循環。

這種從個體到群體、再回到個體的改變，回應了另一種原始的

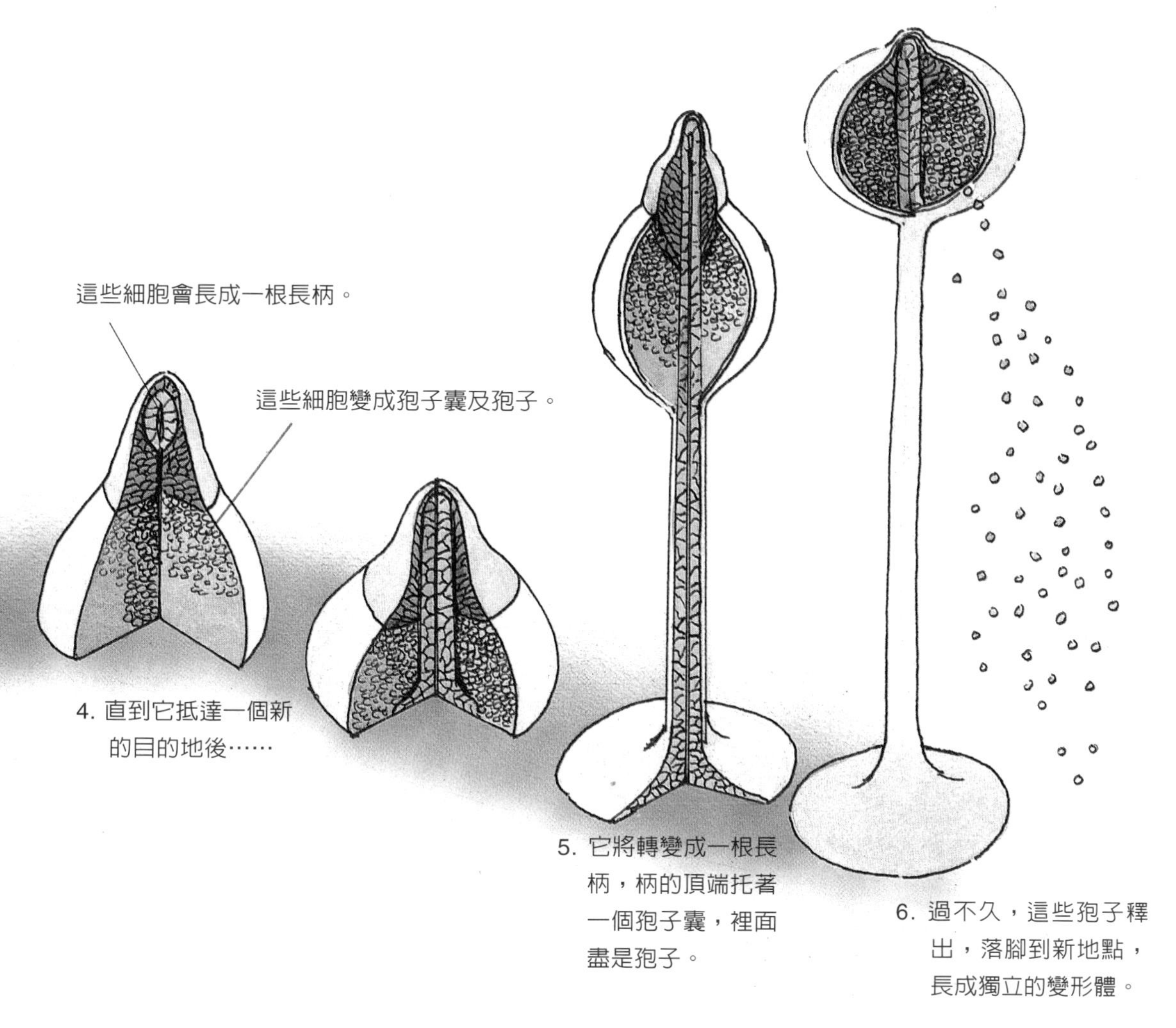

循環：從卵到個體、再回到卵。黏菌模糊了「完整獨立的個體」與「群體中的一份子」之間的界限，也讓我們期待生命出現更複雜的生殖策略。這種生物的出現無疑提供我們一些引人入勝的線索，以了解細胞究竟如何聚集、溝通及分化——這些都是較複雜的生物在胚胎發育過程中所必經的關鍵步驟。儘管黏菌並不複雜，卻展現出驚人的群集力量，讓我們見識到一個群體可以藉由組成份子的通力合作，來達成單獨個體萬萬辦不到的複雜工作。

胚胎發育——從單一個細胞到無數個細胞

一個自我組成的群集

單單一個細胞究竟如何在經過幾天、幾週或幾個月的時間之後，長成一個由幾百萬個、幾十億個，甚至幾兆個細胞構成的複雜個體？生物學中沒有多少難解之謎會比這個問題還具有挑戰性了。

我們知道胚胎發育這種建構生命的程式，是根據每個細胞中的基因所攜帶的訊息來執行的。現在，科學家仍然試圖了解這麼多種基因產生的各種蛋白質之間是如何交互作用，如何完美和諧的打造出一個複雜的生命。要我們想像一個過程，裡面有好多事情同時在發生，實在是一件困難的事。首先，細胞會生長及分裂；其次，這些細胞開始分化，成爲特殊的骨細胞、皮膚細胞、神經細胞及身體其他各種類型的細胞等等；然後，這些細胞會移動到不同的地方；最後，它們會影響鄰近細胞的行爲。

這4項活動的同時進行與交互作用，很快的導致極爲複雜的結果。在此，我們以一連串快速增加的房舍，爲胚胎發育過程提供一個簡單的比喻，請看本單元的圖解。

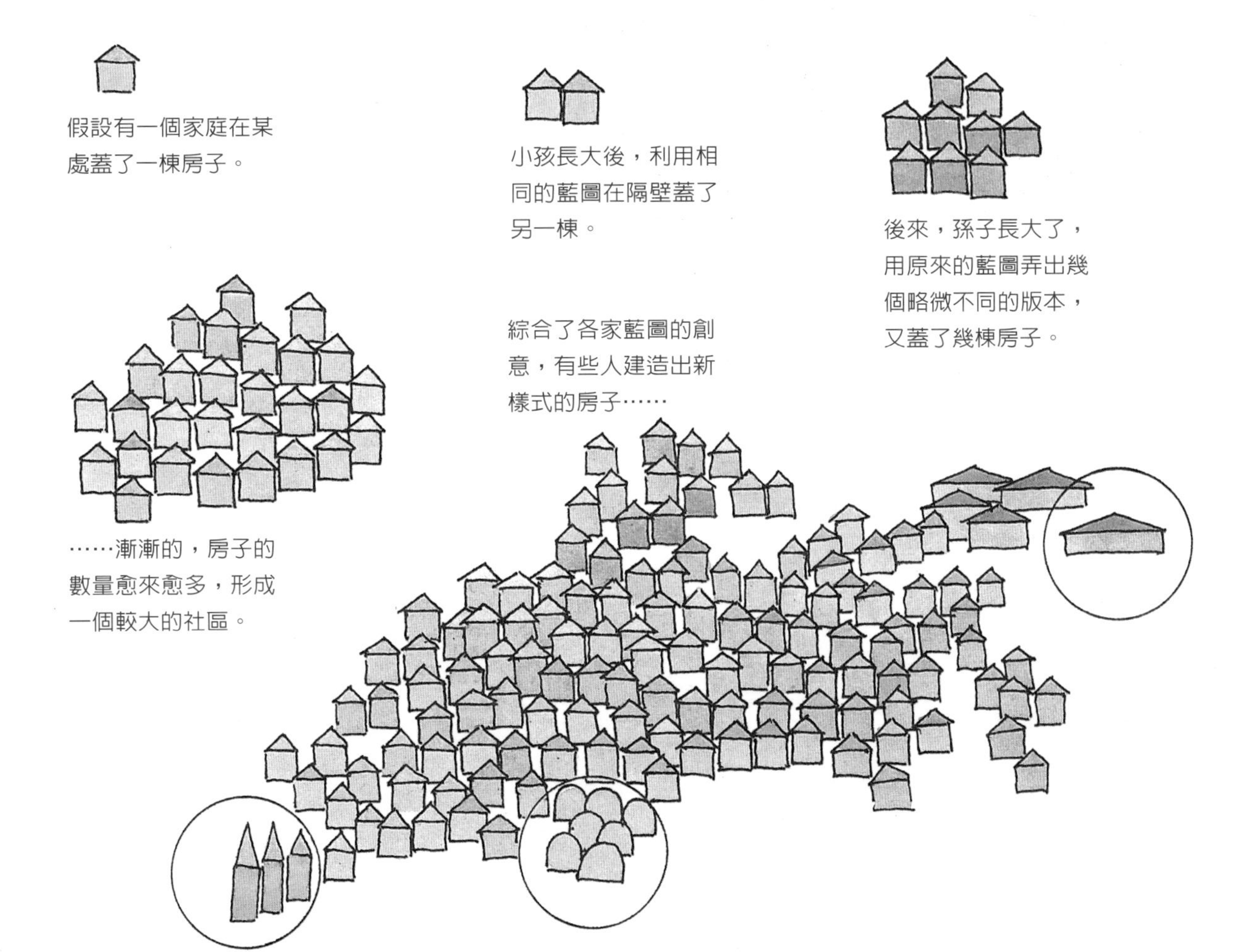
假設有一個家庭在某處蓋了一棟房子。
小孩長大後，利用相同的藍圖在隔壁蓋了另一棟。
後來，孫子長大了，用原來的藍圖弄出幾個略微不同的版本，又蓋了幾棟房子。
……漸漸的，房子的數量愈來愈多，形成一個較大的社區。
綜合了各家藍圖的創意，有些人建造出新樣式的房子……

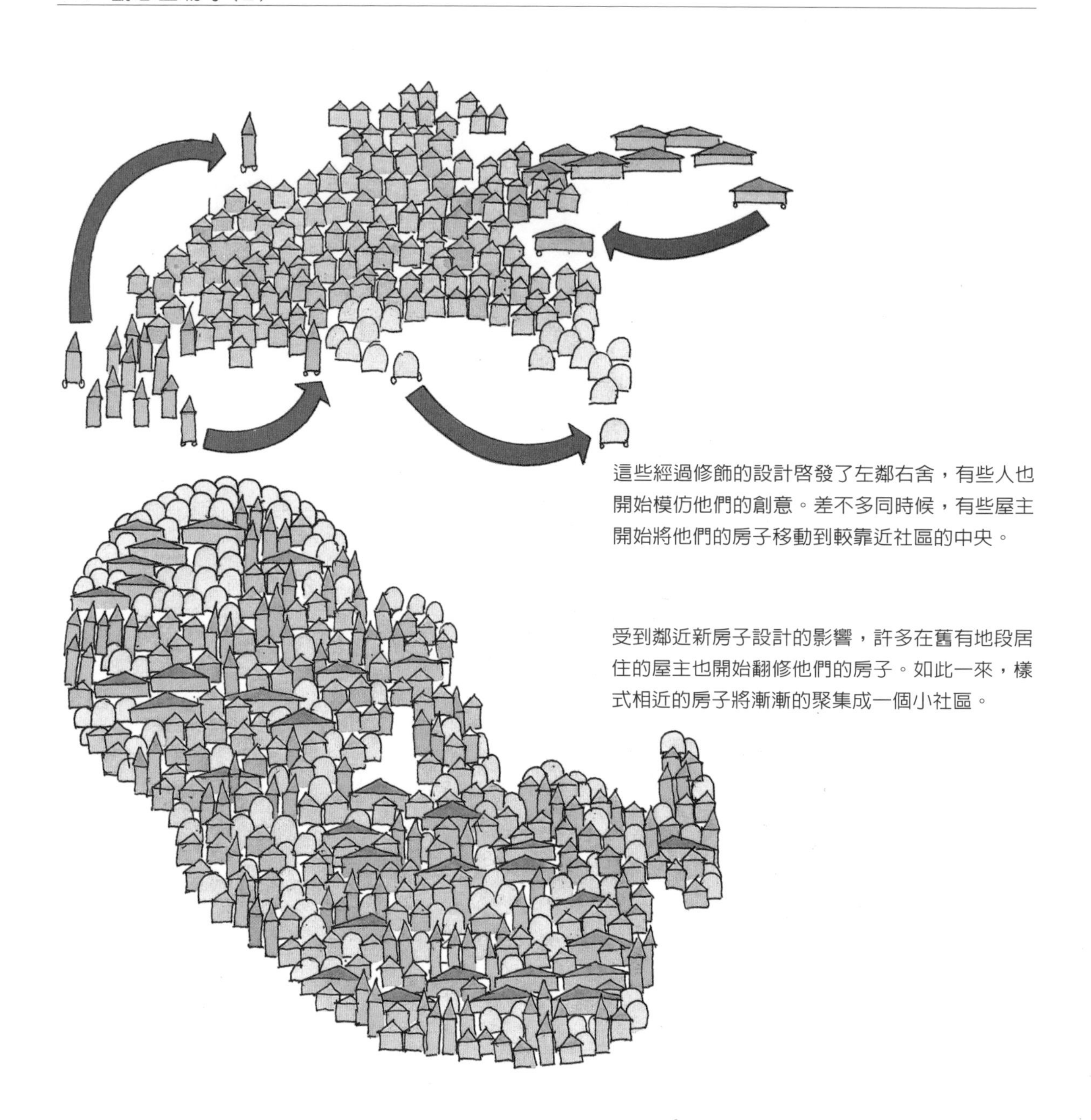

這些經過修飾的設計啓發了左鄰右舍，有些人也開始模仿他們的創意。差不多同時候，有些屋主開始將他們的房子移動到較靠近社區的中央。

受到鄰近新房子設計的影響，許多在舊有地段居住的屋主也開始翻修他們的房子。如此一來，樣式相近的房子將漸漸的聚集成一個小社區。

「組織一個完整的個體」首部曲

細胞分裂讓細胞數目愈變愈多

你體內的每一個細胞都含有一整套建造身體所需的所有訊息。乍聽之下，你可能覺得細胞幹嘛那麼麻煩？畢竟，就一個皮膚細胞而言，讓它只含有執行皮膚細胞功能所需的訊息，不是比較明智、省事一點嗎？爲何還要大費周章的連腦細胞或肝細胞所需的訊息也一塊兒攜帶呢？你若是一位準備打造一整座城市的建築師，你絕不可能把建造所有建築物的一整套藍圖，包含在建造每一棟建築物的藍圖中吧！但是，生命偏偏就是會這麼做哩！

想了解生命「爲什麼」要這樣做，我們不妨先來看看細胞分裂是「如何」發生的。我們知道，所有的細胞都會生長：它們把細胞內的所有組成物加倍，使原來的細胞大一倍；然後它們會確實複製出另一份DNA，並在細胞分裂時，平均分配給兩個子細胞，舊有的母細胞變成兩個全新的細胞，而且每個新細胞都獲得一套完整的基因組，與母細胞所含的訊息完全一樣。

關於基因組的複製，我們已知有一系列的酵素很精準的執行著這項重大任務（請見第1冊第3章）。演化已發現，在細胞分裂前，這種整套基因組複製的過程要比「一下挑選這些基因來複製、一下又挑選其他基因來複製」的過程還方便多了，選擇性的複製基因，似乎太不可思議了。因此我們知道每個細胞都與生俱有一座完整的圖書館，但它們懂得選擇特定的書，以滿足特定的需求，並把其他派不上用場的書留在書架上。

我們在此討論的「基因複製並平均分配到兩個細胞」過程，應該要與卵子及精子的製造過程劃分清楚。卵母細胞與精母細胞依照慣例，也都會先複製出另一套基因組，然後同一對染色體內會發生基因重組，接著卵母細胞與精母細胞各會發生兩次分裂，產生4個細胞（而不是2個），這些細胞就是卵子與精子，它們的DNA含量只有母細胞的一半。（關於生殖細胞中的基因相混與重組，請詳見第190～193頁。）

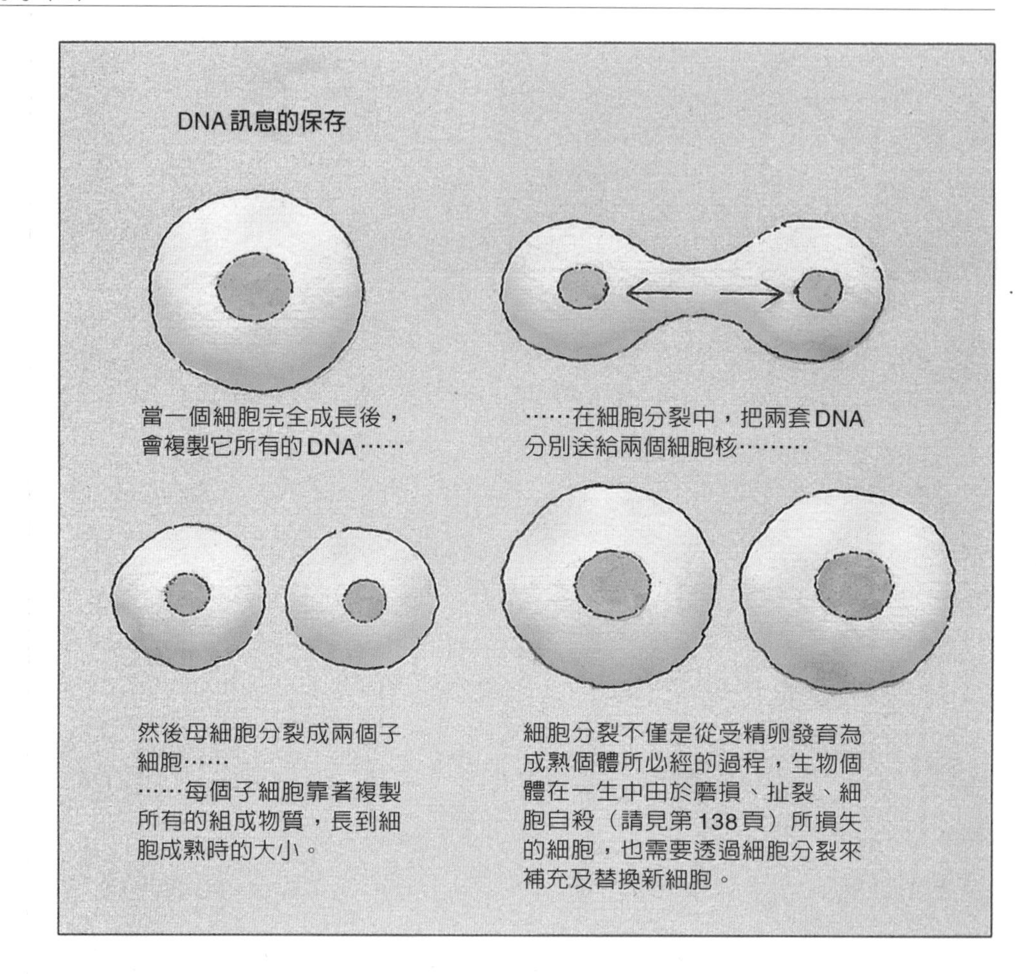

形成一個空心球 ▶

我們每個人都是從一個受精卵細胞開始的。受精卵會一而再、再而三的分裂下去，從1變2、2變4、4變8，如此不斷的增生，很快的產生龐大數量的細胞。如果這些早期的細胞都以相同的速率分裂，那麼只消30次的細胞分裂，就可以產生一個新生兒的幾十億個細胞。

一開始，細胞只是單純的分裂，好像沒什麼變化。等分裂到將近有100個細胞左右時（在人類胚胎發育中，這過程大約需要5天），這些細胞已形成一個空心球。聚集在空心球一端的細胞群會發育成胚胎，而外圍的單層細胞將發育成滋養胎兒的胎盤。

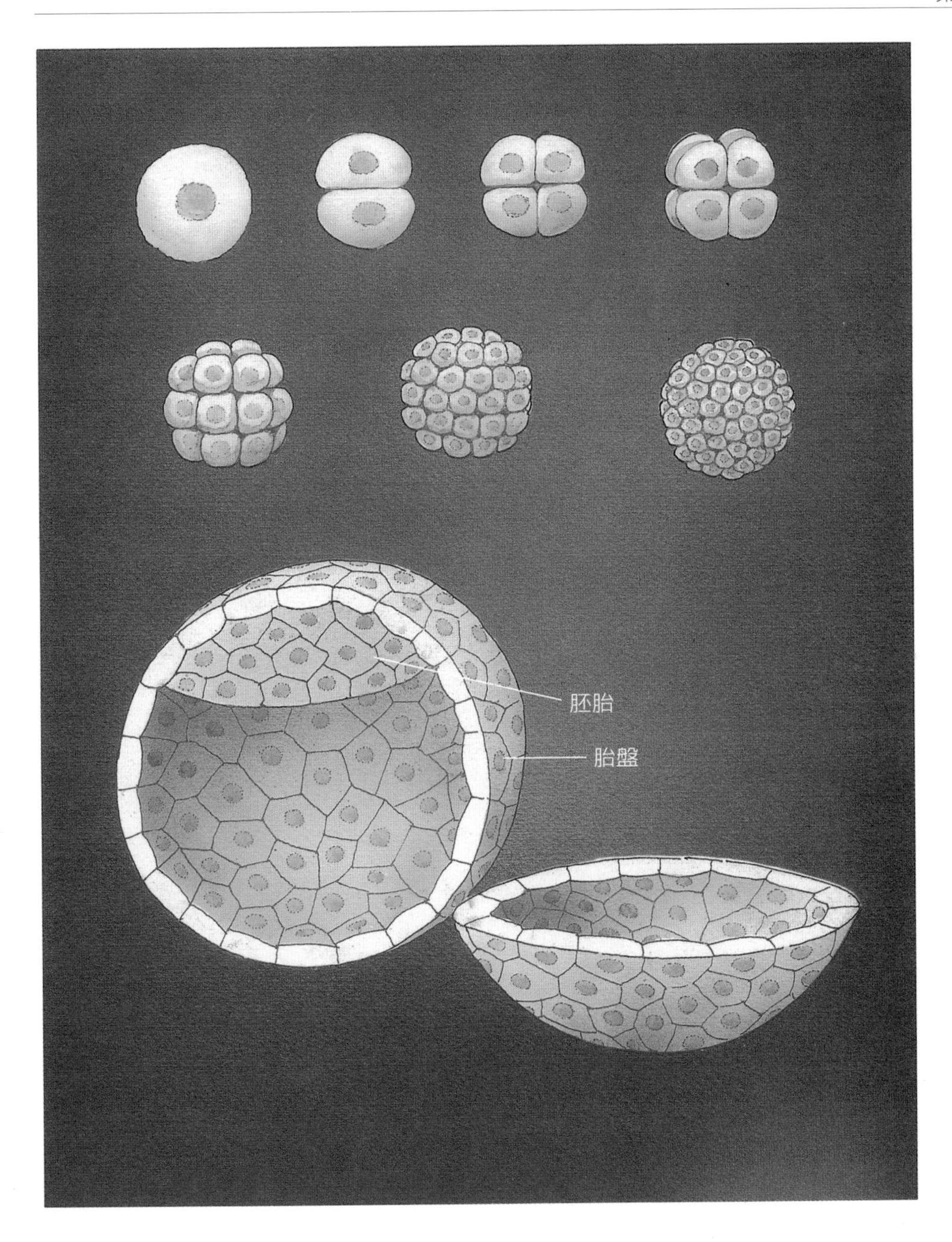
胚胎
胎盤

細胞內的傳訊系統

細胞內的梯瀑式訊息放大途徑

在第5章我們曾經請讀者想像自己是一隻細菌——一個獨立的細胞，一輩子孤零零的，一旦出現有利的狀況，就等不及要一分為二，跑出兩個一樣的你。現在，我們又要請你想像自己是一個擁有幾十億細胞的多細胞生物身上的一個細胞。在這個細胞內，你的DNA仍保有執行細胞一切功能所需的訊息，不過現在你還有個重大的角色要扮演——成為一個大企業中的一小部分。

這表示你要開始聽候信號的通知，才能展開行動。你已經不能再隨心所欲的生長及分裂，你得遵守從其他地方傳送過來的命令。這些信號可能是遠從其他腺體而來的荷爾蒙，也可能是鄰近細胞產生的蛋白質。你的細胞表面豎立著一大堆受體蛋白質，每個受體都會對特定的信號產生反應。

當一個細胞分裂信號與一個受體分子的外部結合後，會導致該受體分子位在細胞內的這端發生形狀的改變（還記得第5章講過的變構作用吧？）。結果將啓動一系列迅速的「蛋白質碰蛋白質」的接力過程，最後活化了啓動細胞分裂反應所需的基因。（這些碰觸及活化作用所需的能量皆由ATP提供。）

我們在此展示的是細胞分裂的主要步驟之一：DNA的複製。

這種由信號誘發出來的一連串分子反應，就好像卡通影片中見到的情形：一隻報曉的公雞驚嚇到一隻貓咪，貓咪從睡覺的地方跳起來，造成一顆鋼珠從滑道滾下來，然後觸動開關，啓動了火爐，於是開始煮咖啡。

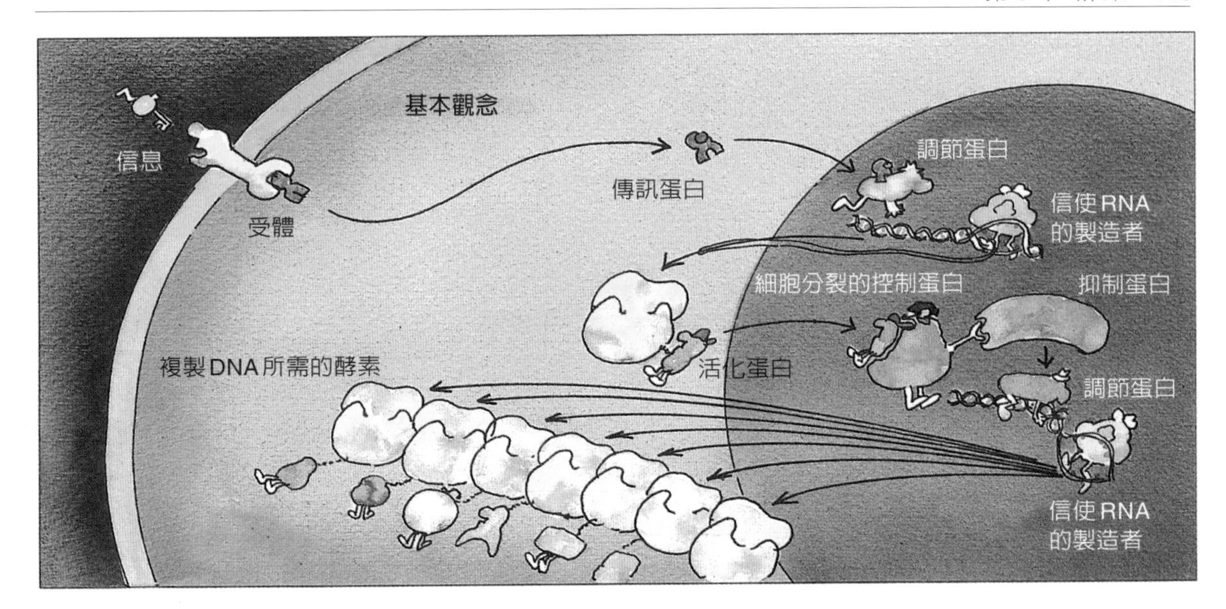

從一個小小的空心球發育到一個新生兒的過程中，細胞所經歷的各種改變，都是靠著許許多多這樣的「蛋白質接力」，把信號傳遞給基因，導致基因活化而展開細胞分裂的反應。

有時候，細胞也會反常、出軌，變得很不合群。它違反團體紀律，隨自己高興瘋狂分裂，推擠鄰近的細胞，最後乾脆轉移陣地，到其他地方繼續囂張。這種橫行霸道的細胞正是癌細胞。在癌細胞內部，有一些傳訊蛋白受到破壞。這種破壞是因為製造該傳訊蛋白的基因發生突變所引起的，它將對整個細胞群集的和諧運作帶來不堪設想的後果。

所有這些「蛋白質接力」反應都是目前生物學界孜孜矻矻、密切研究的主題。若能解開這其中的謎團，將有助於我們解決胚胎發育的奧祕——也就是在代代相傳中，生命究竟如何製造出來；同時也有助於我們了解癌症之謎——也就是生命如何在傳訊蛋白受損後慘遭嚴重的破壞。

DNA複製的傳訊系統

這一連串的分子反應如下：

（1）一個外來的信號，通知細胞複製DNA。

（2）信號與細胞膜上的受體結合，受體在細胞內的部分會改變形狀……

（3）因而活化了一個傳訊蛋白。

（4）傳訊蛋白進到細胞核裡，來到坐在活化蛋白基因上的調節蛋白，然後與它結合……

（5）使得調節蛋白從基因上掉落。

（6）於是RNA聚合酶把活化蛋白基因的訊息轉錄成信使RNA……

（7）核糖體根據信使RNA的指示，轉譯出活化蛋白。

（8）活化蛋白與控制蛋白結合……

（9）控制蛋白再作用到一種原先與調節蛋白結合的抑制蛋白上……

（10）導致抑制蛋白釋出調節蛋白。

（11）這調節蛋白會促使RNA聚合酶去製造新的信使RNA。

（12）這些信使RNA上所帶的訊息，可以讓核糖體轉譯出複製DNA所需的酵素……

（13）最後導致DNA的複製。

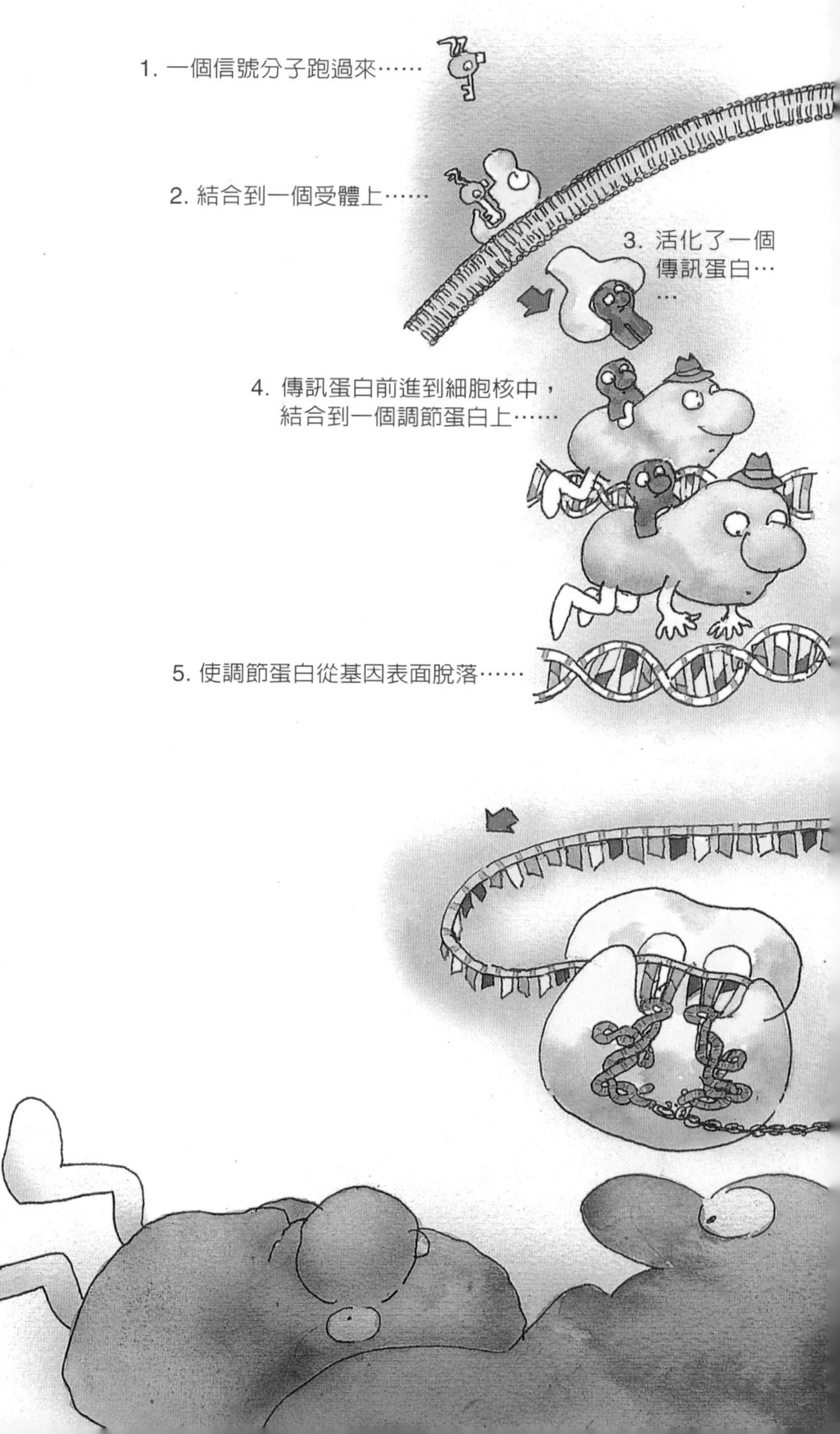

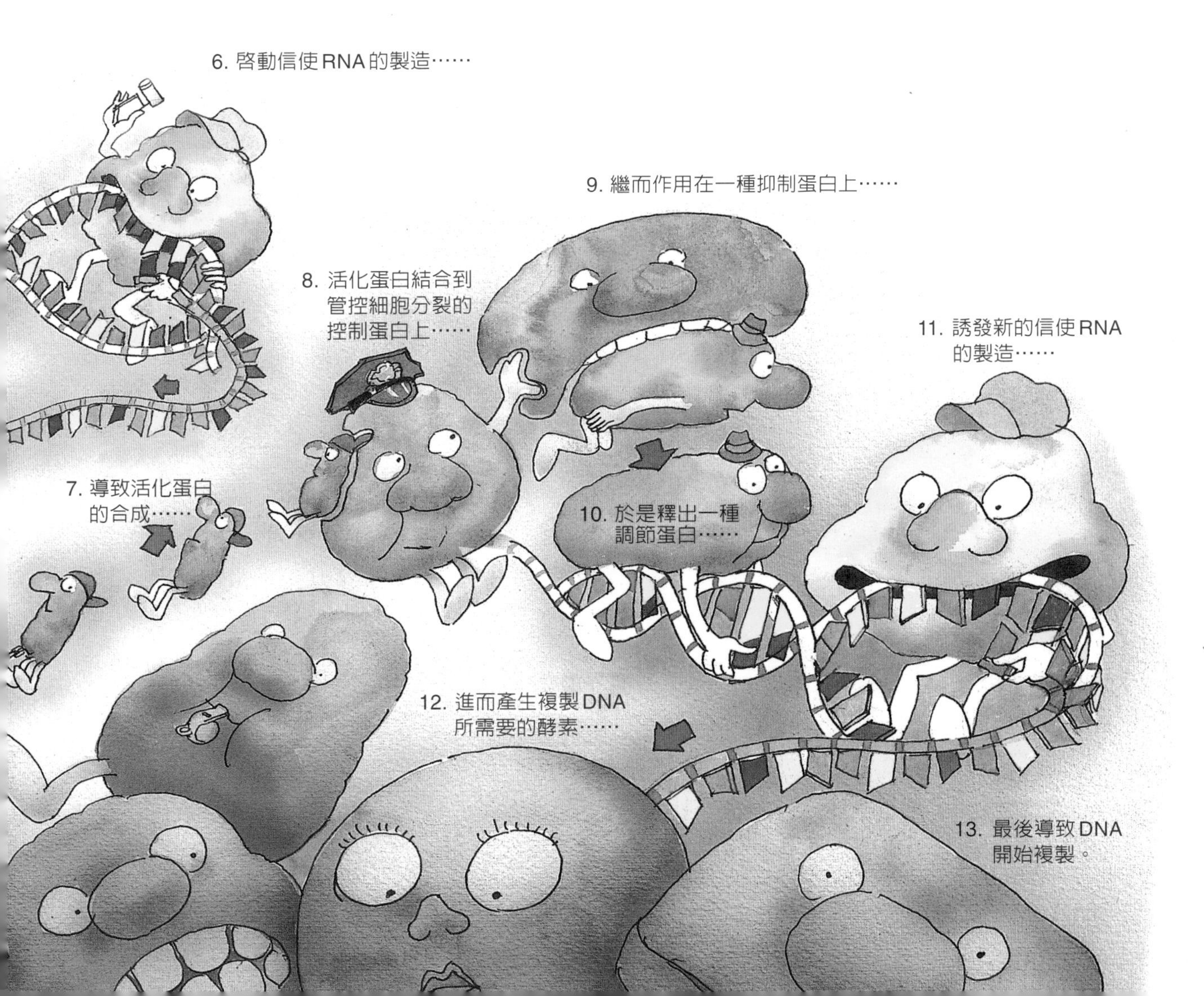
6. 啓動信使RNA的製造……
7. 導致活化蛋白
的合成……
8. 活化蛋白結合到
管控細胞分裂的
控制蛋白上……
9. 繼而作用在一種抑制蛋白上……
10. 於是釋出一種
調節蛋白……
11. 誘發新的信使RNA
的製造……
12. 進而產生複製DNA
所需要的酵素……
13. 最後導致DNA
開始複製。

「組織一個完整的個體」第二部曲

展開發育模式

從前的科學家透過簡陋的顯微鏡窺視細胞，想要一探究竟，結果，很多人都宣稱他們看見人類的精子細胞中有一個迷你小人蜷縮在裡頭，等著漸漸長大。其實，胚胎發育可完全不是這麼一回事。

生命邁向製造個體的第一步，是當一些細胞（所占空間不到一個針尖）開始出現我們所稱的「頂端」、「底部」等一般特徵時；當然也包括「正面」、「背面」，以及「內部」、「外部」等區別。這時候，還看不出頭或尾巴的樣子、看不到脊柱或腹部，也看不出表皮與內在器官的分別，可以說根本還看不出介於兩者之間的東西究竟是啥。

在發育過程中，注定要發展成「頂端」的細胞，會在一代又一代的細胞分裂中，逐步產生一些細微的改變，並與它們的鄰近細胞締造新關係，最後將形成一個可以辨識的頭部。每一個步驟都要視先前發生的特殊改變而定，這也是爲何我們會說「記憶力」對胚胎發育是必要的。細胞一定要等到它們的細胞前輩決定最後落腳於何處之後，才會臻至它們最終要產生的模樣。

發育模式藉由建立細胞間的差異性而逐漸形成

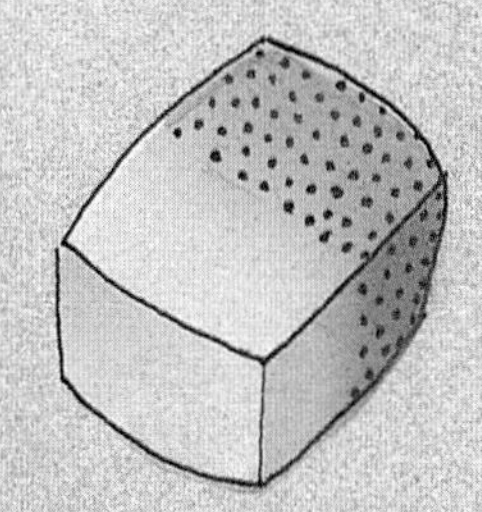

單單一個細胞本身已具有差異性（或稱「極性」）：位在細胞上方的蛋白質與位在細胞下方的蛋白質並不同。

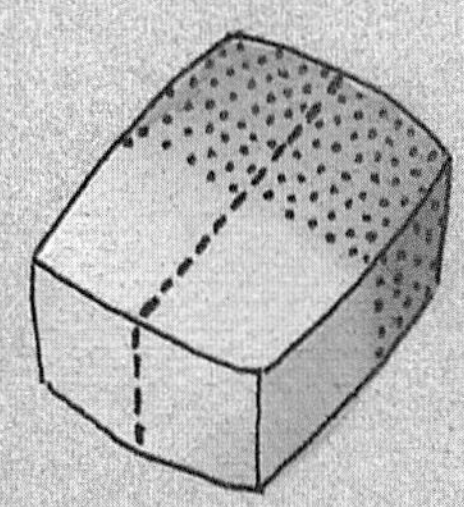

如果細胞以縱向分裂，產生的兩個子細胞會一模一樣。

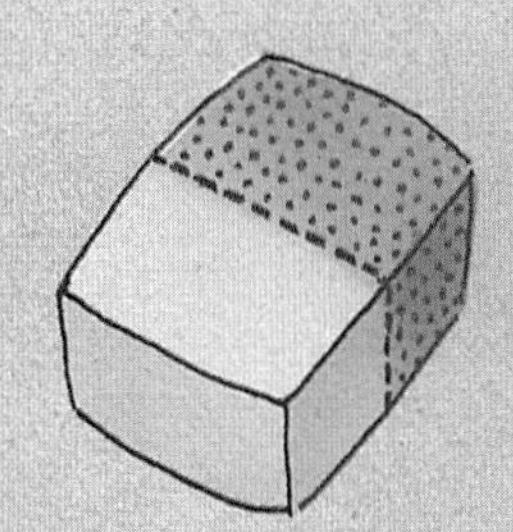

但如果細胞以橫向分裂，位在下方的子細胞與位在上方的子細胞便會不一樣。

精心製造出差異性

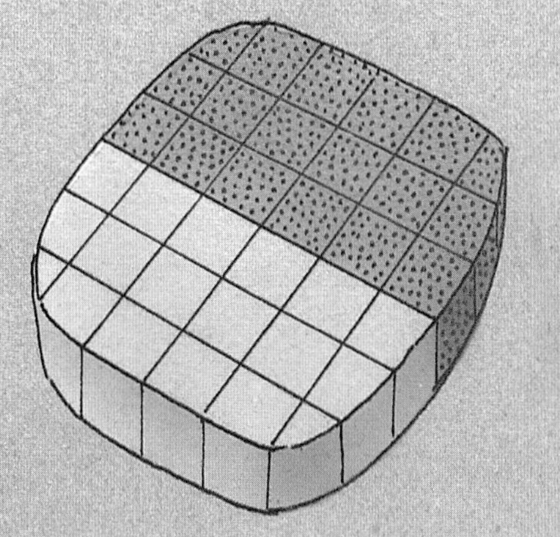

經過進一步的分裂後，產生的細胞群已明確的區分出頂端與底部。胚胎以類似的方式產生正面與背面。

胚胎開始出現形狀▶
在第113頁我們曾看過早期的胚胎是一個空心球，裡面有一小簇細胞。在右圖中的第一排，我們看到這一小簇細胞如何開始扁平發展，逐漸形成一個圓盤。接著在第二排，圓盤開始拉長，並形成第三排的3層細胞：一層發展成皮膚及神經細胞；一層發展成消化系統；另一層發展成所有其他類型的細胞。在此，我們利用簡化的方格圖來描繪胚胎的細胞數量愈來愈多的情形。

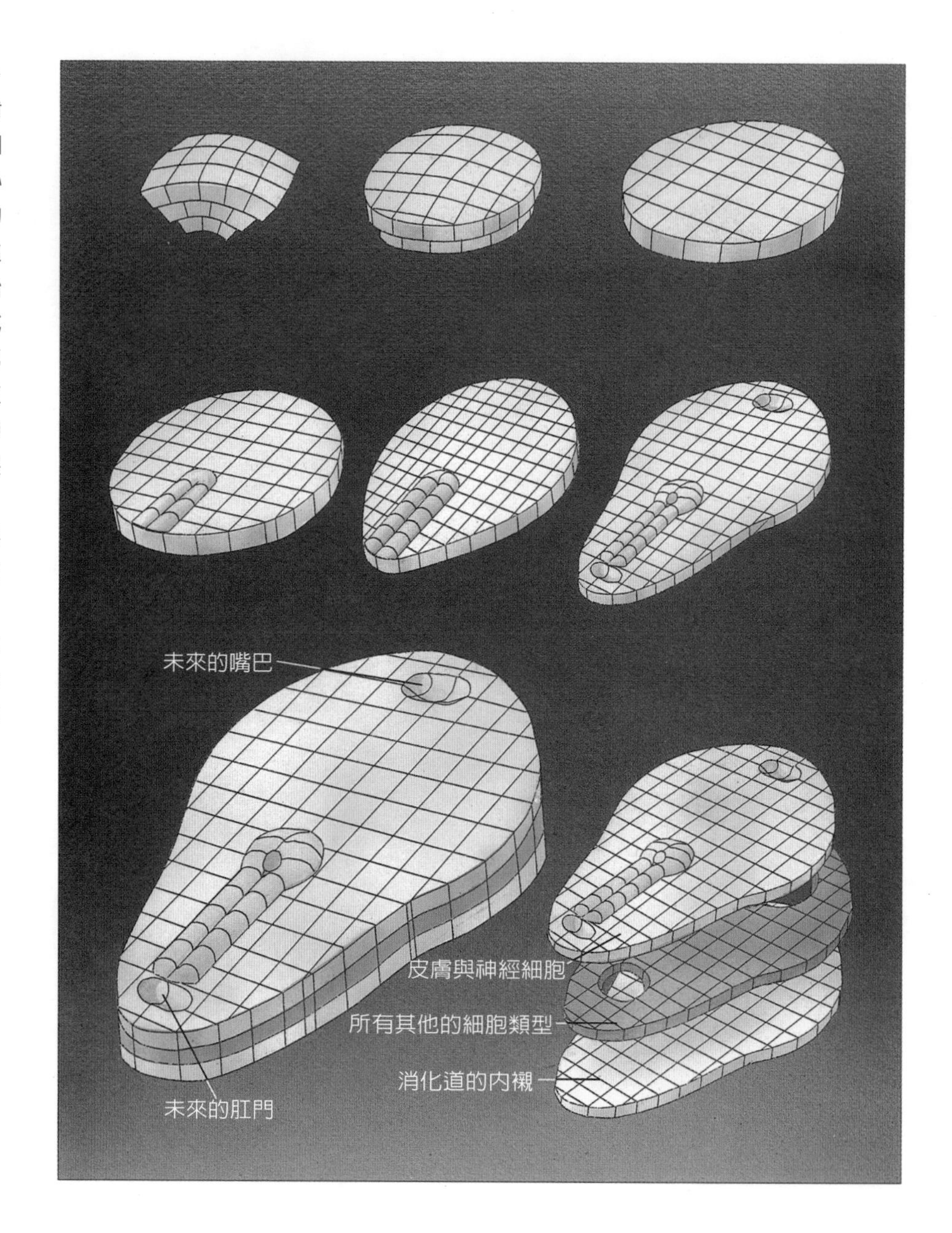

「組織一個完整的個體」第三部曲

收縮與移動

隨著胚胎逐漸出現形狀，細胞群也變得更加活躍。除了單純的分裂，它們也開始收縮與移動。

當一群細胞同時收縮時，可以改變整個胚胎的形狀，例如，當胚胎的背部折疊起來後，會形成神經管，這個通道以後將容納脊髓。另有一些細胞脫離它們原來的鄰居細胞，移到新據點。以延時攝影技術拍攝出來的影片顯示，發育中的胚胎會出現這層細胞和那

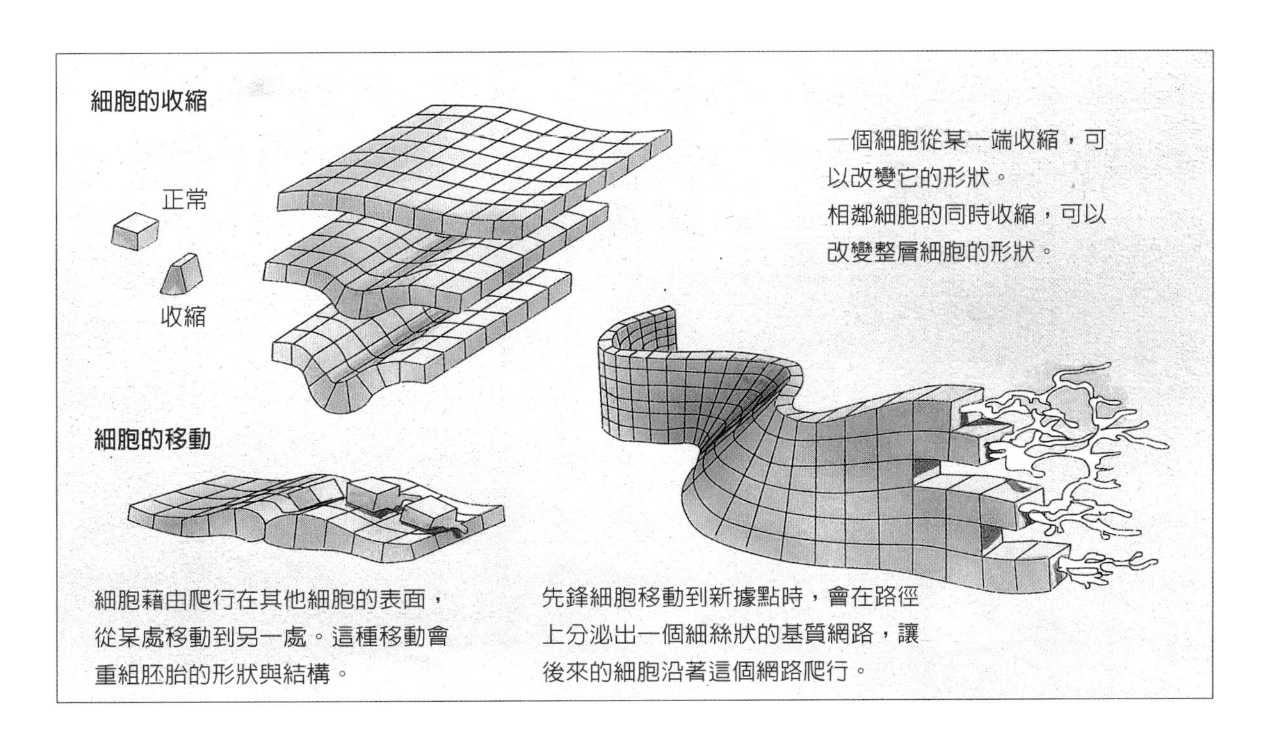

層細胞在同時的移動中、彼此擦身而過的情形。注定要形成消化道的細胞，會朝嘴巴的部位向上移動。背部兩側隆起的脊狀物彼此向中央靠攏，最後將發育成脊髓與腦。不可思議的是，這些移動中的細胞似乎都知道自己該往哪裡去。它們顯然是依循著一條充滿化學信號的途徑走去，這就好像螞蟻和細菌尋找食物來源的方式。

帶頭往新據點移動的先鋒細胞，首先會在落腳處鋪好一個基質網——由細絲交錯編織成的一個網路，讓隨後來到的細胞大軍有附著的地方。這有一點類似田園裡的樹籬，你必須先構架出椿柵，再以此椿柵爲支撐物，讓樹籬蓬勃生長。

最初開始的情況 ▶

從右圖中的第一排可以見到扁平的胚胎漸漸捲成一個管狀物，兩側的隆脊也順著中心線的凹槽延長。稍後，兩側的隆脊會像拉鍊那樣關上（請見圖中第二排），未來將容納脊髓。接著，這個管狀物的前後兩端會捲成一個類似「逗點」的形狀（請見圖中最下面一排），這時可以隱約看出頭和尾的樣子了。

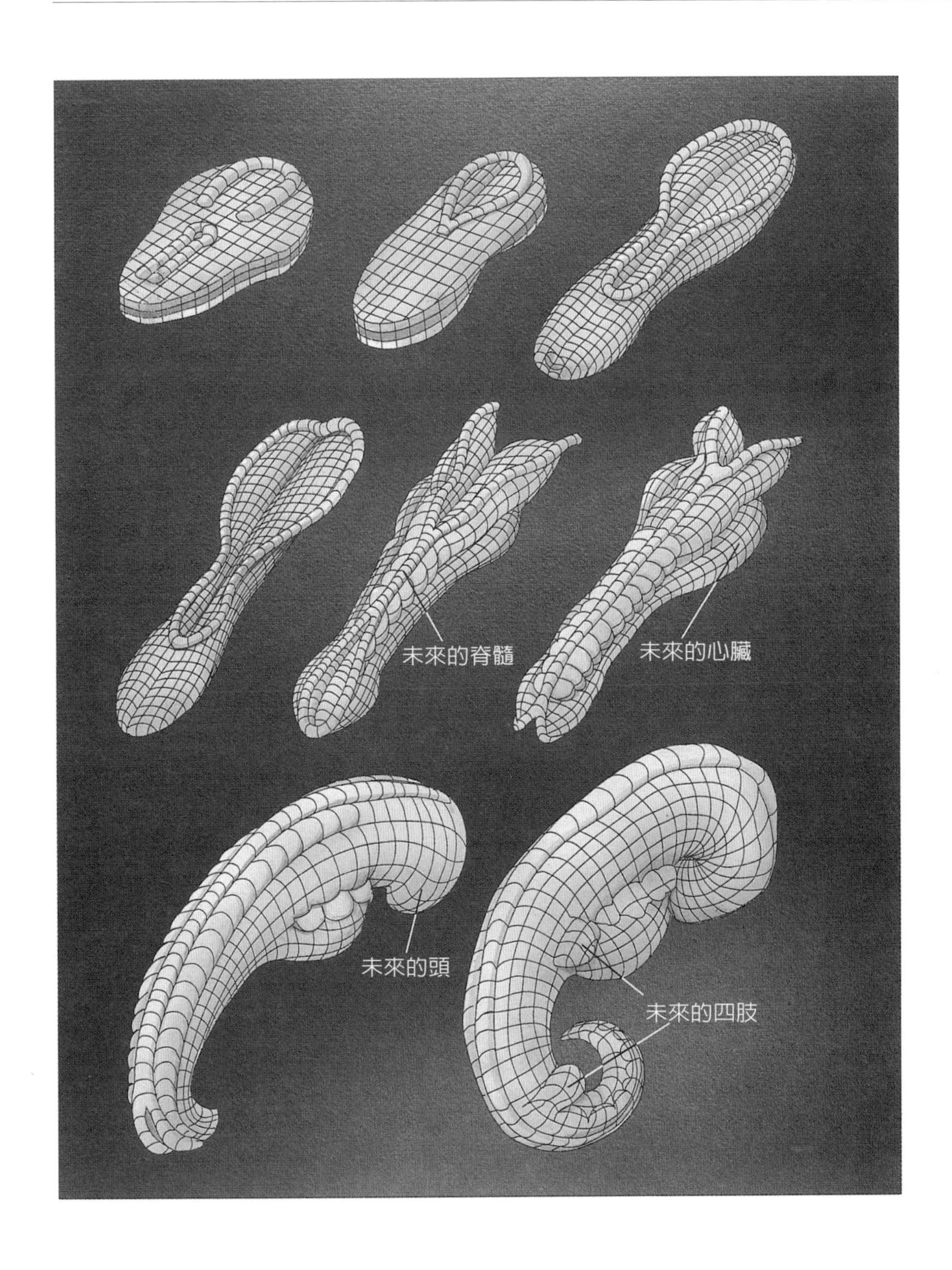
未來的脊髓
未來的心臟
未來的頭
未來的四肢

基因做爲一種開關

這個基因如何開啓另一個基因？

想要了解胚胎如何發育，首先得明白基因如何充當一個「一下打開、一下關閉」的開關。在第5章中，我們看見某些基因攜帶製造工作蛋白的訊息，某些基因則帶有製造調節蛋白的訊息。

調節蛋白不負責製造任何東西，也不充當穩定細胞內各種東西的結構，調節蛋白的任務是進入細胞核，找到特定的基因，然後坐在基因的某處，用以阻礙特定蛋白質的形成。（有些調節蛋白的功能則恰好相反：當它們坐在基因上時，反而是誘使基因開始製造蛋白質。例如，在細胞分裂之前，就會出現這種功能的調節蛋白，請見第114頁。）簡言之，調節基因（即製造出調節蛋白的基因）就好像一個開關，用來打開及關閉那些製造酵素蛋白的基因。

你只要想想每一個細胞都身懷打造整個生物體所需的所有基因，就不難想像爲什麼有一些基因要充當另一些基因的開關，好讓

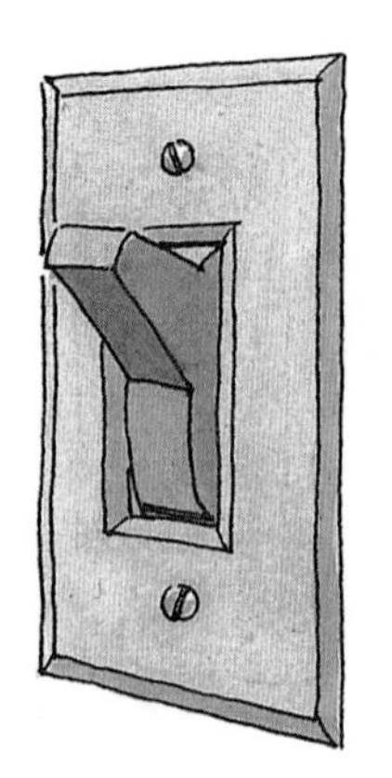

基因迴路的起源
當一個基因學會如何去控制另一個基因時，在演化上算是一大突破。

特定的基因僅在特定的細胞類型中表現。舉例來說，假設在肌肉細胞內若製造出肝細胞的蛋白質，那麼這個生物個體恐怕無法正常的執行功能。因此肌肉細胞勢必得啓動那些「可以製造調節蛋白去關閉肝細胞基因活性」的調節基因，並且在該肌肉細胞存活的期間，始終讓肝細胞的基因保持關閉的狀態。換句話說，每一種細胞類型，不論是肌肉細胞、肝細胞、皮膚細胞，或其他細胞，都有它應該表現的基因，剩下的基因（說實在的，這占很大部分）都是靜靜的待在細胞核中，終其一生都被頑強的調節蛋白緊緊的鎖死。

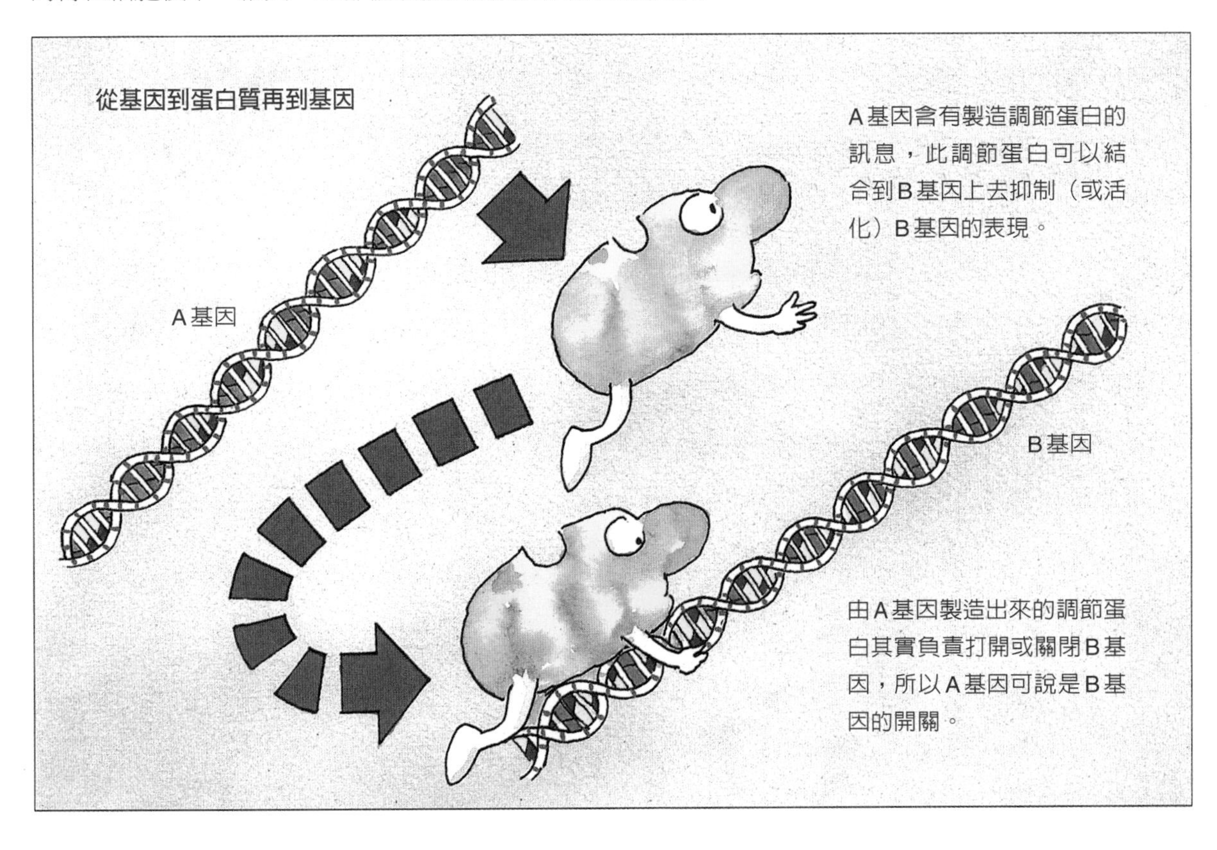

塑造身體形狀所需的基因開關

胚胎發育恐怕是生命過程中，基因調控反應最活躍的階段了。隨著成長中的胚胎漸漸改變形狀，每個細胞都需要知道什麼時候該讓某些蛋白質上工，什麼時候又該讓它們停工。時間上的精確掌握是很重要的。

如果每個調節基因都會說話，你可能會聽到類似這樣的對話：A基因說：「好的，現在開始製造表現出正面特徵的蛋白質……很好，現在把這基因關閉囉！」B基因說：「棒極了，現在輪到形成頭部的蛋白質上場啦！」諸如此類的交談。

回饋信號（如第71頁提到過的）會作用在調控蛋白上，視情況切換該蛋白的活性，好比電源開關那樣。發育過程的每個階段都會產生信號分子，用以啓動下一個階段的進行。這時，由一系列工作蛋白接力完成的梯瀑式訊息放大反應，會一波又一波的發動攻勢（這過程也受到調控蛋白的管制）。

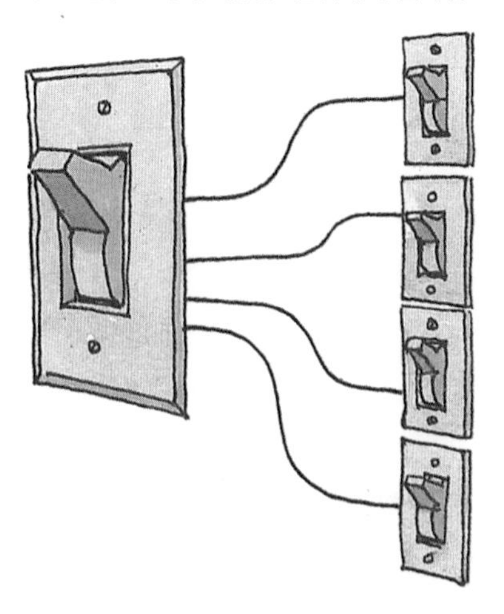

大開關控制小開關
一個主開關可以控制一系列的副開關。圖中顯示的這種特徵簡化了複雜作用的調控。

在目前所發現的主要調節基因群中，最迷人、也最令人好奇的一組調節基因莫過於Hox基因群。在胚胎發育的早期階段中，Hox基因群相當活躍，它們會告訴細胞頭、胸、腹及下體應該位在哪裡，以及稍後的眼睛、手臂、腿等應該從哪邊生出來。如果你曾懷疑自己和世上其他動物之間所存在血緣關係，那麼告訴你吧，這些負責塑造身體形狀的Hox基因群，可都出現在昆蟲、蠕蟲、魚類、蛙類、雞、牛以及人類等生物中呢！

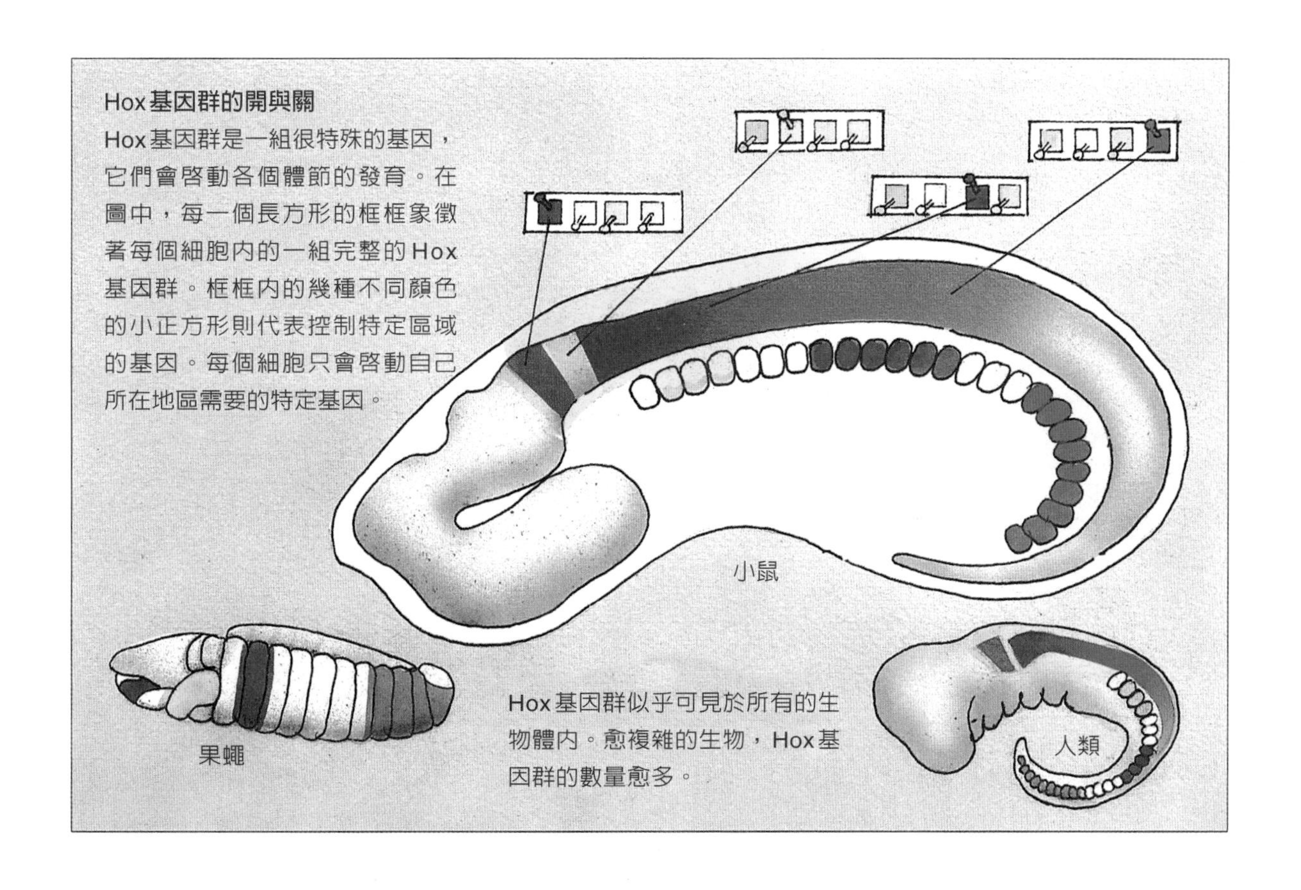

「組織一個完整的個體」第四部曲

由專家組成的群集

我們已經見識到，胚胎如何由一個空心球發展到一個足以大略辨識出頭、尾、背、腹的形體。這些細胞從彼此沒什麼兩樣，一路發展到有明顯的區別，整個過程中，胚胎不斷的進行組織的動作。首先，這一小團細胞會出現頂端、底部、正面、背面等特徵。接著，胚胎會發展出帶狀或一排一排的細胞，標定出身體的特定部位，然後是出現一些小隆起，這些隆起將來會形成頭部、尾巴及四肢。在這過程中，胚胎的細胞經歷了極化、收縮及移動等過程，它

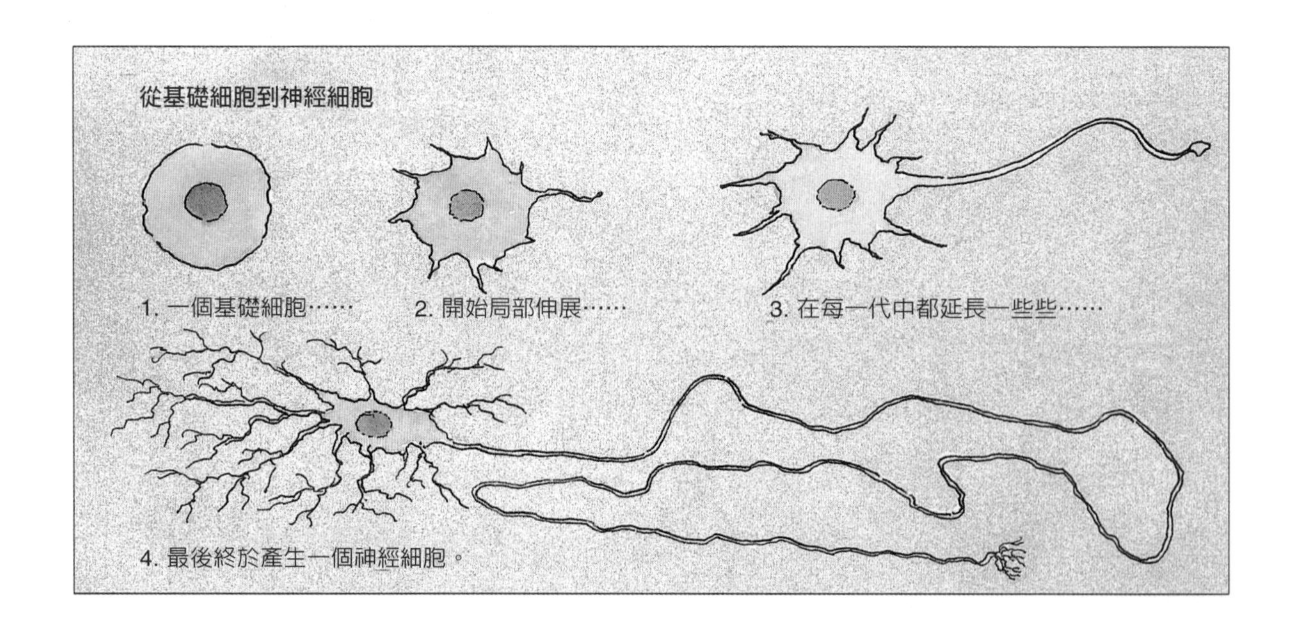

們還會進行分化，讓細胞踏上不同的旅程，朝特殊的專長邁進。

即使是最簡單的多細胞生物，也需要「特化」作用來解決各種繁雜的任務。我們不妨說這是細胞所選擇的一種利益交換，也就是說細胞情願把自己的小我奉獻給整個生物體的大我，以便交換自己所需要的食物和庇護。細胞一開始都有能力發展成一個完整個體，但稍後卻「決定」讓自己成爲完整個體的一小部分。細胞懂得一步一步慢慢來，在胚胎發育的過程中，每一代新細胞都比上一代舊細胞多了一點點的不同。

最初，細胞的變化細微到難以察覺；經過幾代的細胞分裂，細胞的變化才漸漸變得明顯易見。你可以隨便在胚胎中找到一小群細胞，或許一開始你覺得它們與鄰近的細胞沒什麼兩樣。但當這些細

◀ 皮膚和神經

神經細胞一開始和作伙的皮膚細胞沒兩樣。不過，隨著神經細胞的子代不斷的生長與分裂，它們逐漸與皮膚細胞分道揚鑣，即使外觀上似乎還沒有明顯的改變，但它們的命運愈來愈明確，而且一去不回頭。忽然間，這些細胞不再分裂了，且開始出現明顯的變化：它們伸出細長的延伸物——軸突，並溜出去和其他的神經細胞接觸、相連結，架構起腦部的神經迴路。從此神經細胞就開始存活著，一直到生物個體以及神經細胞的祖先細胞都死去為止。

神經細胞一生只有一個「生日」，且一出生後就與「父母」走散，不過壽命倒是蠻長的；皮膚細胞不像它們的姊妹——神經細胞，相反的，皮膚細胞誕生後，僅服務一段短暫的時間後，即告死亡，並由可持續分裂的祖先細胞不斷產生新細胞，來更替舊細胞。

胞開始增殖時，它們愈變愈長、愈來愈細，接著開始出現長纖維般的蛋白質，而且數量愈來愈多。這些纖維本身可屈可伸、長短自如，讓整個細胞一下收縮，一下又放鬆。啊哈！原來這些細胞正逐步成爲肌肉的一部分。

細胞不光是說能在個體中專司它們的特種職務就好啦，它們當然還得選擇在適當的地點進行自己的工作，而且要有正確的鄰居從旁協助。肌肉細胞會移動到四肢將冒出來的地方，並得在左鄰右舍中發現即將發育爲骨頭、神經及血管的細胞。

接續第120頁及第123頁 ▶
胎兒開始發育出四肢，五官及腦袋也逐步成形。

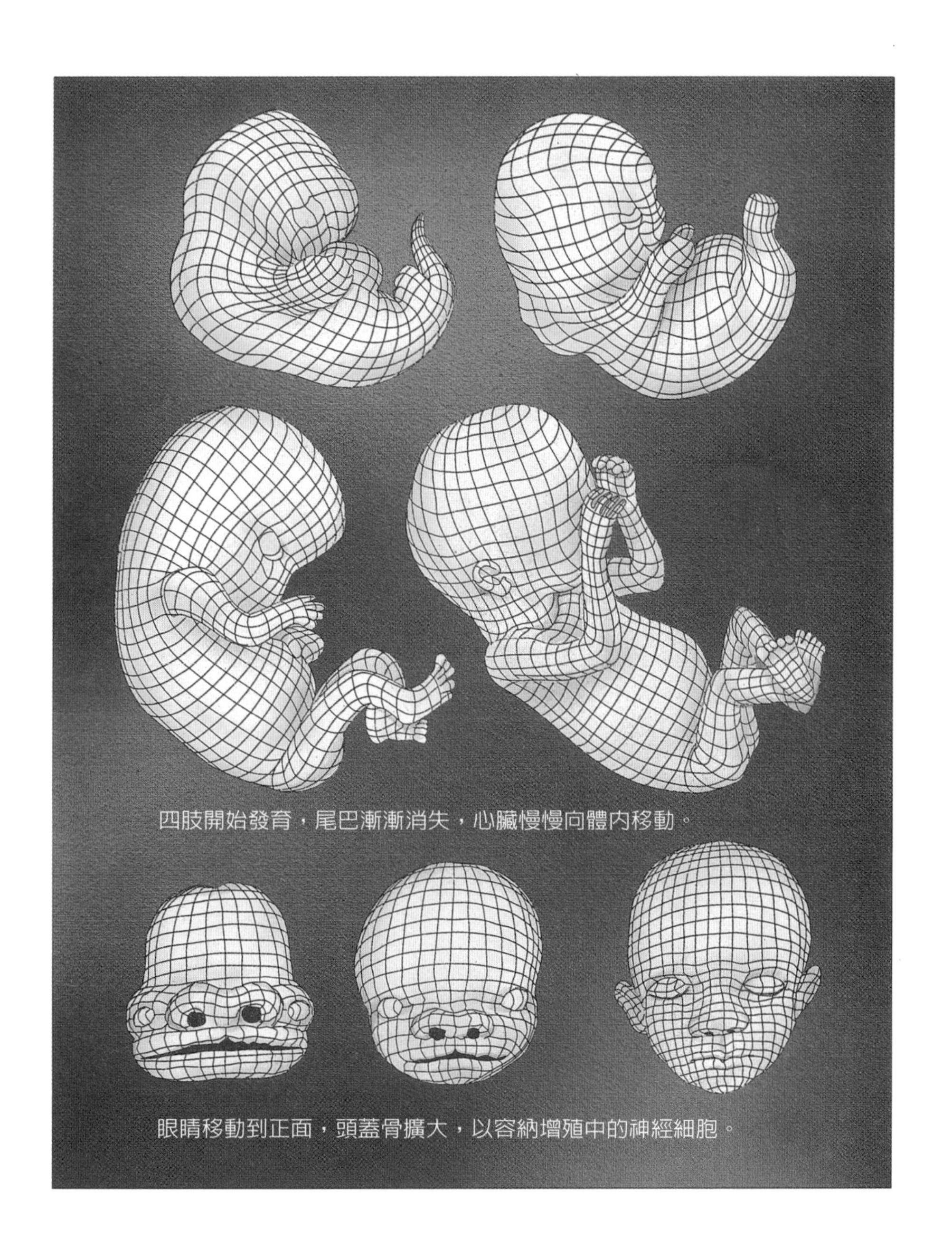
四肢開始發育，尾巴漸漸消失，心臟慢慢向體內移動。
眼睛移動到正面，頭蓋骨擴大，以容納增殖中的神經細胞。

細胞如何分化?

族系方案與接觸方案

人類的細胞大約有350種,假使人體內的所有細胞當初都是來自單一個受精卵,那麼最後是怎樣跑出這麼多種不一樣的細胞呢?顯然,有兩種方式可以導致這樣的結果:一種是採取族系方案,也就是細胞在代代相傳中漸進的改變本身;另一種是採取接觸方案,也就是靠著相鄰細胞的通知來誘發改變。

右圖中一位廚師煮菜湯的例子,可以幫助大家了解族系方案的概念。一開始,廚師煮的是一鍋簡單的菜湯,裡面只有兩種成分:一種是較重的洋蔥(會沈到鍋底),另一種是較輕的香芹(會浮在湯的表面)。如果他未經攪拌,就把這鍋湯分別倒入兩個鍋子裡時,兩個鍋子分到的東西將會不同:其中有一鍋的洋蔥會比較多,另一鍋則是香芹比較多。

接下來,廚師在兩個鍋子內再各加入一種較輕及一種較重的蔬菜,然後再把這兩鍋分別倒入另外兩個鍋子中,產生四鍋完全不一樣的菜湯。由此你可以看到在每一「代」的菜湯中,顯然成分都與上一代不同,但每一鍋都多少含有一些最初那鍋菜湯中的成分。因此不論是一鍋菜湯或是一個細胞,最後的狀態都取決於它一路走過來的歷程。

第134頁的圖是我們把廚師煮菜湯的例子應用到細胞的情況上。現在不是一重一輕的蔬菜之別,而是一個細胞內產生了一些特殊的蛋白質,且僅分布在細胞的某半邊。所以當細胞分裂後,這些蛋白質不均等的分配到兩個子細胞,導致細胞出現不同的類型。

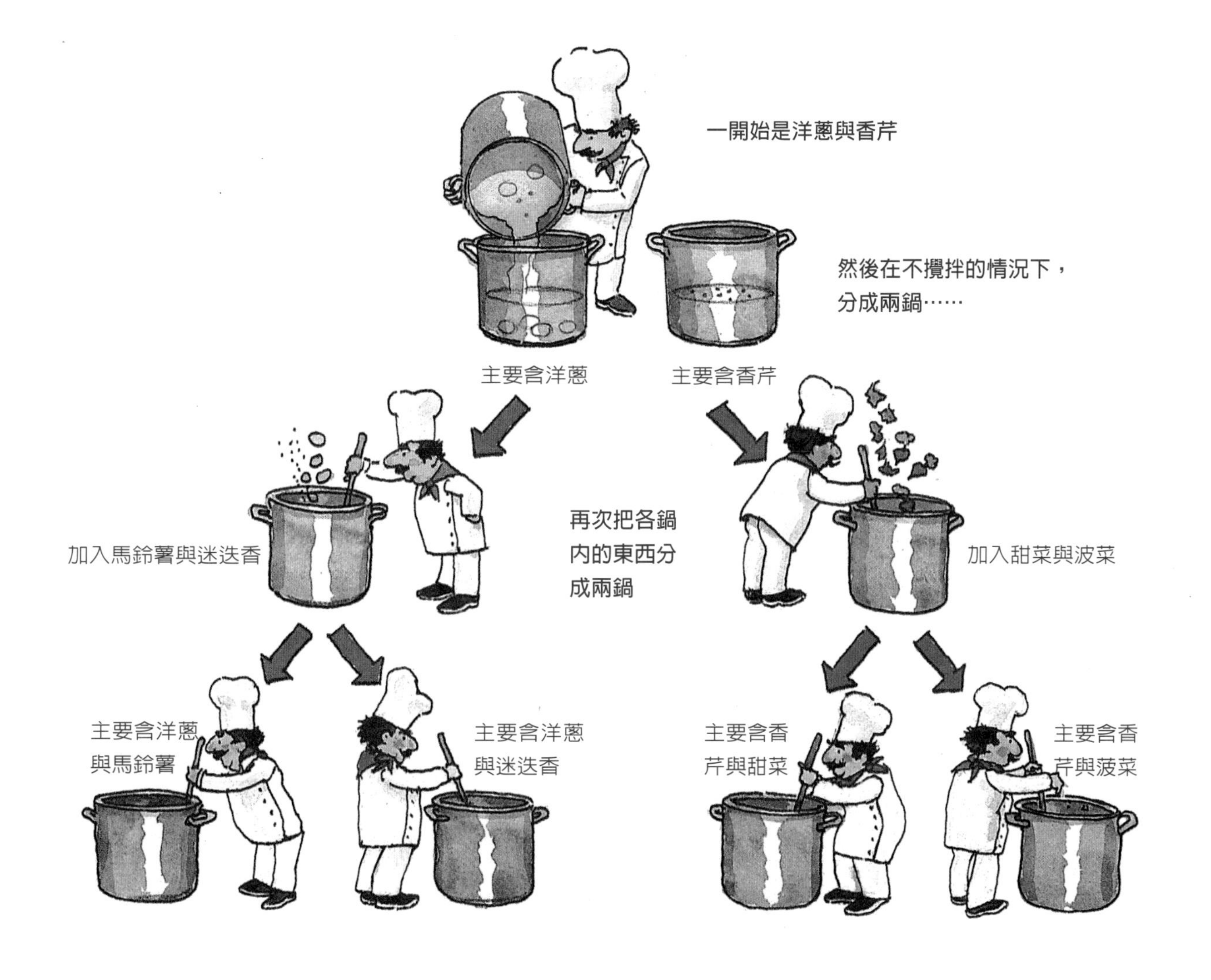
一開始是洋蔥與香芹
然後在不攪拌的情況下，
分成兩鍋……
主要含洋蔥
主要含香芹
再次把各鍋
內的東西分
成兩鍋
加入馬鈴薯與迷迭香
加入甜菜與波菜
主要含洋蔥
與馬鈴薯
主要含洋蔥
與迷迭香
主要含香
芹與甜菜
主要含香
芹與菠菜

族系方案

在細胞一代接一代的繁衍過程中，由於每一代都有新成分加入，且在細胞分裂時，新成分的分配不均，導致細胞產生改變。

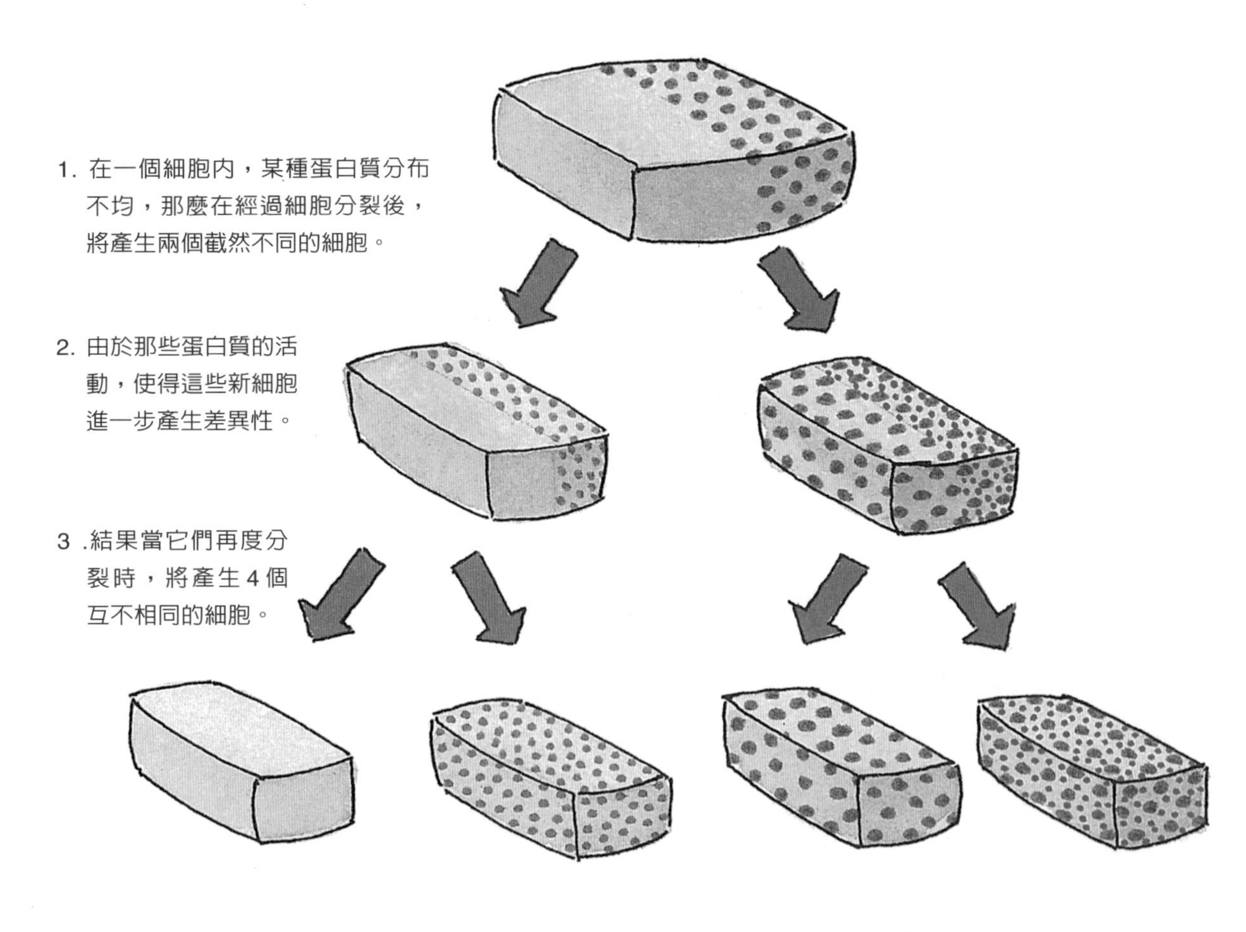

比起來，接觸方案要簡單一些，這方案靠著一個細胞傳出信號給與它緊緊相鄰的細胞，來產生不同的細胞。這是一種所謂的「誘發」過程：一個細胞送出一個訊息給隔壁的細胞，指示它製造出一種（或多種）特殊的蛋白質，不過這些蛋白質僅分布於最靠近訊息來源的那一帶。從下圖中我們可以見到當隔壁這個細胞分裂後，會產生兩個不同的子細胞，因爲它們所分配到的特殊蛋白質含量不同。以這種過程一代接一代的分裂下去，終將產生各式各樣不同的新細胞。

接觸方案

細胞傳訊給緊鄰的另一個細胞，通知它改變。

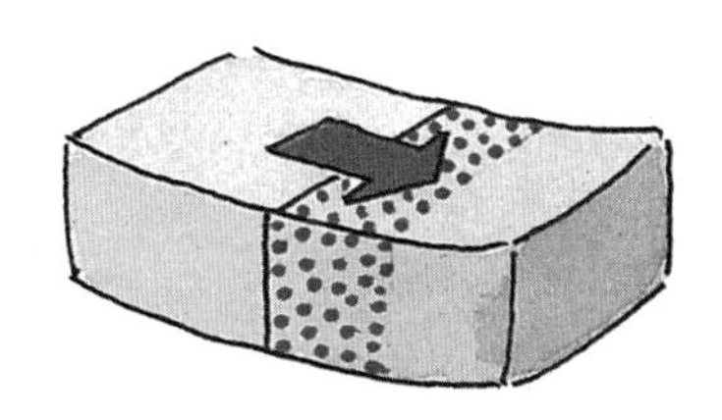

1. 一個細胞誘發它的鄰居細胞、在最靠近它的部位製造特殊的蛋白質。這導致隔壁這個細胞內產生不對稱的情形。

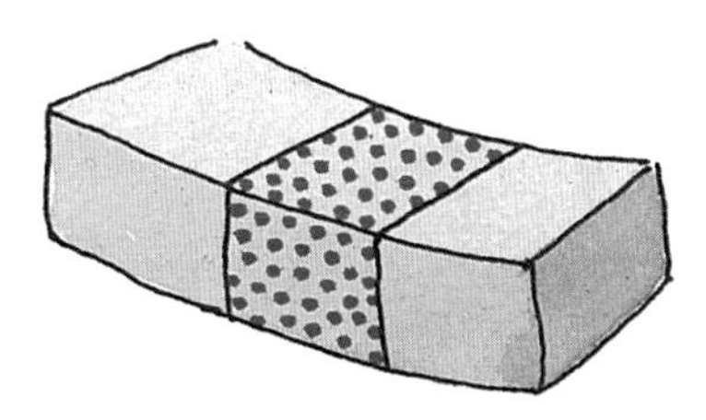

2. 於是，當隔壁這個受到誘發的細胞分裂後，便產生兩個不一樣的子細胞。

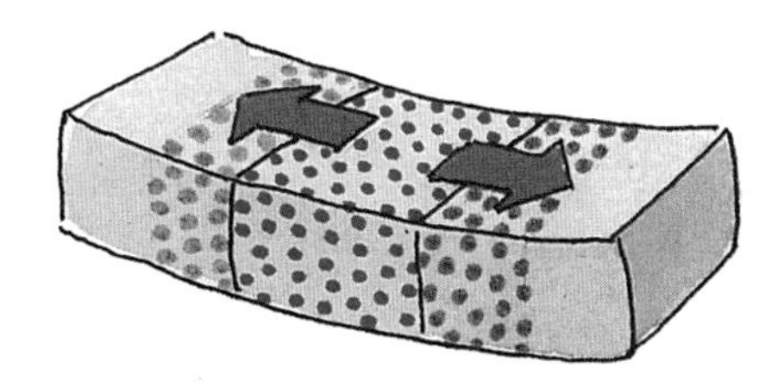

3. 中間這個被改造過的細胞以類似的方式誘發它的左右鄰居。

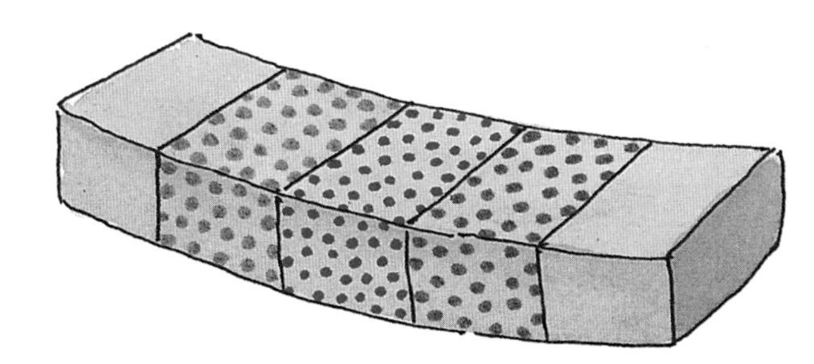

4. 結果，當這些細胞分裂時，會繼續誘發它們的鄰居產生不同的子細胞，以此類推下去。

因地制宜的信號

你想做什麼，還得看你位在哪裡

在研究胚胎組織的初生芽如何被雕塑成可以辨識的各部位時，科學家發現有一群特殊的分子扮演著關鍵的角色，這些分子通稱爲「形態發生素」。形態發生素通常都是蛋白質分子，它們不是透過細胞對細胞的接觸，在狹隘的局部發揮作用；相反的，它們影響的層面涵蓋某部位的所有細胞，面積可達1～2平方毫米。由於在形態發生素遍及的部位有濃度高低的差別，導致它們對每個細胞的作用也都不同。

想像有一個細胞內存在一個無線電的廣播塔，訊息正從該細胞的所在地傳播出去。鄰近細胞接收訊息的情況，要視它們與該廣播塔之間的距離而定。身處在廣播可及範圍內的各個發育中的細胞，將依信號的強弱做出不同的反應。位在廣播塔附近的細胞，由於接收到的信號較強，會產生某種特定的反應；距離廣播塔較遠的細

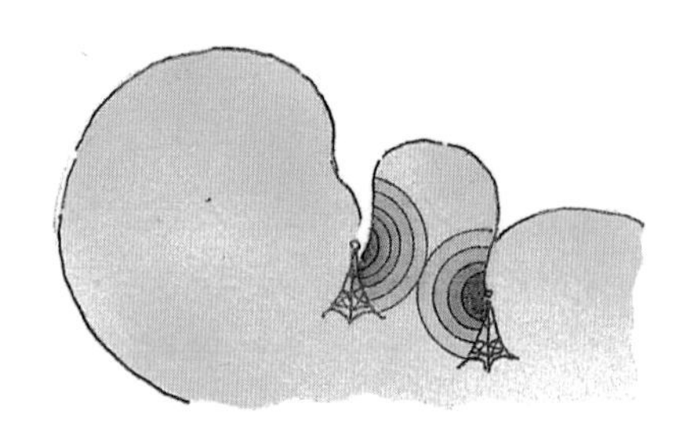

形態發生素的濃度梯度導致一隻手臂的初生芽從胚胎的軀幹冒出來。

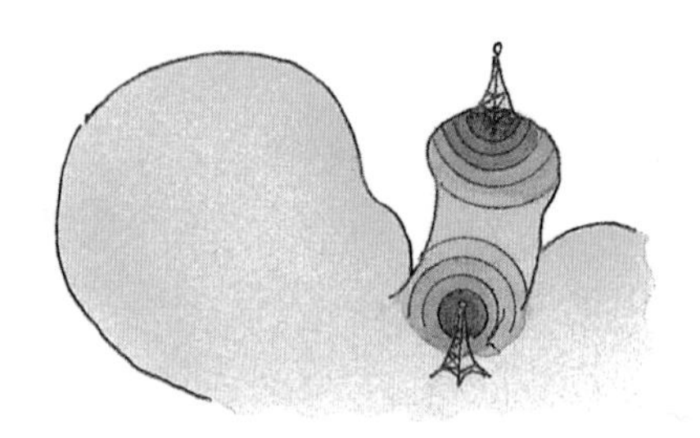

源自某個重要據點的信號梯度會命令細胞形成手臂的前端、末端、近端、遠端等。

胞，由於收到的信號較弱，便產生另一套反應；距離再更遠一點的又有另一種反應，如此類推。所以那些超過廣播塔所及範圍的細胞便一點反應也沒了。

這種由形態發生素產生的濃度梯度，讓胚胎發育展現出令人嘆爲觀止的多種變化。來自一個基因家族的形態發生素，赫然主導了四肢、生殖器官、腦部等各部位的成形。

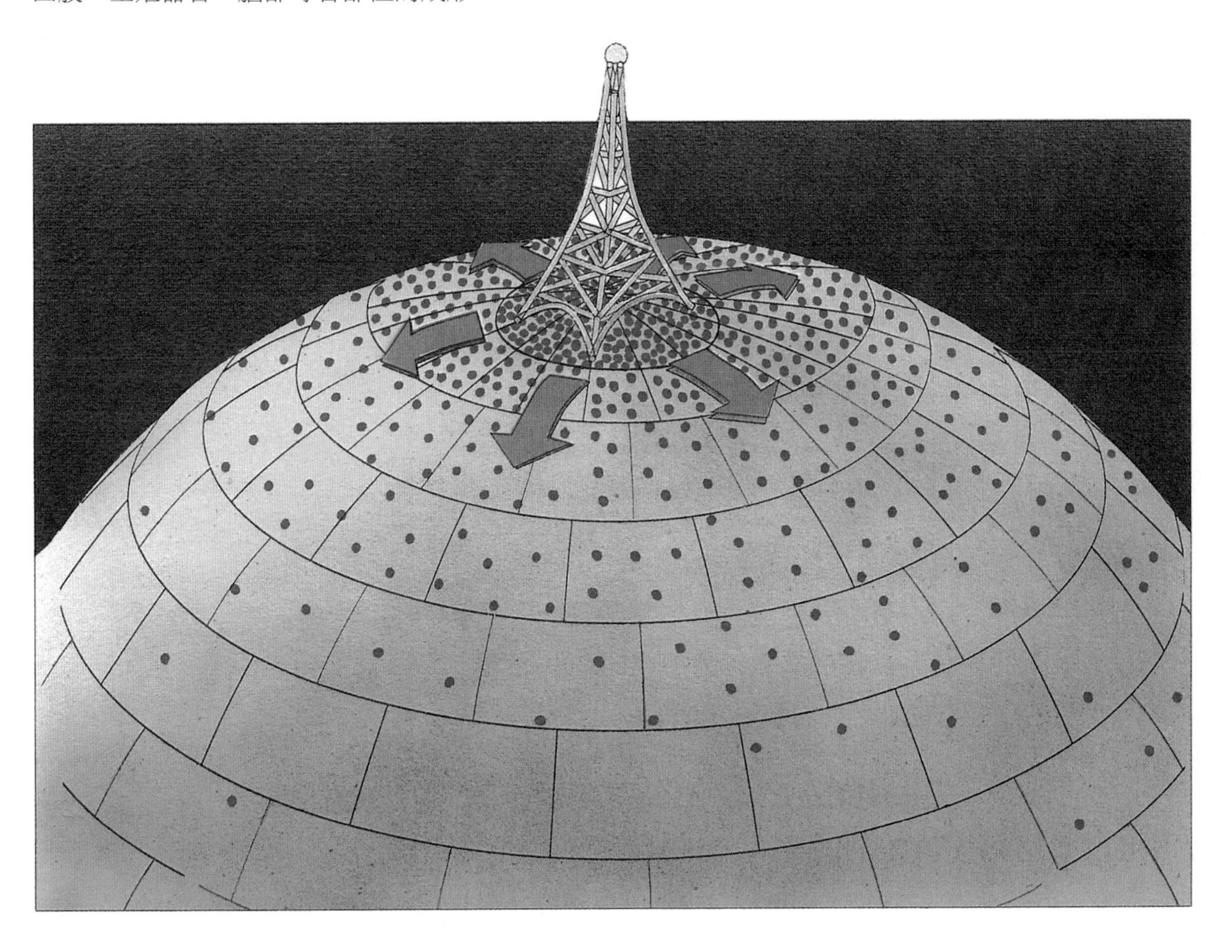

細胞的死亡

死於所當死

一般而言，我們都認爲死亡就是生命的終了。不過細胞的死亡卻在整個創造活個體的過程中扮演一個必要的角色——細胞的自殺成爲創造生命時必然上演的戲碼。眞可謂「未知死，焉知生」！

在建構腦部的過程中，大量製造了許多神經元，遠遠超過未來腦部所需的細胞數量。這種腦細胞生產過剩的現象（盛產期），到了青春期將發生銳減的情形（刪減期）。這時候，那些與其他神經元之

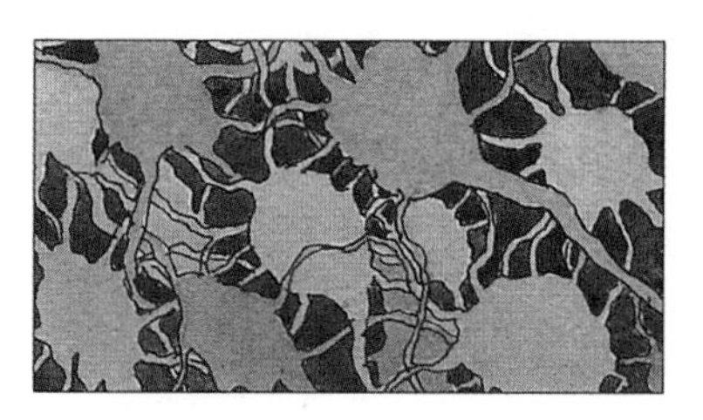

盛產期：到青春期以前，腦部的神經元一直生產過剩，供過於求。

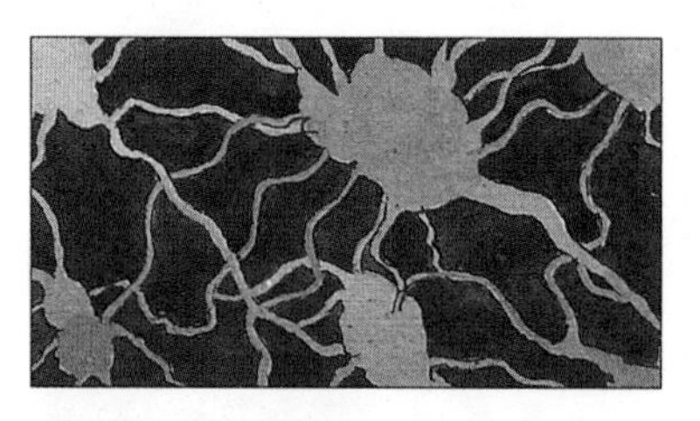

刪減期：青春期開始，未做好連結的神經元以自殺方式自動淘汰掉。

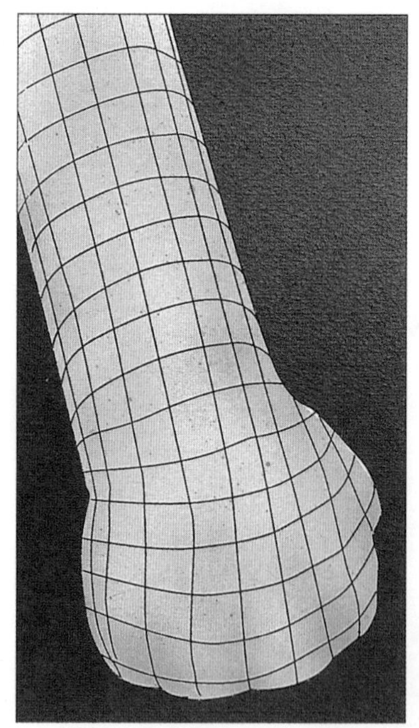

間僅保持微弱連結、或根本未產生連結的腦細胞，只有死路一條。在神經系統的某些部位，甚至因此失去85%的神經元！不過別擔心，剩下來的幾十億神經元已在你早年的經驗中充分的做好連結與組織的動作，而且這筆數量的神經元也足以讓你度過青少年階段，順利的邁向成年。

你的手最後之所以成形，也多虧了這種細胞自殺。本來，手在發育的過程中，所接收到的訊息並不是要長出5根分開的手指頭，而是產生4個凹陷的缺口（即手指與手指之間的空間）。稍後，位在這些缺口的細胞犧牲了自己的生命，成全了5根手指頭的自由。

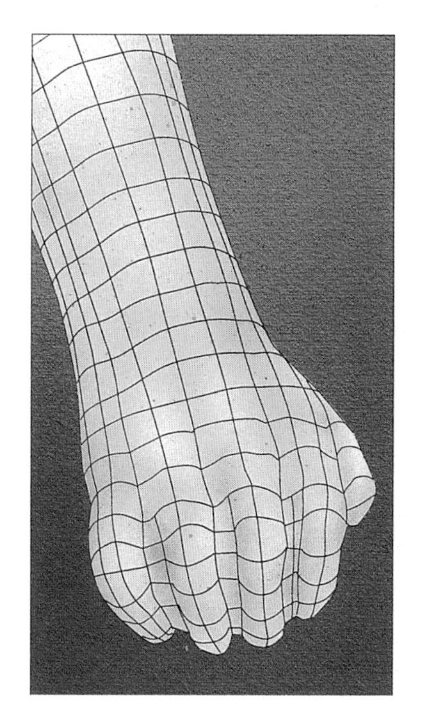

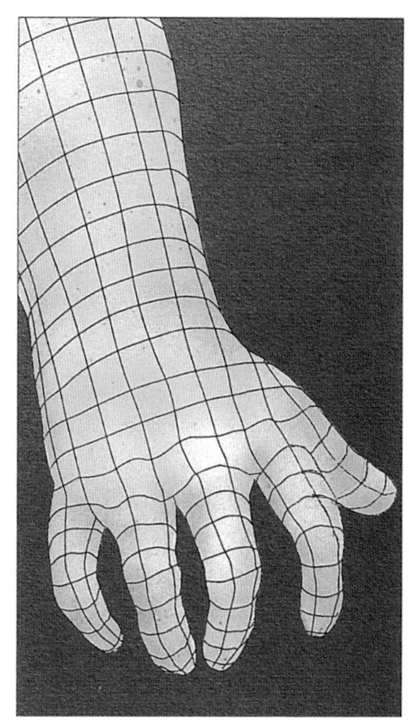

「組織一個完整的個體」第五部曲

一連串的命令

胚胎的發育會一步步聽從來自愈來愈高階的命令。在早期階段，細胞僅受到「地方性」交互作用的引導，化學信號一次僅在幾個細胞間傳遞。不同部位的細胞間幾乎是各管各的，沒什麼交流。

漸漸的，胚胎才發展出可以連絡四面八方的中央通訊管道。隨著細胞愈來愈專業化，它們愈需要靠其他細胞的幫忙，來打點日常生活中的一切。組織內緊密堆疊的細胞，再也無法像一個獨立的細菌細胞那樣，可以自由自在的從環境中擷取食物及原料。組織內的細胞需要一套精緻的血管脈絡來爲它們輸送各種東西，它們也漸漸能夠集體順從經由血管或沿著神經分布路徑而至的信號行事。

舉例來說，甲狀腺所製造的荷爾蒙會先進入血液中，然後被目標細胞表面上的受體接收，導致該細胞的代謝速率加快。神經細胞發展出長長的延伸物（軸突），以便能夠連絡肌肉細胞，進而刺激肌

更多的信號——荷爾蒙 ▶

荷爾蒙是由分布在身體許多部位的腺體所分泌的物質，並經由血液循環把訊息送到各地的細胞。腺體是由一些特化的細胞群所構成的，腦下垂體是人體最主要的腺體，當它從腦部接收到一些信號的刺激後，會送出自己的荷爾蒙，去啓動其他腺體製造荷爾蒙。隨著這些荷爾蒙在血液中的濃度漸漸升高，它們又會通知腦下垂體減少荷爾蒙的分泌，進而降低它們自己的濃度，這就是一種負回饋機制。

還有其他的荷爾蒙控制系統可以調控體內一些重要的平衡。例如，胰臟會分泌兩種荷爾蒙：升糖素及胰島素，用來通知隔壁的肝臟提高或抑制血糖的濃度。

肉細胞收縮或放鬆。腦部則漸漸的接掌大權，成爲體內所有神經及腺體的主控者，一開始它僅懂得調節心跳及血壓等自動自發的功能，後來逐漸會對聲音或觸覺等感官信號產生反應。

新生兒的誕生可說是完成了一項意義非凡的「突現」：最初遵循著地方規則、各自爲政的幾兆個獨立的細胞，最後儼然成爲一個完整、獨特的個體。這再次說明了，在一個龐大的群集中，每個組成單元只是單純的做好份內工作，卻爲整個群集衍生出複雜的行爲，也讓我們看到每個獨立個體與生俱來的雙重特性：既是一個完整的個體，又身爲更大組織的一部分。

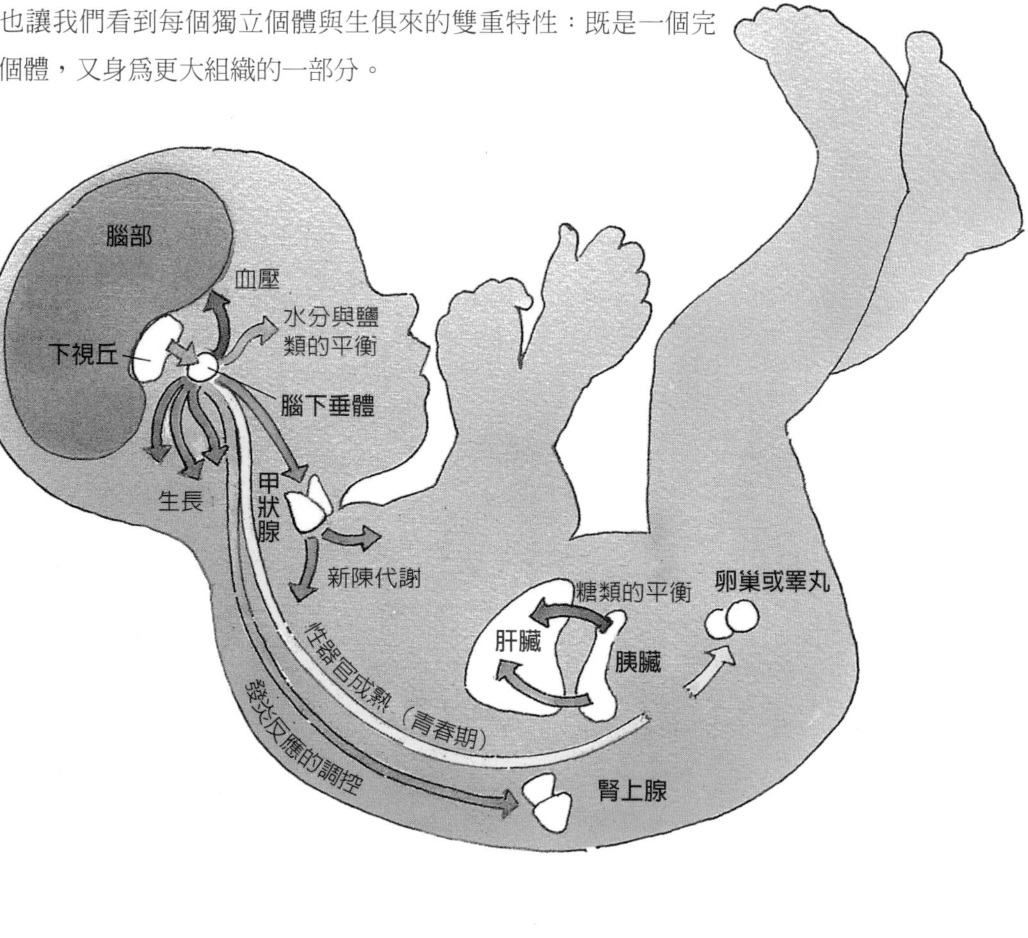

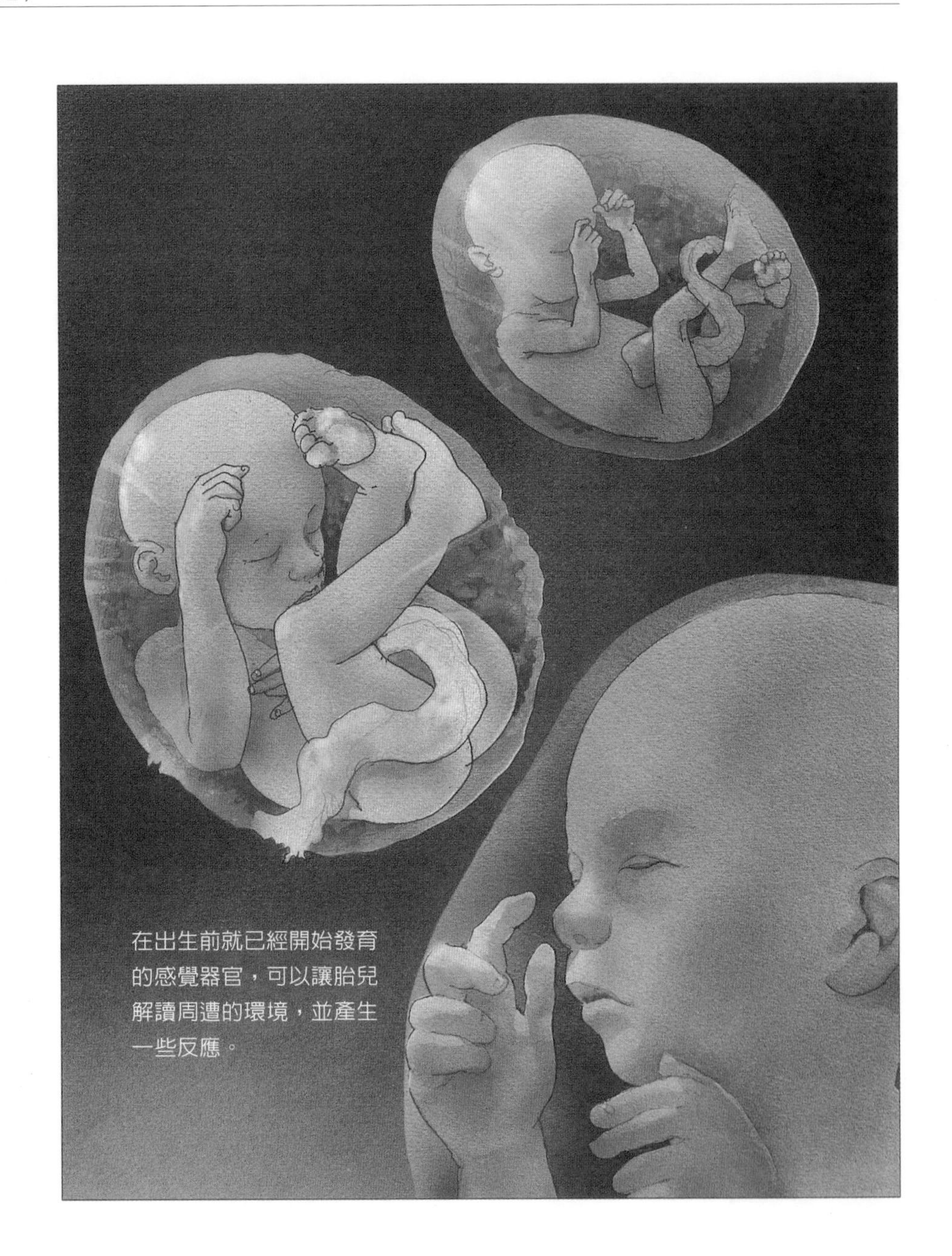

在出生前就已經開始發育的感覺器官，可以讓胎兒解讀周遭的環境，並產生一些反應。

追本溯源

換個角度來看自然界的一致性

好幾年前，科學家驚訝的發現，外觀迥異的生物，在胚胎發育的早期看起來竟然那麼相像。即使胚胎發生學的專家，都很難有把握的區分出鳥類和人類早期的胚胎。這些胚胎何以如此相似呢？

胚胎的相似性

在發育的早期，大部分脊椎動物的胚胎幾乎無法區別。

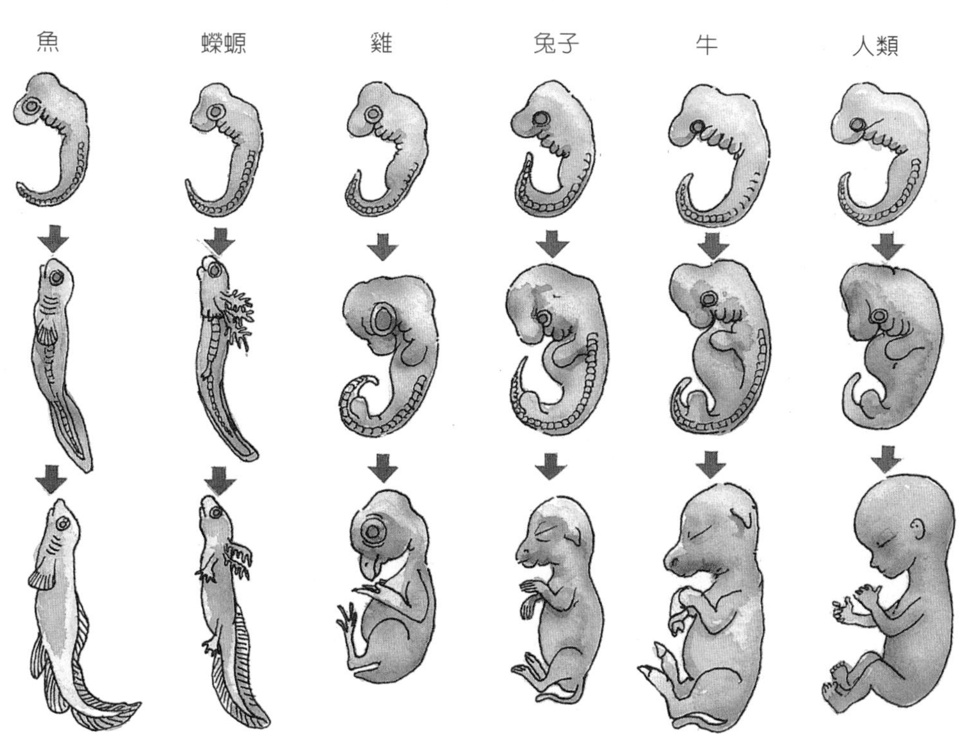

這個問題終究導向對演化這位自然界的「補鍋大師」的讚嘆。我們知道補鍋匠做事情不會每次都從頭來，他反倒是常常善用既有的舊零件，打造出新玩意兒。好比說，今天有一張適用於打造一尾魚的藍圖，那麼補鍋匠會把它妥善保存，待哪天需要打造一個人的時候，便可以此藍圖做基礎。你想想，把魚鰓和尾巴去掉總比重新構思一個全新的計畫還容易吧！

在一波又一波的基因與蛋白質的研究中，我們發現了演化過程所利用的「補鍋」手段。拿果蠅的Hox基因群來說，它們的核苷酸序列和其他動物的Hox基因群非常類似，儘管每種動物都還是有自己特有的序列。顯而易見的，這些異中有同的基因是從遙遠的共同祖先那邊演化過來的。

第145、146頁的圖是一些「補鍋」的例子，我們可以見到原本爲了執行某種用途而產生的結構，後來卻被挪作完全不同的用途。

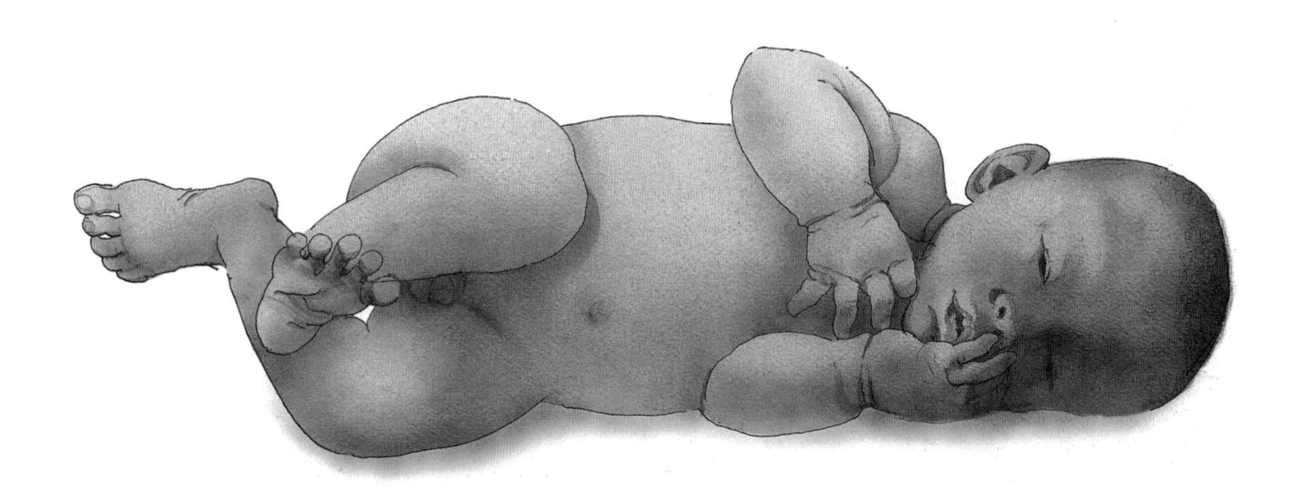

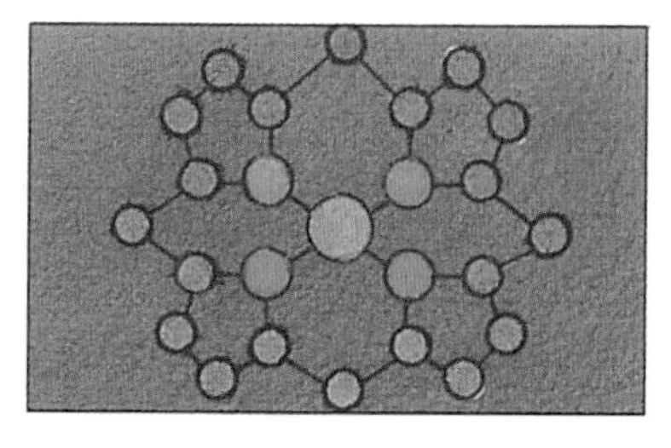
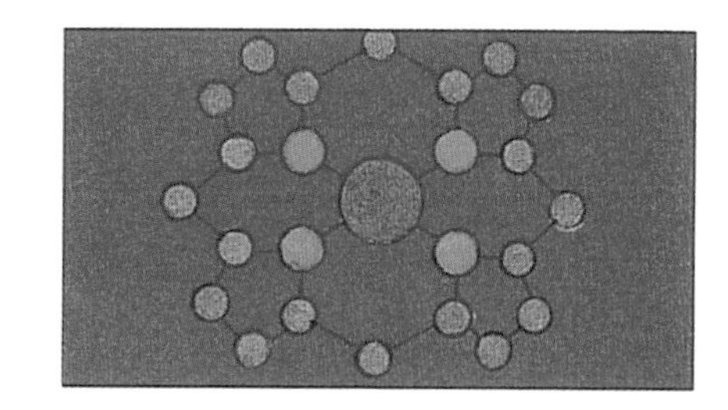

色素分子——葉綠素和血紅素

在植物細胞中負責捕捉日光的葉綠素分子，與在動物的血液中負責攜帶氧氣的血紅素分子之間，存在驚人的相似性。

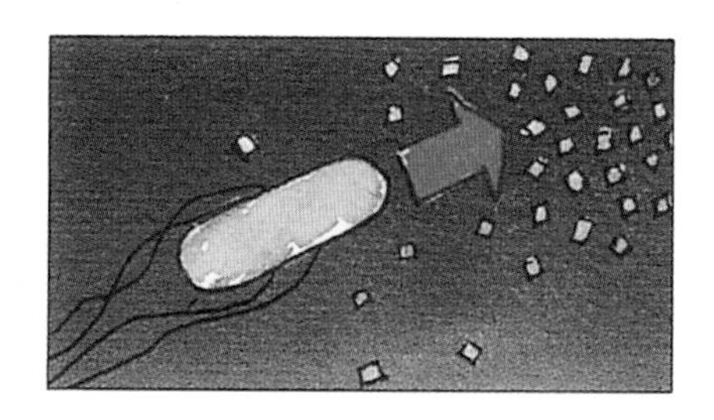

趨化性——細菌和白血球

就像細菌會受到食物信號的吸引，我們的白血球也會受到趨化性的牽引，前往組織發炎的部位。

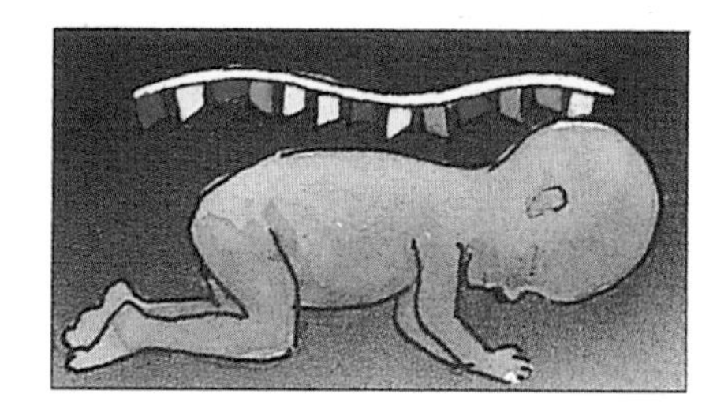

胚胎發育的基因——果蠅和人類

控制果蠅身體基本形狀的Hox基因群，與控制人體基本形狀的Hox基因群頗為類似。

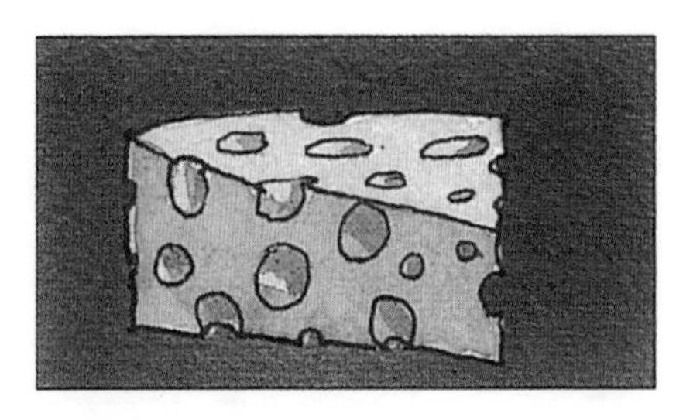
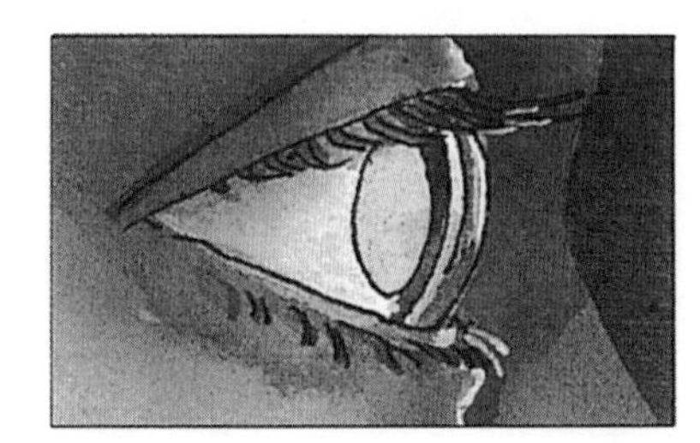

蛋白質——乳酪和眼睛

細菌中有一種可以用來製造乳酪的酵素，也用在我們眼睛的晶狀體上。

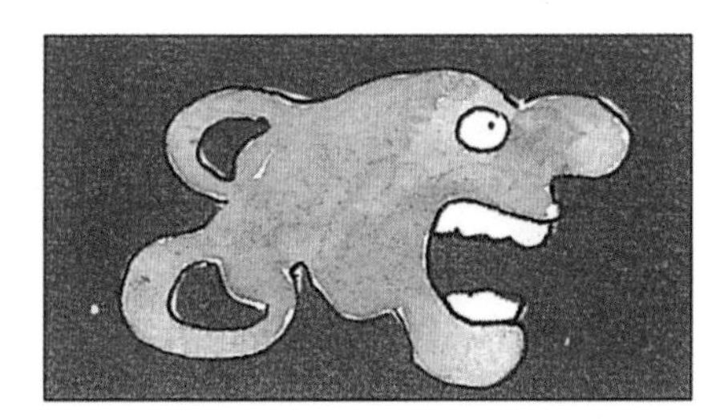

酵素——消化和凝血

某些消化酵素最後折疊成的形狀，與凝血反應中的某些蛋白質最後折疊成的形狀，幾乎一模一樣。

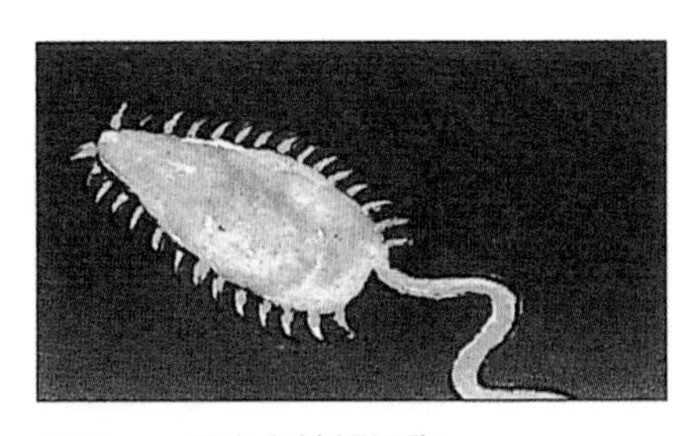
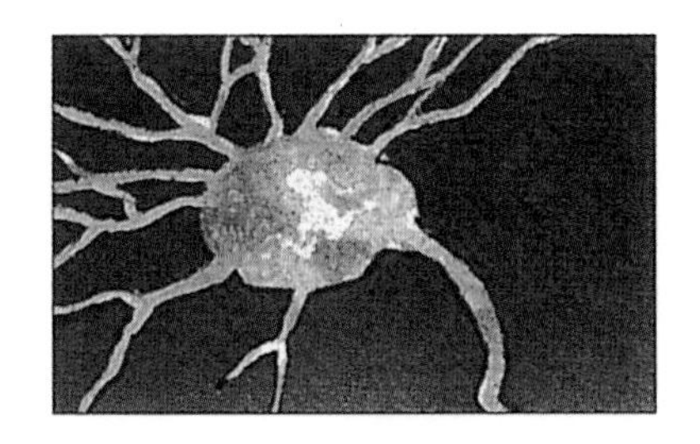

微管——原蟲和神經細胞

微管這種像鞭子般的束狀結構，是單細胞生物用來推動自己前進的工具，在我們的神經細胞內則是用來鋪設成像鐵路一般的網路。

名詞解釋

分化 differentiation 細胞在發育中所經歷的變化過程，這過程使得生物體在後來擁有不同部分的、各具特殊構造及功能的各類細胞。

形態發生素 morphogen 影響胚胎發育的環境因子。每一種形態發生素都會形成各自的濃度梯度，影響胚胎的形態發生過程。

延時攝影 time-lapse cinematography 即用長時間定時攝影，再用快動作播放的技術，使一事件的漫長過程能在短時間內呈現。

突現 emergence 一個系統的各個組成單元都未擁有突然現身的特性，而這系統整體卻能表現出突現的特性。在科學中，突現沒有任何神話的意味；在一系統中，高層整合階層會產生一些特徵，是無法由低層組成的知識來預測的。

特化 specialization 指細胞形成具有特殊構造及功能的組織。

神經元 neuron 即神經細胞，是構成神經系統的基本單位，專司傳導的特化細胞。神經元可分爲細胞本體和突起（軸突與樹突）兩部分。

超生物體 superorganism 一群傳統的生物體聚集在一起，並如單一的大型生物體一樣的行動。這樣的群體有如原始的訊號網，大致上和神經網路雷同，擴大來看更好比百頭海怪。只要碰觸到其中一隻海怪或碰觸網路內的一條線，影響就會向外散發開來，波及群體所共有的智能。

軸突 axon 神經元外圍突起的細長纖維絲，專司將訊息自細胞體傳出到下一個神經元、肌細胞或腺體細胞等。

樹突 dendrite 神經元中形成像樹枝的部分，在大多數情況下，樹突負責接收來自其他神經元的信號。

第 7 章

演化

——創造生命的模式

從演化的角度來看，生命好比一條訊息的長河。訊息在源頭崛起後，分成無數的支流散出去，然後又匯聚成無數種變化多端的組合。在代代相傳的過程中，訊息會從這個個體流到下一個個體，一路上指揮著新個體的成形與組裝。每個個體的成功將決定它所攜帶的訊息未來的命運。訊息在往下游流的過程中，會經過一些挑撿與篩選的手續，把最實用的部分繼續傳給下一代，這種選擇性的訊息流動，說穿了就是演化這回事。

演化的主要機制——天擇，嚴格說起來要算包括兩個步驟：機會和選擇。「機會」指的就是一個族群中的訊息總量（即基因庫）會產生隨機的變化；「選擇」則是指非隨意的保留住有用的東西，淘汰沒用的東西。所謂「有用」的東西，就是指那些對生存與繁衍後代有貢獻的東西。

機會與選擇總是並肩作戰，協力完成天擇作用。大自然會改變基因庫中的訊息；基因訊息的變化會改變生命的形式；生命的形式又會與環境互動；最後，環境將選擇最有利於該生命形式生存的變化。於是，成功的變化被保留下來，並有機會被改善得更完好，這可以說明爲何我們周遭的一切生物似乎都很能適應它們所處的環境。不論它們或我們，都算是演化過程中成功的案例，至少截至目前爲止確實如此。你知道嗎？地球上所有曾經存在過的生物中，超過99%種皆已滅絕了！

機會加上選擇，成了各種創意表現的基礎。機會造就新的事物——一種全新、完全無法預料的結果。選擇則專門挑撿那些可以與現況吻合的創新。機會與選擇一塊兒運作之後，可以產生能夠充分適應環境的驚人結果，就好像事先量身訂做的東西那樣。不過我們知道演化可能帶來非常複雜的結果，所以它不會、也不可能有個事先計畫好的目標。

演化就是這麼自自然然的發生了！

新世界觀的演化

遠古的地球

赫頓是地質科學領域的拓荒者。他曾假設地球實際的年齡要比基督教教義中所記載的6千年要老得多，而且地球是長期進行著緩慢（而非大變動）的侵蝕作用與沉積作用，以及週期性的地震與火山爆發，這些變動和我們現今所目睹或經歷的狀況很像。

赫頓（James Hutton, 1726-1797），蘇格蘭地質學家，地質學之父。他提出地球長期進行著緩慢的漸進變化過程，即爲「均變論」（uniformitarianism）。

似曾相識的化石

化石往往與現今存在的動物有頗多相似之處。新的生命形式不可能憑空出現，它們勢必與化石動物有關連，這之間存在著漸進、轉型與演變的關係。

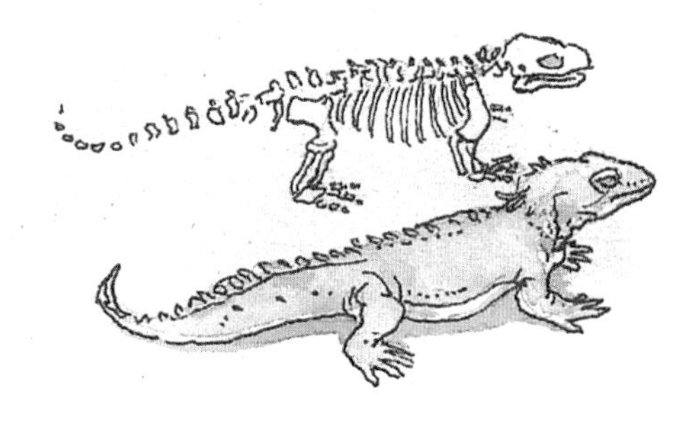

選擇優良的品種繁殖

動植物的育種專家已顯示生命的形式並非穩定不變的，如果能細心挑選出好的親代來育種，確實可以在短時間內產生新變化。

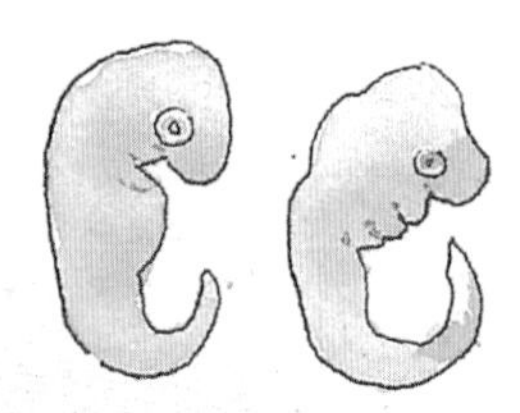

沒什麼兩樣的胚胎

魚類、兩棲類、爬蟲類、鳥類以及哺乳類的胚胎（猶如第143頁所示）在發育的早期幾乎是分不出誰是誰，這暗示這些動物依循相似的發育模式，而且擁有共同的祖先。

共通的身體方案

現存的生物之間存在共通的身體方案（body plan，即建造身體的計畫）。假如有一種生物具有某種退化的器官，例如又小又沒用的翅膀（見於某些昆蟲身上），這意味著該生物的祖先具有比較實用的翅膀。

生命的演化是由簡到繁

拉馬克的理論指出活著的生物有一種內建的驅動力，導致生命愈變愈複雜——人類的出現就是這種傾向的極致表現。

拉馬克（Jean-Baptiste Lamarck, 1744-1829），法國博物學家，提出「用進廢退說」。

地理上相隔絕的生物所存在的相似性

生活在不同大陸的生物竟然出現相關的特徵，這暗示出某物種在很久以前曾經移動到他處，並以獨特的方式發展。

競爭求存

馬爾薩斯指出，當繁衍的人口過多，而生產的糧食過少時，勢必會造成對有限資源的競爭，這種生存競爭可能導致人類改變與適應這種狀況。

馬爾薩斯（Thomas Malthus, 1766-1834，英國經濟學家，《人口論》作者。）

達爾文以前的時代

在人類的歷史中，有好長一段時間，人們認爲地球上的一切都是上帝（或是眾神）所創造出來的，除了一些全球性的大災難（例如聖經中所記載的洪水氾濫）之外，這世界是一種靜止不變的狀態。從前的人以爲地球上所有活生生的動植物之所以那麼精緻、美麗，且能適應環境、代代相傳，當然是因爲它們都是上帝一手設計與製造出來的神聖產品。好幾個世紀以來，人們心中普遍存在的一亞里斯多德（Aristotle, 西元前384-322），古希臘哲學家、科學家，柏拉圖的學生。

種世界觀（最早是由古希臘哲學家亞里斯多德提出的），那就是每種生物在自然界的階級中，都有它自己所屬的固定位置——從最複雜、高等的天上眾神，一直排到最簡單、低等的小生物。當時的人們把化石視爲早期被上帝創造、後來又被上帝消滅的生物所遺留下來的痕跡。同時，他們不認爲這些滅絕的生物彼此之間或和其他還活著的生物之間有什麼關連。

1800年代早期，人類的思想突然出現戲劇性的轉折：資本主義、政教分離、科學、懷疑論等紛紛崛起，工業革命也於焉展開。隨著愈來愈多的證據顯示地球只是浩瀚未知的宇宙中的次要角色，之前人們深信的「有限、且以地球爲中心」宇宙觀漸漸被磨蝕、消融了。科學家開始質疑「自然界的一切皆由超自然因素操控」的這種假設。

很快的，接二連三的發現與體認，群起挑戰古早觀念中那種恆定不變的狀態，以及神聖非凡的主宰。

達爾文的洞見

其實稍早許多卓越的科學家已注意到一些自然界存在的現象與發展，但在達爾文之前，沒有人把所觀察到的東西拼湊成一個前後連貫的理論。1844年，達爾文把他的基礎理論寫出來，但因爲擔心自己的理論太過革命性，遲遲不敢發表。1850年代，華萊士也提出和達爾文不謀而合的想法，他寫信把自己思索出來的結果告訴了達爾文。於是，1858年，達爾文與華萊士聯手把他們的理論公諸於世。在此我們把達爾文的理論摘要如下：

華萊士（Alfred Russel Wallace, 1823-1913），英國博物學家。1848年曾赴亞馬遜流域進行博物學調查，1854年赴馬來群島調查8年。1858年與達爾文共同發表一篇談變異傾向的論文。

達爾文（Charles Darwin, 1809-1882），英國博物學家。1831年搭英國海軍艦艇「小獵犬號」出海調查5年，孕育出「天擇」演化思想。1859年始出版《物種原始》，到1881年止，達爾文共完成12種有關演化論的著作。

- 生命有一個共同的起源；新的生命形式皆由較早的生命形式中分枝出來。
- 族群中的個體會出現隨機變異，而且個體間的差異會持續的隨機發生。
- 在不斷變化的環境中，個體必須競爭求存的壓力導致「有利性狀的選擇」。可以適應環境的性狀將能存活下來，並傳遞到下一代，無法適應環境的性狀則遭淘汰。
- 儘管每一次的適應都是一個小變化，但是有利性狀的累積性選擇，長時間下來，將逐漸導致不同的生命形式，最後將出現新物種。

這些全部加起來就是演化這麼一回事了。

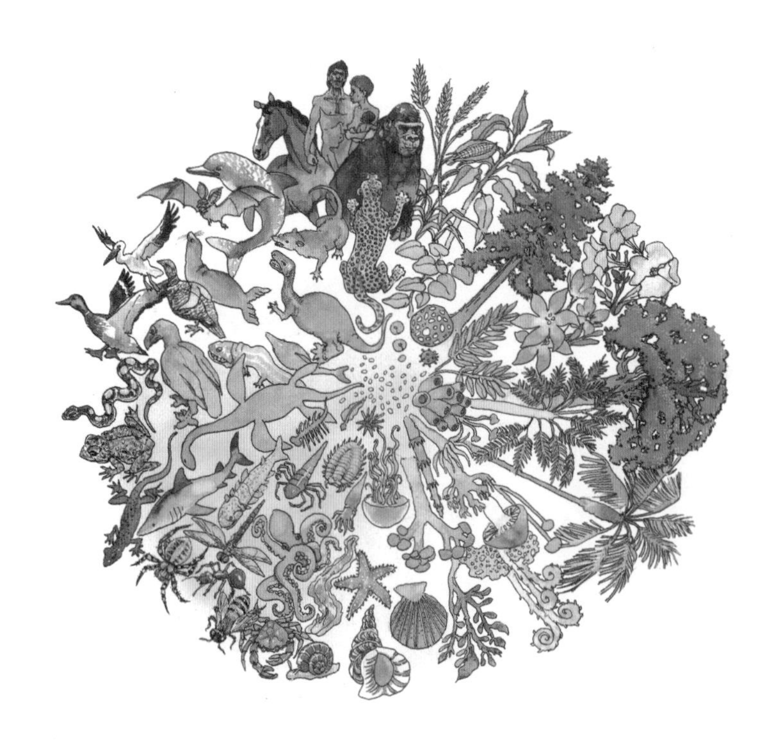

近一步支持天擇說的證據

強化達爾文的理論

達爾文的理論可說是人類想像力的一大躍進，極度的大膽與創新。儘管達爾文已蒐集大量的證據來支持自己的理論，但一直到了二十世紀科學家發現一些現象後，才揭開達爾文天擇理論的運作機制。

化學反應機制

研究DNA中的核苷酸以及蛋白質中的胺基酸，讓我們了解到生命創造多樣性的潛力要遠超過生物外表所呈現出來的可能性。再者，科學家進一步發現更多關於基因如何改變、移動、複製、以及從這個生物傳到另一個生物的現象。儘管生命是如此多樣化，分子層次的研究卻顯示所有生命之間存在著驚人的共通性（請見第44頁），這對於達爾文提出所有生命皆來自同一個祖先的論點，可說是強而有力的支持。

遺傳學

儘管達爾文相信，選擇的過程會造就生物的多樣性，但他並不明白生命的形式究竟是如何發生改變的。直到遺傳學知識愈來愈發達後，演化的實際發生過程才漸漸清楚。遺傳學研究的內容包括遺傳的本質、有性生殖的基因重組，以及突變等（請見第1冊第164～169頁）。

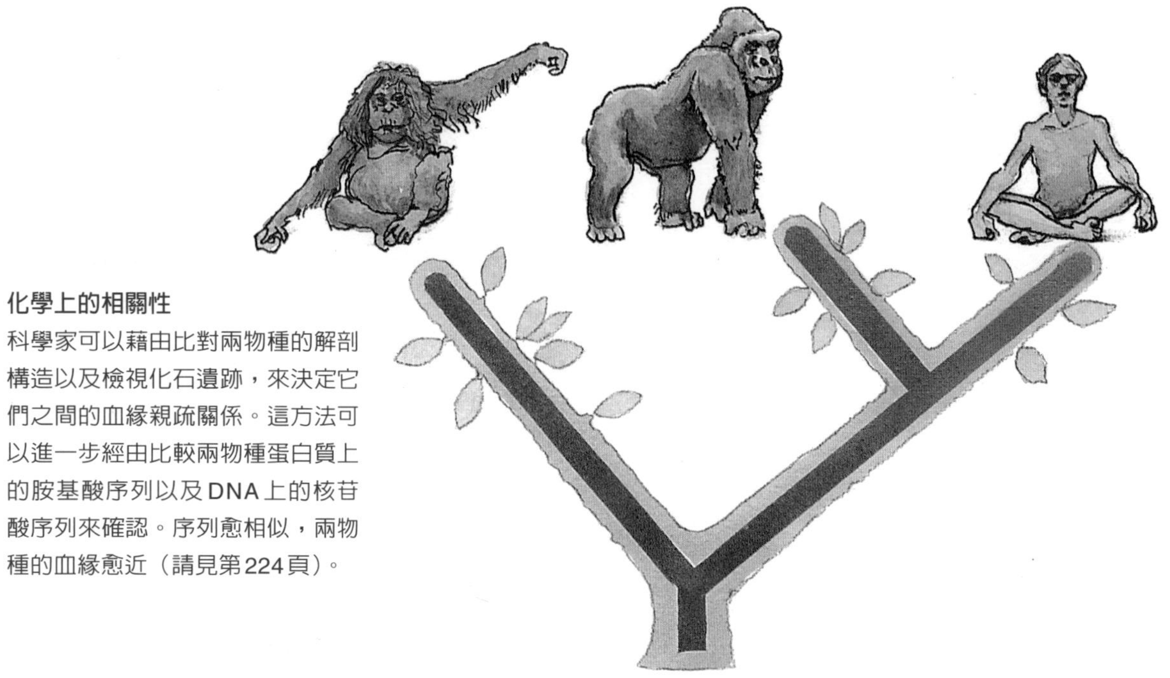

化學上的相關性

科學家可以藉由比對兩物種的解剖構造以及檢視化石遺跡，來決定它們之間的血緣親疏關係。這方法可以進一步經由比較兩物種蛋白質上的胺基酸序列以及DNA上的核苷酸序列來確認。序列愈相似，兩物種的血緣愈近（請見第224頁）。

已觀察到的天擇作用

最近科學家對單一個島嶼上的雀鳥所做的研究顯示，天擇可以迅速的發生。在一個大族群中，雀鳥的喙有各種大小。當重大的氣候變化影響了這些鳥類所吃的種子種類時，具有較能適應新種子的鳥喙的雀鳥，繁殖的下一代數量會勝過牠們的同儕。科學家在蛾、果蠅以及細菌（請見第220頁）的族群中，皆發現類似的適應改變。

族群遺傳學

遺傳學家把同一物種內所有個體的遺傳物質的集合，視為一個基因庫。在1930年代，科學家開始應用統計學的方式去測量某族群中的基因數目，以及它們如何在代代相傳中發生改變。結果發現，許多物種在它們的基因庫中保留了很大的多樣性空間，讓它們擁有很強的適應力。

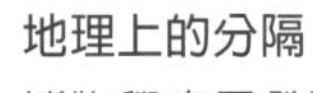

地理上的分隔

博物學家已發現，如果一個子基因庫與較大的母基因庫分離，例如，有一小群某種鳥遷移到一個小島上，則該小族群的子基因庫會在代代相傳中發生迅速的改變，最後成為新物種的基因庫。（請見第209頁。）

生命的起源

原始濃湯中的長鏈分子 ▶

在生命出現以前，地球上存在大量的核苷酸，這些核苷酸在偶然的機會下開始連結成RNA長鏈分子，一方面可以做為模板（提供複製所需的模型），另一方面可當作酵素（協助複製的催化劑）。

▼ **當模板遇上酵素**

RNA長鏈的形狀將視其核苷酸的順序而定，不同的序列會使RNA形成不同的形狀。偶爾，兩條相似的RNA長鏈相遇了，其中一條做為酵素，另一條當作模板，展開了複製的生產線。

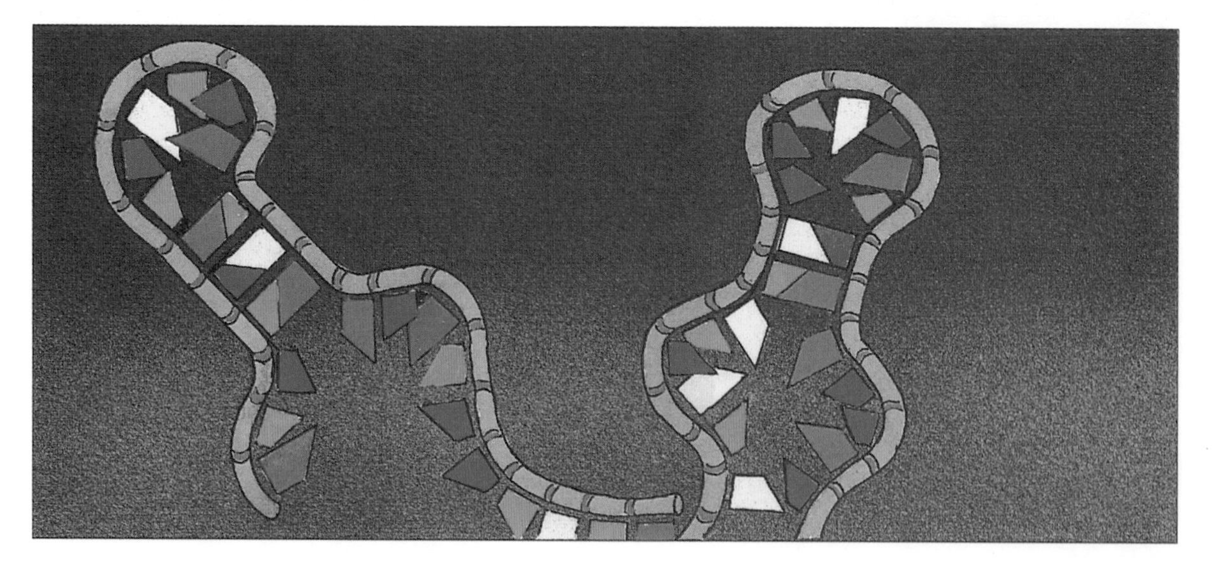

◀ **複製的生產線**

酵素沿著模板把核苷酸一個個連結起來，產生一條與模板互補的RNA。稍後又以這互補的RNA為模板，複製出原來做為模板的RNA，既可繼續當作模板，又可做為酵素。因此經過一段時間的複製過程後，將產生數百萬個這樣的酵素分子。

▼ **失誤會創造出多樣性**

這些「複製子」難免會在複製的過程中發生錯誤，導致不同的RNA生成。這些發生變異的RNA分子有的反而比原來的RNA分子優良，當然有些變異是不利的。很顯然，那些比較有辦法捕捉到游離核苷酸的變種RNA，能夠以較快的速率增殖，並成為較強勢的RNA。高效率的複製能力讓它們成為生命繁衍訊息與交換訊息的工具。

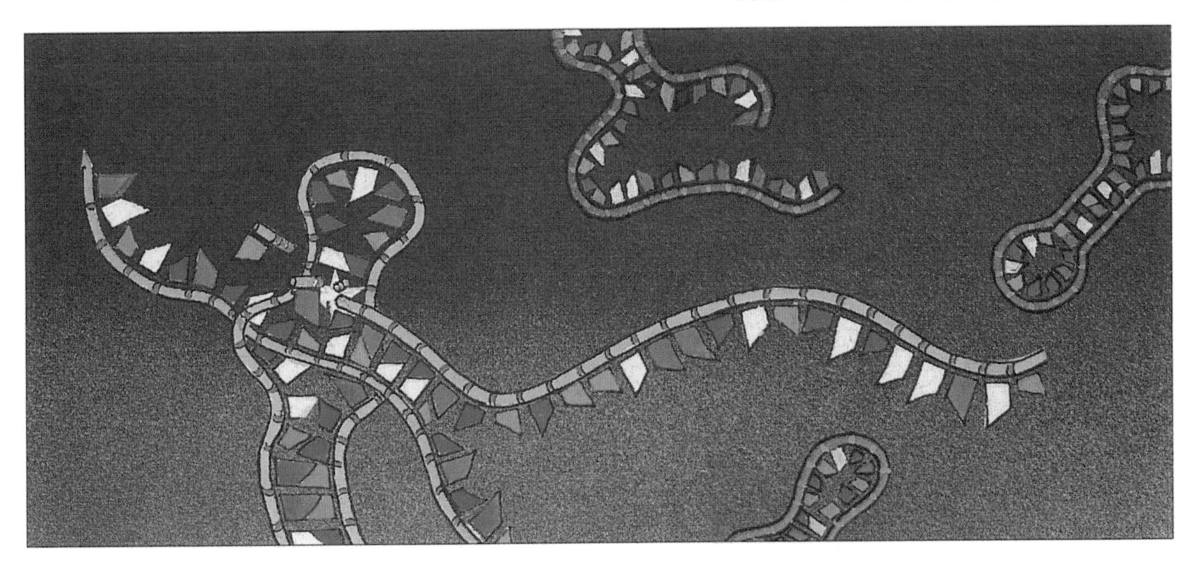

自我複製的長鏈

廣義的來說，演化是一種自我組織的過程，不僅生命如此，宇宙本身也是。把物質組合成基礎粒子，然後組成一個行星乃至許多恆星，是地球上要出現生命所必經的前奏。生命的誕生要視先前所發生的一切情況與條件而定。當然，在細胞出現以前，並沒有化石的存在，我們只能靠合理的猜測來推論生命是如何起源的。

故事就從40億年前早期地球上那霧氣氤氳、沸騰騷動的地表說起吧！當時的狀況就像現今仍存在的海底熱噴泉區那樣，在這種地方可以找到古生菌。這種細菌十分原始、古老，而且可以在溫度近乎攝氏100度的地方蓬勃生長。在地球出現生命以前，核苷酸和胺基酸之類的物質可能已大量存在了，這些組成DNA、RNA和蛋白質的基本單位不僅很容易合成，進而自發性的在地球上組裝成大型的生命分子，連來自外太空的塵土及隕石中也可發現核苷酸及胺基酸等物質。

「聚磷酸」（poly P）是由磷酸構成的長鏈分子，可見於當今的火山凝結物中以及海底的熱氣出口。聚磷酸可能是早期核苷酸分子中的三磷酸來源，因此賜予這些核苷酸分子彼此鍵結所需的能量。一旦最初的核苷酸長鏈形成（也許是RNA分子），其中有一部分可能發展出驚人的複製能力，產生許多相同的分子。這些分子算不上是有生命的物質，它們只是單純的漂浮在前生物時期的「原始濃湯」中，漫不經心的自我複製著。

一個自我複製的分子至少需要兩種特殊的性質：（1）它必須是一個模板——即由一些基本單位（核苷酸）組成的序列，且沿著該序列而下，可讓另一互補的序列生成；（2）它必須是一個酵素，能夠從環境中抓取游離的核苷酸，沿著模板把核苷酸一個個鍵結起來。我們現在知道只有RNA能同時執行這兩種功能。因此，地球上最早的自我複製系統可能是一大堆相似的RNA長鏈分子，它們能夠無止境的自我繁衍下去。

這麼原始的自我複製系統，究竟是如何演化出可以把胺基酸連結成蛋白質的系統，最後更形成一層膜，把自己包圍成一個活生生的細胞？答案很簡單，就是靠偶爾的出錯。在複製過程中，難免有失誤的時候，此乃自然界所打的「錯別字」，不過倒是因此製造出各種RNA分子，其中有些RNA分子的複製能力比其他RNA分子還好。複製較快的RNA會繁盛起來，因爲它們有較多機會與胺基酸接觸，並開始命令胺基酸產生較有效率的蛋白質酵素、tRNA、核糖體，以及細胞其他的組成。

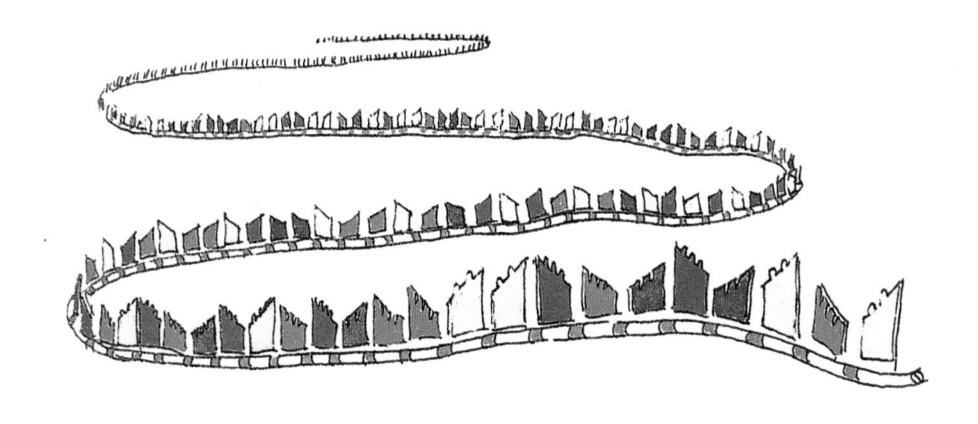

45億年前　　　　40億年前

從原始濃湯到精緻大腦所累積的訊息

自從地球出現生命以來的將近40億年間，有好長好長一段時間，都是由生活在水中的微小單細胞及多細胞生物辛辛苦苦的工作，來為近5億年來才出場的較大且較繁複的生物搭建舞台。青蛙、恐龍、樹木、鳥類、哺乳類以及其他所有的「後起之輩」，都要靠先前小得肉眼看不見的遠祖的鋪路與引導，把生物發育的腳本一再修飾與改善，才得以一一崛起。

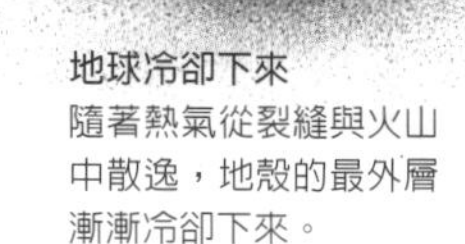

地球冷卻下來
隨著熱氣從裂縫與火山中散逸，地殼的最外層漸漸冷卻下來。

氣體雲凝聚
重力壓縮太空中熱氣體的粒子，形成我們的地球。

細胞分裂
受到小區間內的東西逐漸累積的壓迫，原本的一個小區間會分裂成兩個。

蛋白質的生成
RNA分子演化成可對應出胺基酸序列的密碼，所形成的胺基酸長鏈開始折疊成簡單粗糙的蛋白質。

光合作用
有些微生物「學會了」把日光轉換成醣類，於是開發出取之不竭、用之不盡的能源來製造食物。

DNA的出現
DNA崛起後開始接管訊息攜帶者的角色。RNA退居為DNA與胺基酸之間的重要連絡者。

醱酵反應
在缺氧的狀況下，葡萄糖分解後只能產生2個ATP能量分子，實在頗有限。

（這個演化時間表上的顏色變化與下面演化途徑的顏色變化相對應。）

30億年前

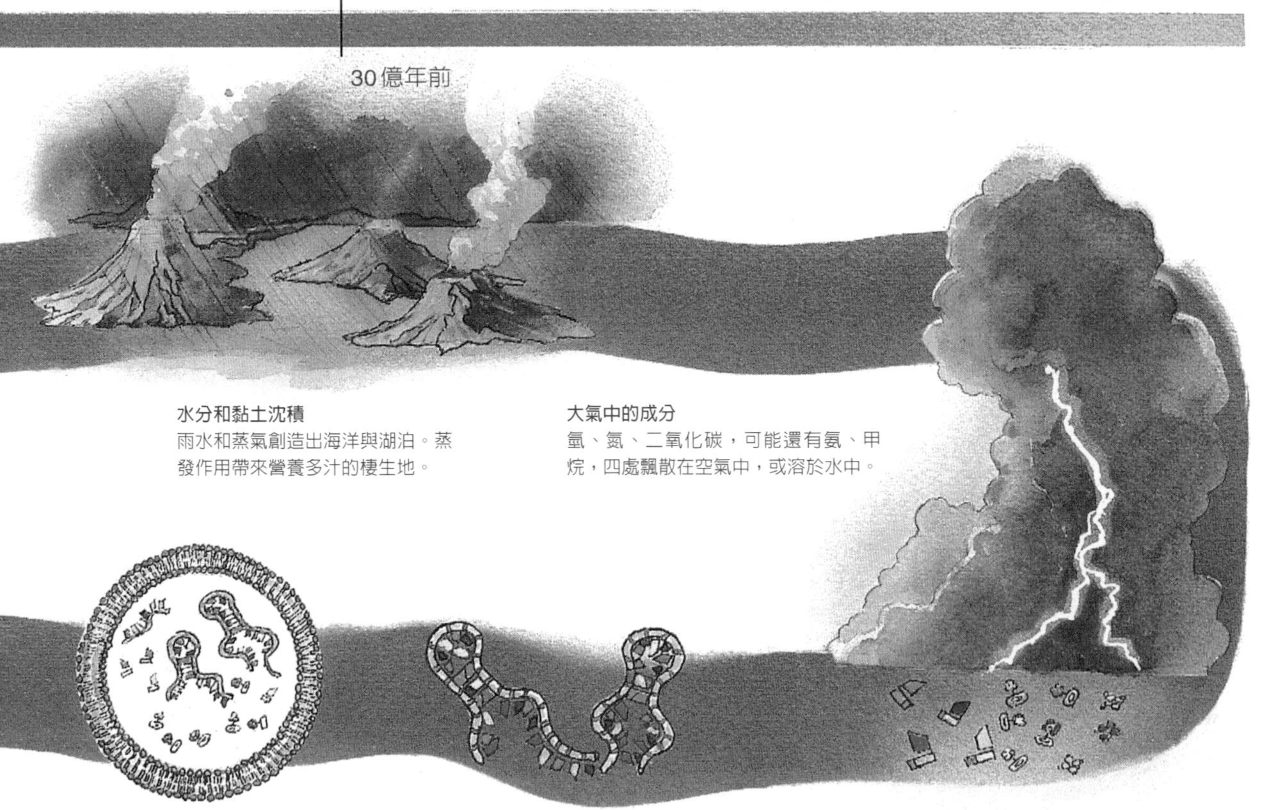

水分和黏土沉積
雨水和蒸氣創造出海洋與湖泊。蒸發作用帶來營養多汁的棲生地。

大氣中的成分
氫、氮、二氧化碳，可能還有氨、甲烷，四處飄散在空氣中，或溶於水中。

隔成小區間
脂質分子會自動形成一個個的小泡泡或小區間，在不經意的時候，順道把一些RNA分子給一塊兒包圍進去。

自我複製
核苷酸分子開始形成RNA長鏈。一條鏈可以複製另一條鏈。

生命的簡單分子
胺基酸和核苷酸可能由外太空的塵粒夾帶而來，或者也可能在閃電及紫外線的協助下，在地球上自然形成。

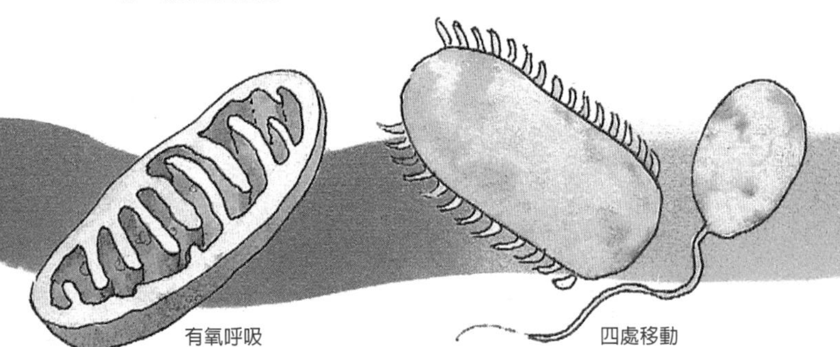

有氧呼吸
有一些微生物則「學會了」利用光合作用的廢物——氧氣，來製造大量的ATP。

四處移動
細胞發展出毛茸茸的纖毛以及鞭子般的鞭毛，允許它們到處移動，尋找食物。

原始的有性生殖
一個細胞把自己的部分DNA注射到另一個細胞內。產生的新基因組合繼續繁殖下去。

演化時間表

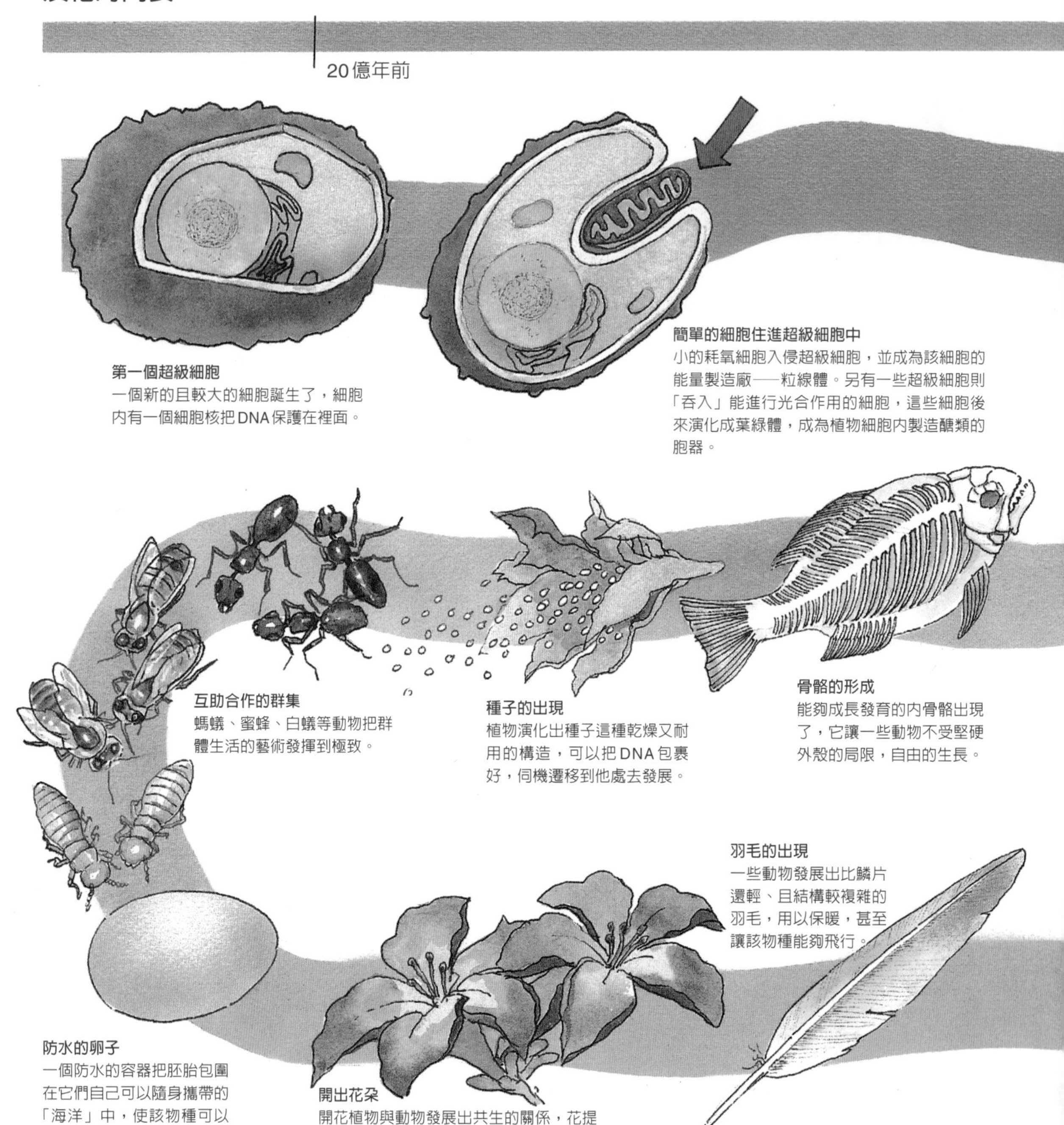

第一個超級細胞
一個新的且較大的細胞誕生了，細胞內有一個細胞核把DNA保護在裡面。

簡單的細胞住進超級細胞中
小的耗氧細胞入侵超級細胞，並成為該細胞的能量製造廠──粒線體。另有一些超級細胞則「吞入」能進行光合作用的細胞，這些細胞後來演化成葉綠體，成為植物細胞內製造醣類的胞器。

骨骼的形成
能夠成長發育的內骨骼出現了，它讓一些動物不受堅硬外殼的局限，自由的生長。

種子的出現
植物演化出種子這種乾燥又耐用的構造，可以把DNA包裹好，伺機遷移到他處去發展。

互助合作的群集
螞蟻、蜜蜂、白蟻等動物把群體生活的藝術發揮到極致。

防水的卵子
一個防水的容器把胚胎包圍在它們自己可以隨身攜帶的「海洋」中，使該物種可以永久的遷移到陸地上。

開出花朵
開花植物與動物發展出共生的關係，花提供花蜜給昆蟲，昆蟲則為花傳播花粉。

羽毛的出現
一些動物發展出比鱗片還輕、且結構較複雜的羽毛，用以保暖，甚至讓該物種能夠飛行。

聚集成多細胞
單細胞開始彼此相黏成一個分工合作的多細胞個體。

有性生殖更上一層樓
多細胞生物會產生特殊的生殖細胞（精子與卵子），兩者能互相結合，形成新的基因組合。

動物的身體方案
動物先演化出放射狀結構，然後出現左右對稱結構（後者尤其適合動物的移動）。一節一節的體節構造則允許各部位間產生複雜的交互作用。

植物的身體方案
隨著植物和動物漸漸演化出利用環境資源的新方式，它們的數量與種類也愈來愈繁盛。植物傾向分岔出管狀結構以及放射狀對稱結構。

中樞神經系統
植物和動物會發展出內部的電化學傳訊系統。動物的神經細胞終將演化成感覺器官以及腦。

溫血動物的崛起
隨著隔絕體、散熱裝置以及內在溫度調控系統的出現，一些動物發展出較快的代謝速率。

一連串創舉的爆發
防水的卵子加上羽毛之外，一些溫血動物還發展出能將兩眼焦點集中於一個物體上的視力、兩個可以相對的拇指、直立的姿態，以及增大的腦容量。

小變化累積成大差別

巨碩如大象的老鼠

生命在地球上已存在近乎40億年，這時間實在是太漫長了，教人難以理解演化過程所牽涉的含意。下面舉的這個例子也許有助於我們一窺究竟。

假設有一個老鼠族群，在某種原因之下，每一代的老鼠體重都會增加0.1%。經過12,000個世代以後，老鼠的體型將變成大象那麼大。如果我們假設老鼠的一個世代是五年（這個數字其實是老鼠與大象一個世代所需時間的平均值），那麼老鼠的體重增加100,000倍將需要60,000年。就演化的時間表而言，60,000年實在是很短暫的一段時間，如果拿40億年比作人類的壽命80年，那麼60,000年差不多是我們生命中的5個小時而已。

綜合各種小變化的創新

演化的進展要靠一步一步的補鍋工夫，西拼東湊的逐漸產生新物種。現今各種複雜的生物，在過去都曾經有較簡單、粗糙的祖先。我們知道，每次只要改善一點點，經年累月後，終將產生大改變。

就拿汽車的設計來作比喻吧！譬如說，早年的汽車，它們的前燈是利用黯淡朦朧、會左右晃動的煤油燈做成的；今日的汽車，前燈又明又亮，可以穩定的投射出光線，而且是由電池提供電源。正如自然界所發生的情況，汽車前燈的改變以一次一小步的方式慢慢累積，偶爾則來個大突破，例如汽車製造者把前燈從車子的側面轉換到前保險槓的上方。此外，當初所新創的行李箱折疊座位和腳踏板，現在也都成了過時的東西而消失了。就汽車設計的例子，我們知道顧客的偏好成了汽車業者汰舊換新的驅動力。

生物和汽車之間還有另一個共同的特徵：重大的改變往往來自把若干獨立、不相干的發展成果，七拼八湊兜在一塊兒所產生的結果。你想想，現代汽車的前燈是怎麼來的？是不是得先發明了電池、發電機、塑膠玻璃等東西？我們的眼睛也是一樣的情況，得先發展出光受器（photorecepter）、視神經、透明的晶狀體及角膜等，才能組成一個精密的眼睛。

當我們把汽車的設計與生物的「設計」相比擬時，要注意一個很大的不同，那就是「演化的進展並沒有一個預見的目的或方向」。隨機的變化、累積性的選擇（也就是今日的創新會疊加在昨日的創新之上），加上漫長的時間，演化就這麼一點一滴的默默進行下去。

汽車前燈的演化

可拆式的前燈吊掛在駕駛座的兩側。

前燈往前下方移動，可讓前面的路況看得較清楚。

利用汽車提供電源的前燈。

前燈裝置在擋泥板上。

前燈嵌入擋泥板內。

前燈成為保險槓上方必備的一部分。

以演化的原理來寫詩

當猴子遇見文字處理器

讓一屋子的猴子隨意亂敲電腦的打字鍵盤，最後會不會出現一首莎士比亞的十四行詩呢？這個問題常被拿來挑戰「生命會偶然發生」這樣的觀念。

找100隻猴子讓牠們敲打鍵盤，就算牠們能夠敲上一百萬年，想要無意間打出一首莎士比亞的詩，這機率可說是微乎其微。但如果我們把演化的一些原理應用在此過程中，將可見到自然界的力量是如何增加成功的機會——其實就是看看自然界如何讓成功必然的發生。

首先，我們規定猴子打出來的東西不必非得莎士比亞的詩句不可，只要是複雜度相當的原創詩句都算數。也就是我們不要求特定的結果，只求有一個一般的模式。因此，我們讓猴子改敲打安裝了某程式的文字處理器，該程式的功能在於把成功的結果保留下來，其餘的一律丟棄。這就是選擇與淘汰的演化原理。

接著繼續安排讓猴子打出來的東西愈變愈複雜（這是演化的另一個特徵），我們發現，隨意亂打加上把無意間「捕獲」的成功結果累積起來，猴子終將寫出美麗的詩篇！

累積性的選擇

1. **第一組：打出單字**

每當一隻猴子隨意打出一連串的字母，且經電腦辨識為一個有效的單字，電腦就把這個單字儲存起來。例如說，「Roses」就會被接受，「Rosgbz」就不會。有效的單字就這麼隨著時間愈積愈多。

2. **第二組：打出句子**

第一組猴子打出的單字，被編碼安裝到第二組猴子使用的電腦中。當這些猴子敲打鍵盤，跑出來的東西是任意的字串組合。電腦只選擇性的保留具有主詞以及述詞的字串——也就是句子。所以，像「Roses are red」（玫瑰是紅色的）這樣的字串就會被接受，而像「Roses salad bleakly」（玫瑰沙拉荒涼的）就不會。

3. **第三組：打出十四行詩**

第二組猴子打出的句子，再編碼安裝到第三組猴子使用的電腦中。當這些猴子敲打鍵盤，跑出來的是隨意的句子的組合，沒有什麼特定順序。電腦只選擇性的保留具有十四行詩形式的十四行句子。

4. **第四組：出版十四行詩集**

第四組猴子隨意的把第三組猴子打出來的所有十四行詩分成好幾群，然後分別印刷、裝訂成好幾冊的詩集。在猴子打出的這麼多十四行詩中，大部分都是無意義的，僅少數是可以讀出前後關係的，但也有很小一部分甚至是美麗的詩篇！

5. **受到讀者青睞的詩集**

只有那些賣得完的詩集會再版，所以拙劣的詩集將在書市中被淘汰。好東西才會保留下來。所以經過一段時間之後，優美的十四行詩集自然會在書市中存活下來，劣等的詩集則從此絕版了。

即使是小小的優勢也會設法存活與繁衍

機會造就的精巧

當你欣羨一隻鳥可以自由自在的在天空翺翔時，卻有人告訴你，這優美精巧的飛禽，牠的祖先是只能在地面上爬行的大蜥蜴，這話你恐怕要聽不下去了。不過，從剛剛展示的那些會寫十四行詩的猴子來看，我們知道偶然發生的小改變可以被保留下來，甚至透過代代相傳把改變的特徵延續下去，過程中可能又新增了進一步的改變及優勢。只要時間充分，隨機的改變終究可造就出先前從未出現過的東西。

從第178、179頁的圖示中，可以大致看出鳥類起源的可能情況。在任何族群中，若有一個個體偶然出現小小的生存優勢，牠將有較大的機會長大，且繁衍出和牠一樣具有此優勢的後代。演化的法則是這樣的：即使是最微小的優勢也會想辦法保存下來，進而拓展到子孫中，最後在整個繁殖的族群中盛行不衰。

鳥類起源的可能情況

隨著某些爬蟲類漸漸朝溫血動物邁進，牠們的鱗片也逐漸演化成羽毛，以提供保溫用途。

假設在一窩蛋中，有一個小寶寶破蛋而出後，與生俱來了較輕的骨頭，這可說是造骨細胞偶然發生的變異所產生的「怪胎」。

當有掠食者入侵窩巢時，這個變異的怪胎所具有的輕質骨頭加上似羽毛的鱗片，讓牠有較大的機會往上躍起，逃過掠食者的吞噬。這種變異所帶來的雙重優勢將繼續傳到後代子孫。

多重的變化

從爬蟲類邁向鳥類

想要從爬蟲類變成鳥類，並不是僅靠著生出羽毛和把骨頭變輕就可以辦到的。該爬蟲類還需要發展出內在的飛行裝備，並且要對天體、星象以及地球的磁場有感應。此外，牠的視力需變得更敏銳，以便從高空搜尋地面上的食物。由於飛行需要較多且較持久的能量，所以身體還需要發展出能夠維持穩定體溫的系統。還有，該爬蟲類的前肢需要演化成符合空氣動力學效益的翅膀，而且牠的胸骨需要翻轉過來，以做為翅膀肌肉的槓桿裝置。（這些變化，請見第182頁的圖示。）

儘管這些變異都是獨立的事件，但每一小步的改變都帶來一些優勢（或起碼並沒有傷害），而且在一代傳一代的過程中，這些變異會彼此強化，協力促進這種鳥類前身物種的存活力。

鱗片變羽毛 ▶
鱗片出現裂縫，可以捕捉空氣，有助於絕緣與保溫。經過一段時間，這些有裂縫的鱗片愈變愈輕，也愈來愈長，終於讓飛行成為可能。

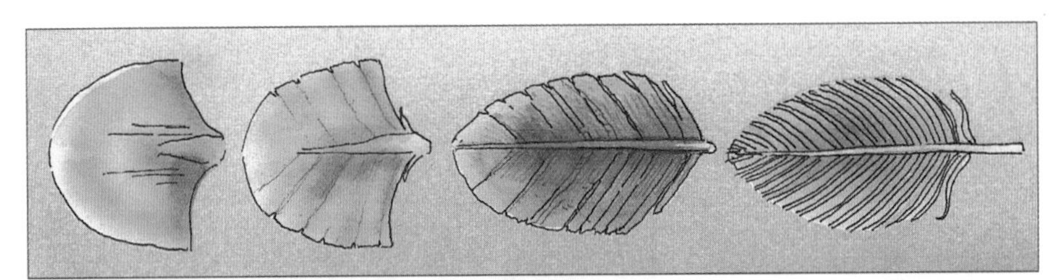

骨頭變輕 ▶
骨頭變細且變得比較中空，使體重變得比較輕盈。

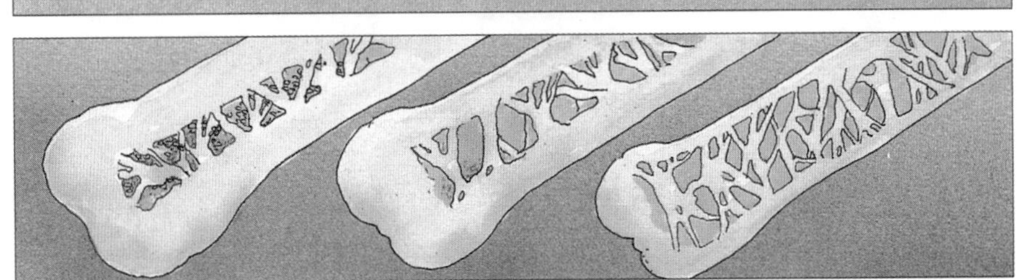

前肢變翅膀 ▶
指骨相黏且變長；上臂縮短，前臂加長，漸漸導致翅膀的生成。

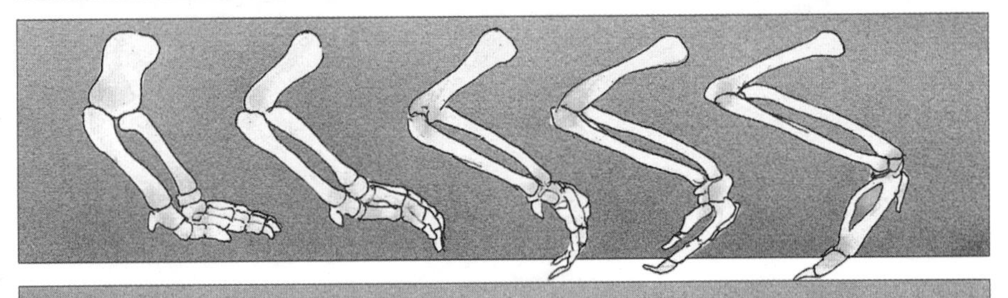

顎骨變鳥喙 ▶
牙齒消失了；骨頭變角質，漸漸延長成可以用來攫取食物、整理羽毛以及探測環境的鳥喙。

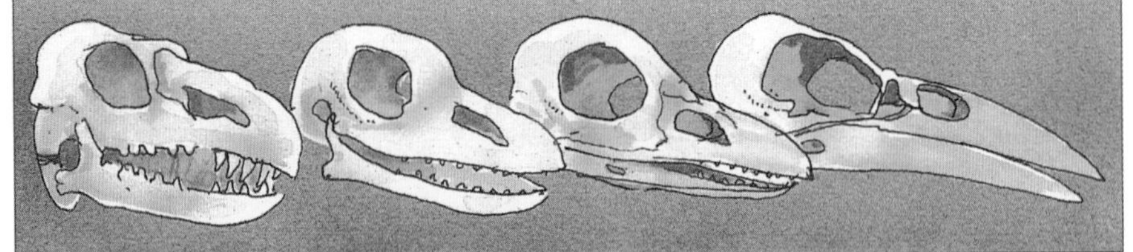

一根腳趾向後轉 ▶
4根腳趾中的第一根向後方移，最初是用來當作武器，稍後則用來棲息和攫取東西。

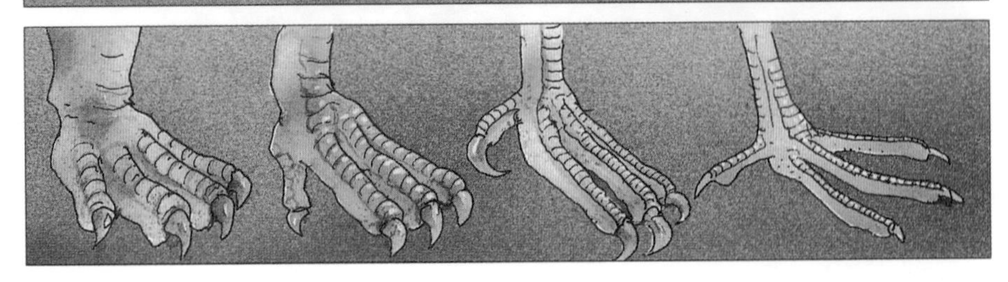

變異與選擇

一群牛羚

每年非洲的賽倫蓋提草原上，都有成群結隊的牛羚展開一千公里的大遷移。在這遷移的行程中，有些牛羚被掠食者吃掉，有些在渡河時溺斃，還有些死於受傷或疾病。有些死亡純粹是因爲運氣不佳，只有自認倒楣；不過大體上來說，跑得愈快、身體愈強壯，且警覺性愈高的牛羚，愈能夠在這長途的跋涉中存活下來，而那些生來體質較差、體力較弱的牛羚，則在旅途中被淘汰掉了。

一群DNA

現在我們轉移目標，把剛剛那一群牛羚想成一個巨型的訊息庫。這些訊息以一套套的基因組形式存在著。儘管這些牛羚的基因組都很相似（畢竟每一套基因組都可以拼出「牛羚」這樣的物種），但每一隻牛羚的基因組都是獨一無二的。要是個體的基因組之間沒有存在差異性，恐怕就沒有演化這回事了。

每隻牛羚的基因組內提供了「是否能安然無恙的完成遷徙之旅」的訊息。沿途中，有一些基因組陸續被銷毀，那些在旅程中存活下來的，都算是最佳的基因組。在那些淘汰掉的基因組中，一般說來，是因為有一些不利牛羚生存的基因在作怪（而不是說整套基因組都不好）。所以，個體雖死掉了，但整個族群的基因庫卻因為把不利的基因篩掉，而有所改善。

一套套的訊息

每隻牛羚的每個細胞都含有兩套基因（下圖中簡化成兩條DNA雙螺旋），一套來自母親，另一套來自父親，這兩套基因共同構成一隻牛羚的基因組。儘管很類似，每隻牛羚的基因組都不盡相同，在此用不同的顏色以示區別。

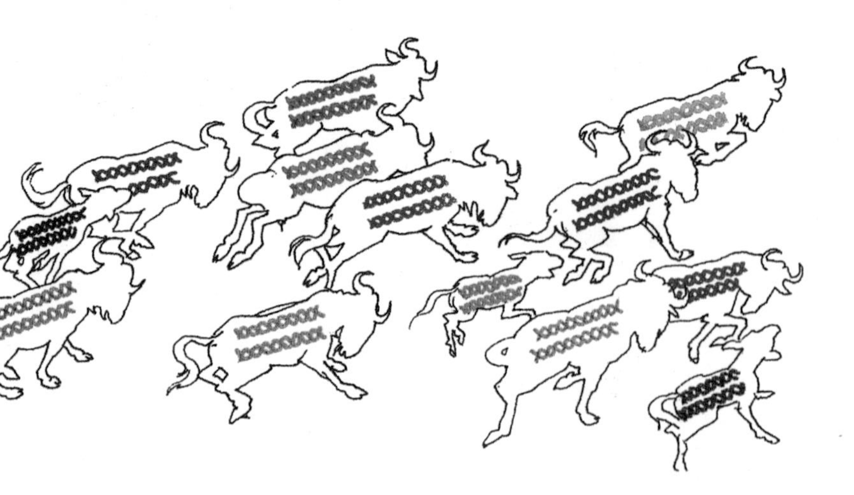

旅途中的死亡

某些牛羚被吃掉……

某些溺斃……

還有一些染病而死。

訊息的流失

被捕食、溺水和染病，把一些基因組從基因庫中剔除。

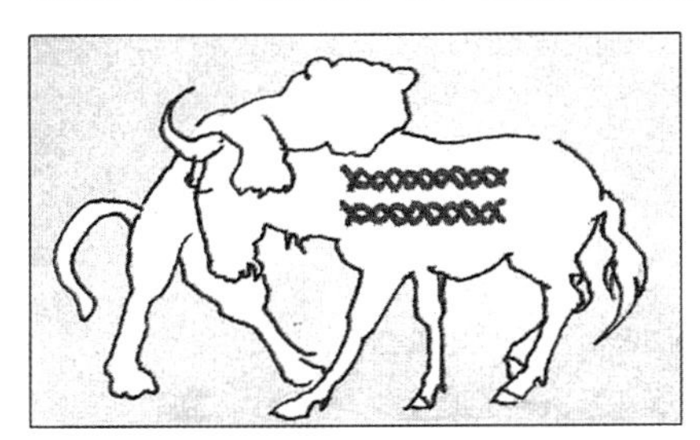

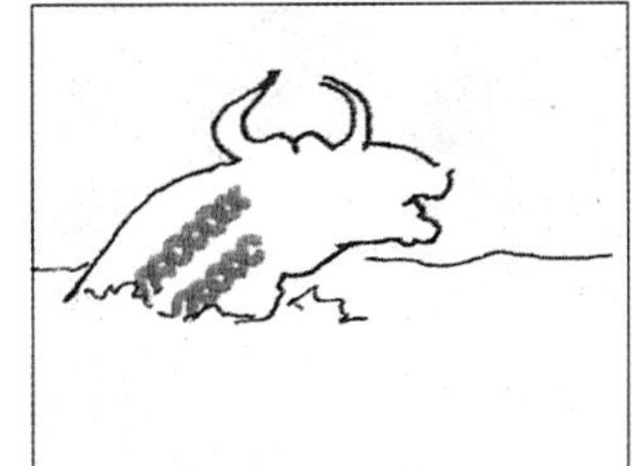

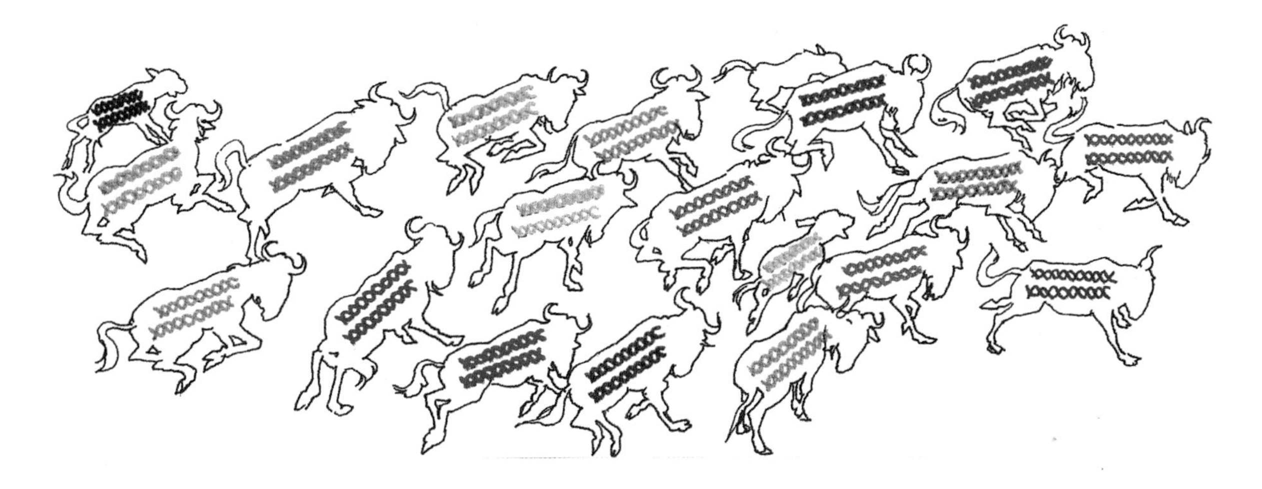

把存活者的基因混起來

在遷徙的過程中，牛羚照樣會交配。母牛羚會從她的追求者中，挑選一隻她認爲最能展現壓倒性英姿與雄風的公牛羚，做爲交配的對象——這可說是牛羚的訊息庫中最後一道篩選基因組的考驗。畢竟，交配牽涉到兩套基因組的相混。

交配以前，在每隻母牛羚的卵巢中以及每隻公牛羚的睪丸中，基因組裡的每一對基因（一個來自母親，一個來自父親）最初都是均勻的相混，並隨機的被分配到卵細胞和精細胞（請見第190頁）。在交配之後，受精卵將發育成小牛羚。小牛羚的每個細胞中都含有一套經過基因重組的新基因組，在這新基因組中可能賦予了有利於生存及繁殖的新優勢。所有親代具有的較優質基因，在子代中將以新的組合出現，讓子代頗有潛力發展出各種新特徵。這便是演化的「行事作風」，也就是說演化會確保個體產生的任何改良，盡可能廣泛的傳遞到後代子孫。

雄性和雌性，兩種截然不同的策略

在創造新生命時，雄性與雌性在基因上的貢獻是均等的。不過整體說起來，雌性對成功繁衍出下一代所投注的氣力顯然要比雄性大得多。你想想，精細胞頂多是提供一套基因而已，但卵細胞除了提供基因，還要供應養分、能量（即利用粒線體製造ATP），並製造啓動新生命發育所需的蛋白質。

再者，在許多物種中，雌性的體內還需提供胎兒發育的環境，而在哺乳動物中，雌性甚至在胎兒脫離母體後，持續哺育嬰兒。由於雌性在生殖上的投資遠超過雄性，所以她們在選擇交配對象時，比較挑剔、慎重。相反的，雄性的投資較少，使他們比較不會挑三揀四，彷彿誰來都好。由此可見生物世界中存在一個基本的求偶模式：積極猛進的雄性勇於追求；深思熟慮的雌性精於挑選。

▶

在繁殖下一代的過程中，公牛羚和母牛羚分別貢獻一半的基因給小牛羚。儘管親代的基因都順利的通過了「路考」，但子代所獲得的獨特基因組合還有待實際的生存考驗。

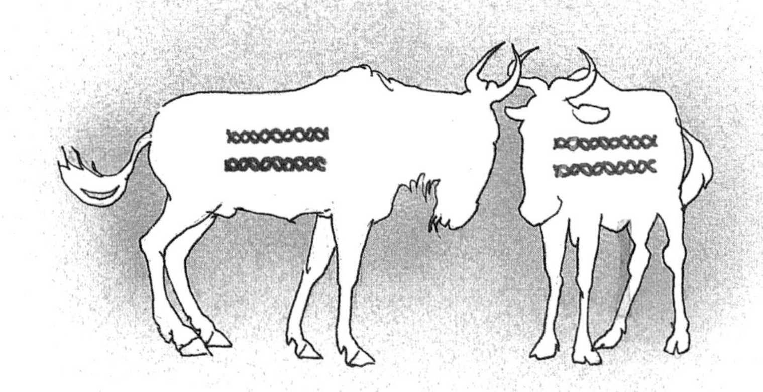

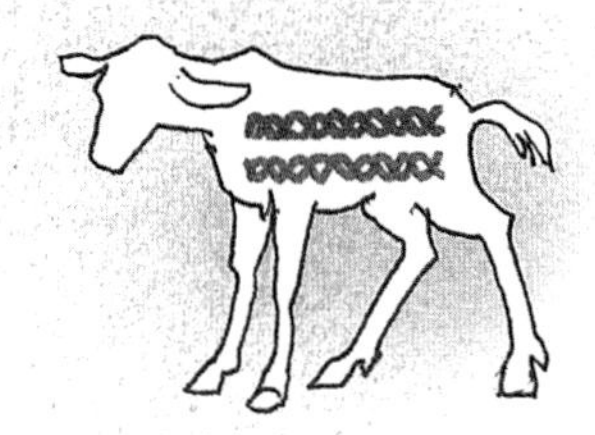

有性生殖

基因相混的原理

每一隻動物攜帶兩套完整的基因，一套來自母親，一套來自父親，在此以不同的顏色區分。

當動物製造卵子或精子時，牠們首先會讓來自母親及來自父親的兩套基因相混，然後再把一半的基因包進各自的生殖細胞中。（詳情請見第193頁的圖。）

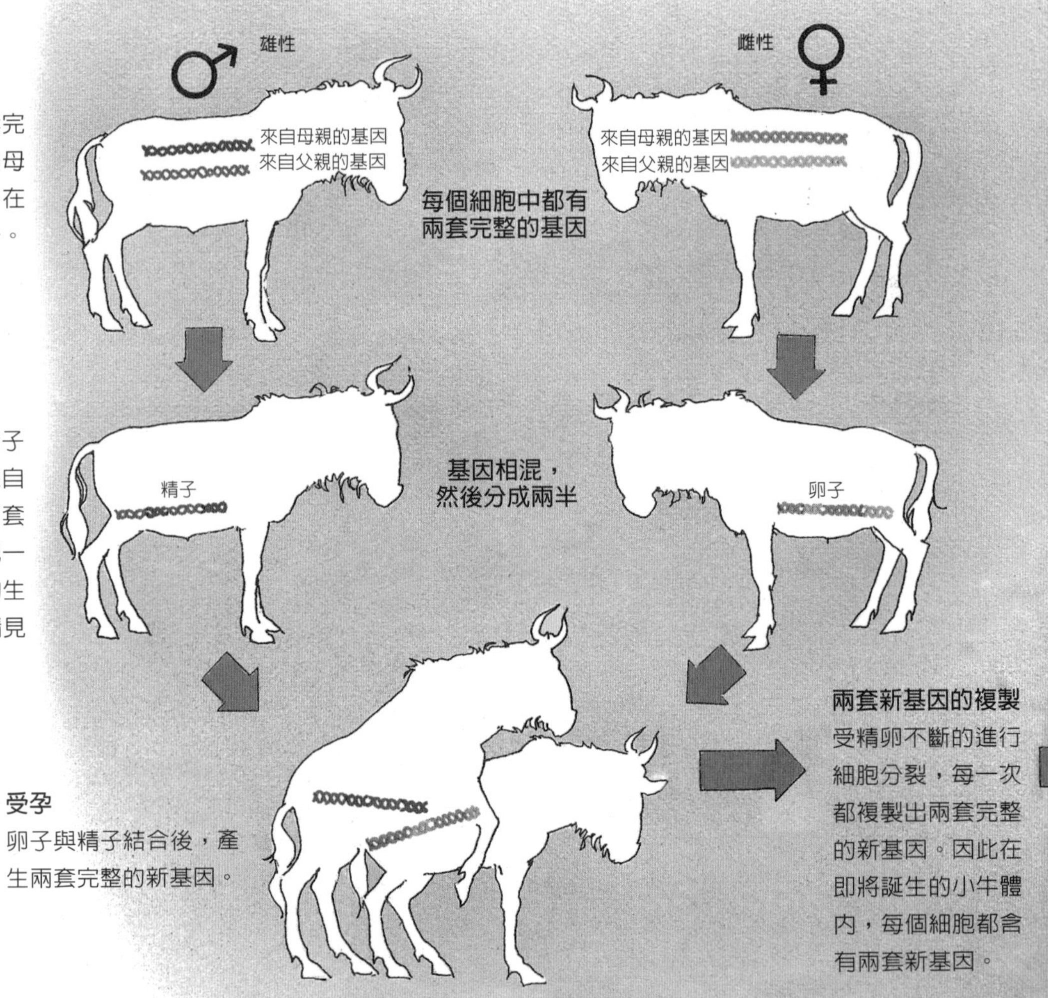

幹嘛要有「性」？

有性生殖創造新的基因組合

你身體任一個細胞內都含有重新打造一個你所需的一切DNA訊息，因此理論上，隨便從你身上取一個細胞出來，應該都可以複製成一個完整的你。許多植物會生出分枝，脫離母株，長成一株新植物；從植物身上隨意挑一個細胞，也可以長成一株全新的植物。動物細胞也可以在實驗室中經由誘發，來做類似的事情。譬如說，把青蛙的皮膚細胞核塞進一個青蛙的卵細胞中（該卵細胞中的所有DNA皆已移除），將可發育成一隻全新的青蛙。由此可見，皮膚細胞中的DNA含有製造一隻完整青蛙所需的所有訊息。另外，還有許多種多細胞生物單單靠「出芽生殖」的方式來生產一模一樣的後代。

前面這些例子讓我們不禁要問：既然從身體的一個細胞（或多個細胞）就可以造就一個全新的個體，那麼爲何大部分的動植物都

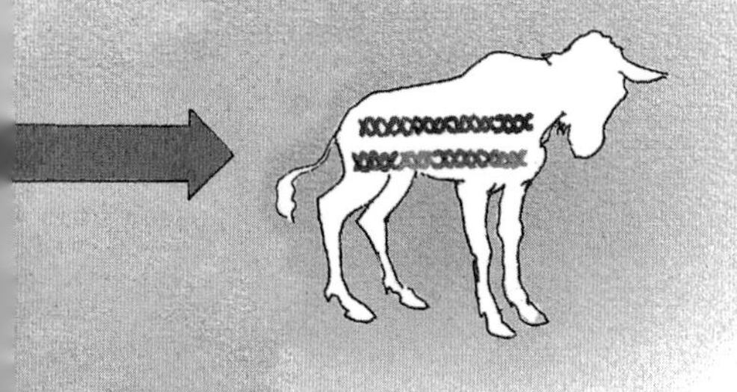

◀
說到「性」，一般人普遍可以了解那是雄性的基因與雌性的基因得以相混的方式。但卻少有人知道基因實際上的相混，是分別發生在交配前的雄性與雌性體內，動植物皆然。交配純粹是把已經隨意相混、重組過的基因湊合在一塊兒。本圖中簡單的顯示出基因相混、重組的原理。

還是利用精子與卵子來繁殖呢？幹嘛需要「性」這檔事兒呢？若純粹要繁衍後代，「性」不僅大費周章，而且還挺浪費資源的呢！你想想，讓族群中的半數去產生卵子，另一半數去產生精子，然後再叫精子去與卵子結合（即所謂的受精），這樣看來族群中顯然只有半數可以實際製造出子代，挺不划算的。爲何我們不乾脆以「出芽」的方式，讓小孩子直接從我們身上「冒」出來？這樣的繁殖方式似乎有效率多了，而且數量可觀，說不定很快就可以超越那些進行有性生殖的生物了。

任何藉由單細胞分裂或出芽等無性生殖方式來繁衍後代的生物，它們所生產的子代恐怕無法迅速適應環境的變化；該物種的基因庫中唯一可能發生的改變，只能來自基因突變。有了這樣的局限，該物種可能會演化得相當慢。至於那些採取有性生殖的生物，在產生精子與卵子時，會發生基因重組，增添子代基因組中的變異性，爲下一代適應環境的能力投入變數。此外，每個基因在細胞中都有兩份，這好比汽車有了備胎一樣，當這個基因受損，還有另一個預留的基因備用。不過這個備胎般的基因也可能發生有利的突變，並被傳到下一代，表現出有用的特徵。

有性生殖允許DNA訊息的相混，並產生各種新的基因組合，這對演化來說可謂意義重大。某些新的基因組合注定要成爲贏家，它們發展出新的求生技能，以適應變遷中的環境。譬如說，當寄主不斷的藉由基因重組來改變它們的DNA訊息時，那麼一直設法想感染它們的病菌或寄生蟲，就比較不得其門而入，無法順利的得逞。雖然有性生殖比無性生殖還麻煩，但「性」的好處在於可以結合兩個個體的優點，創造出新的可能性。

製造卵子與精子

染色體好比一綑含有幾千個基因的DNA。

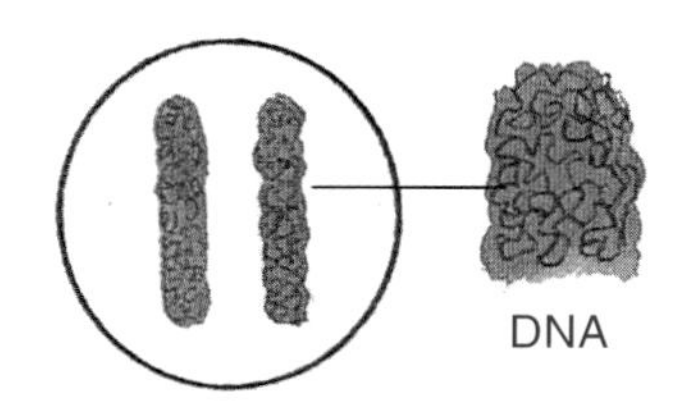

(1) 在卵巢和睪丸中的生殖細胞內，成對的染色體會先複製一次⋯⋯

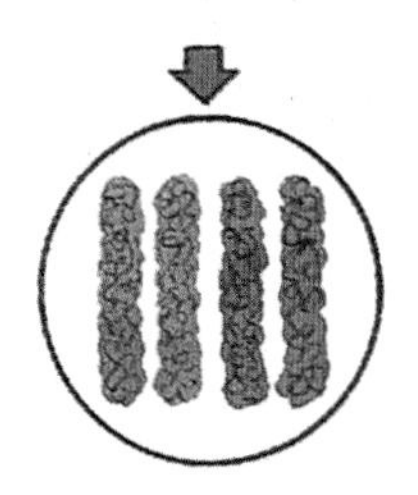

(2) 同源染色體相會⋯⋯

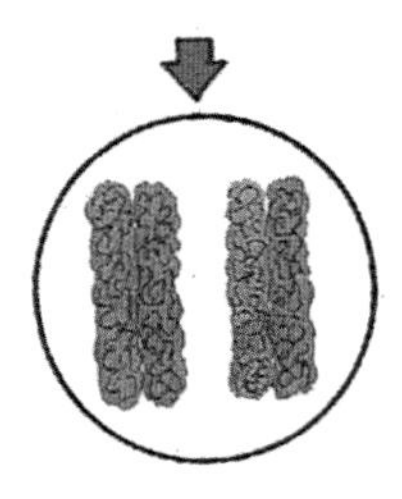

(3) DNA片段轉移（即基因重組）⋯⋯

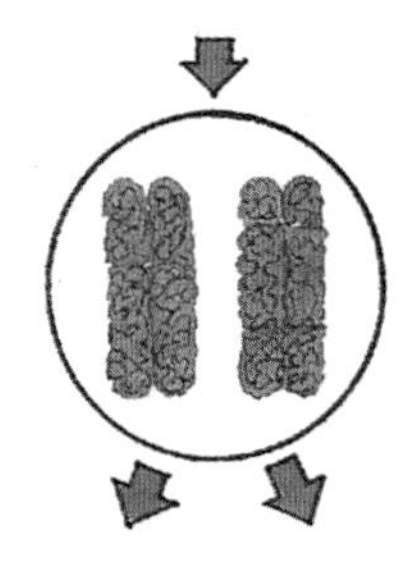

(4) 染色體平均分配到2個細胞⋯⋯

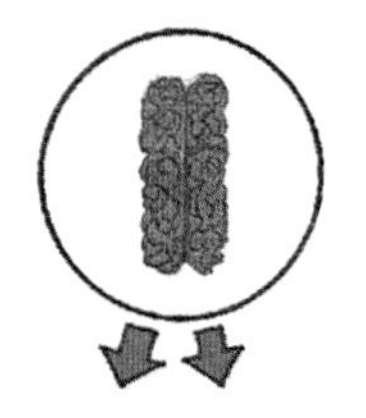
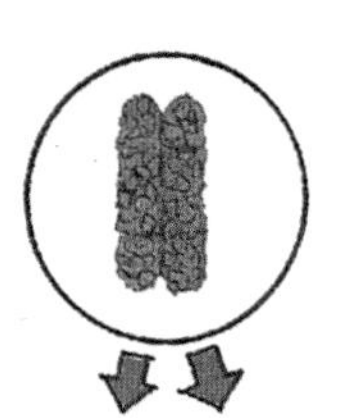

(5) 2個細胞繼續再一分為二，產生4個卵子或精子⋯⋯

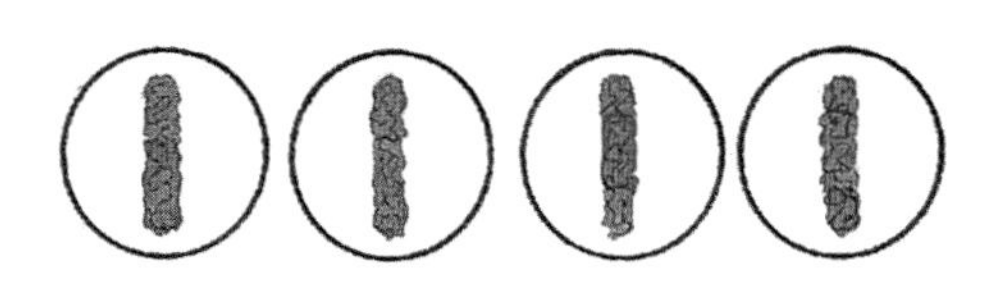

(6) 每個細胞的染色體的基因組合都不相同（每一條染色體都是有部分基因來自父親，有部分來自母親）。

突變

偶發事件如何帶來創新？

突變是DNA上的核苷酸在偶然的情況下所發生的改變。在細胞分裂前，DNA首先會複製（請見第1冊第3章），這過程中偶爾會產生失誤，使得正在延長中的DNA長鏈塞進錯誤的核苷酸，就好像打字的時候誤打了一個不正確的字母。這樣的失誤將繼續複製到未來的DNA中。

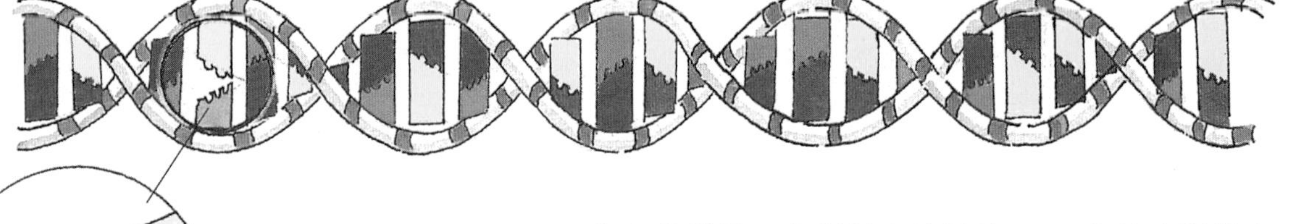

一旦DNA上出現錯誤，它所對應的信使RNA自然也跟著出錯，而由這個信使RNA所做出來的蛋白質可能出現一個不同的胺基酸。關鍵在於這個不一樣的胺基酸位在蛋白質的何處，有時候這種改變會破壞蛋白質原有的功能，有時毫無影響，有時甚至改善蛋白質的功能（不過這種情況比較罕見）。

大部分的突變都不會一下子增進個體的能力，或帶來什麼立即的好處，畢竟每一種生物都經歷好幾百萬年的演化，才變成今天這樣精緻完美的個體，這遠比隨意敲打電腦鍵盤來取代一些字母以潤飾一首詩還耗時。不過，偶爾有些突變確實會帶來好處，並傳遞給下一代。這些蛋白質功能上難得一見的改善，正是演化所造就的創新。所以，偶發也好，隨機也罷，新的改變就這麼不期的出現了。

基因上的「錯別字」

每一次的突變就是一個失誤，造成基因上的訊息發生改變，這就好像打錯字，而把句子的原意更改了：

A stitch in time saves nine.（一針不補，九針難縫。）
A stitch in time saves none.（一針不補，零針難縫。）

He who laughs last laughs best.（最後笑的人，笑得最好。這是一句英文諺語，也就是要人們「別高興得太早」。）
He who laughs least laughs best.（最少笑的人，笑得最好。 這話聽起來好像有「不笑則已，一笑驚人」之意。）

複製時的失誤
如我們在第1冊第3章所見到的，
DNA的複製有極高的正確性……

但偶爾還是會把錯誤的核苷酸塞進序列中。

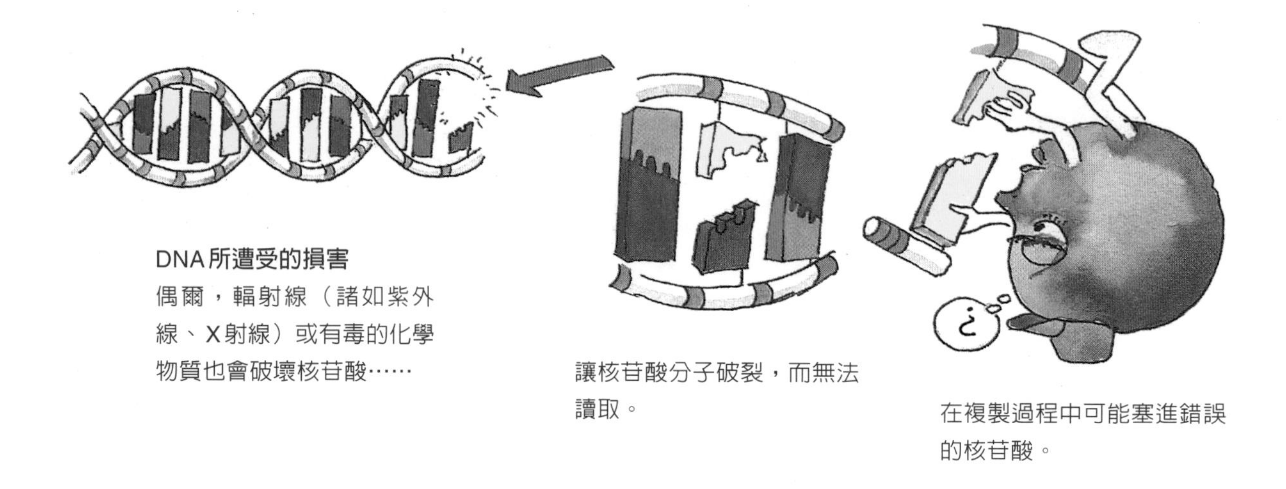

DNA所遭受的損害

偶爾，輻射線（諸如紫外線、X射線）或有毒的化學物質也會破壞核苷酸……

讓核苷酸分子破裂，而無法讀取。

在複製過程中可能塞進錯誤的核苷酸。

正常的基因產生正常的蛋白質

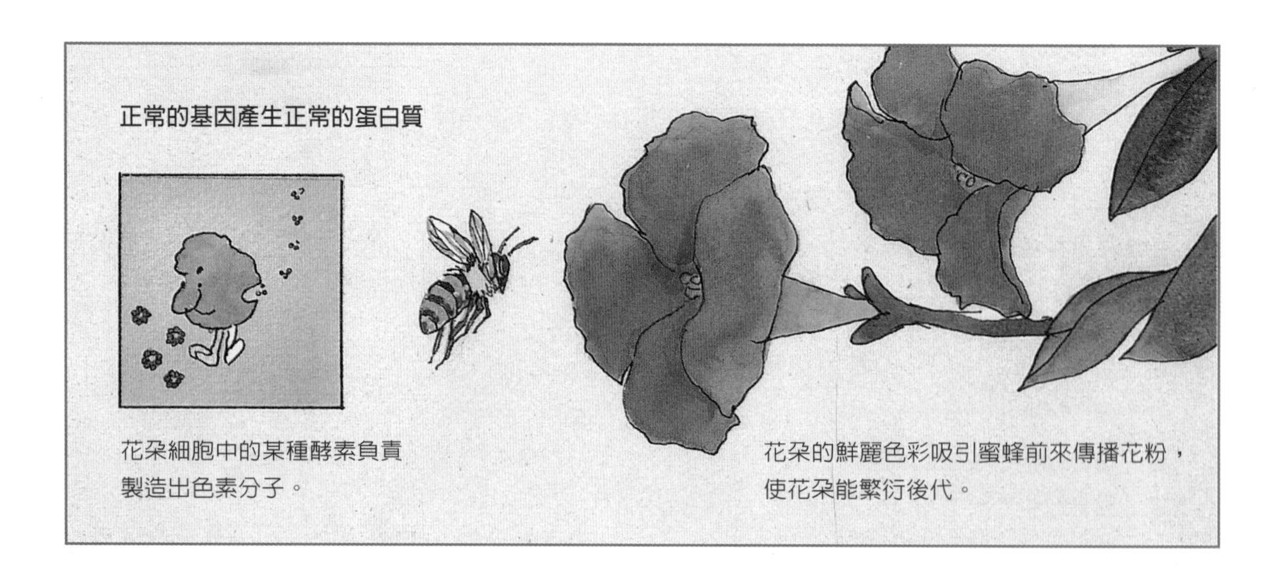

花朵細胞中的某種酵素負責製造出色素分子。

花朵的鮮麗色彩吸引蜜蜂前來傳播花粉，使花朵能繁衍後代。

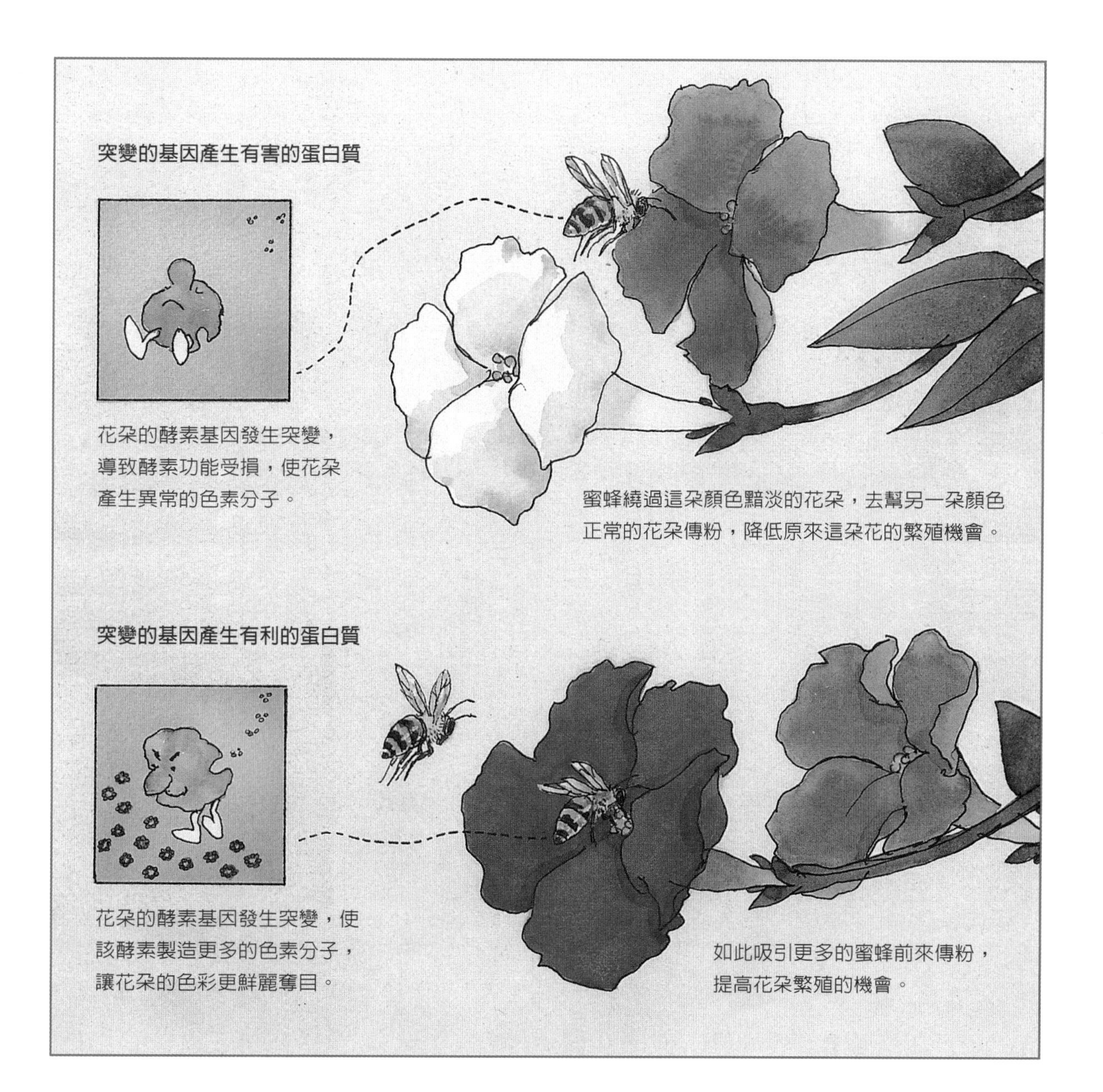
突變的基因產生有害的蛋白質
花朵的酵素基因發生突變，
導致酵素功能受損，使花朵
產生異常的色素分子。
蜜蜂繞過這朵顏色黯淡的花朵，去幫另一朵顏色
正常的花朵傳粉，降低原來這朵花的繁殖機會。
突變的基因產生有利的蛋白質
花朵的酵素基因發生突變，使
該酵素製造更多的色素分子，
讓花朵的色彩更鮮麗奪目。
如此吸引更多的蜜蜂前來傳粉，
提高花朵繁殖的機會。

演化上的大突破

創造新模式

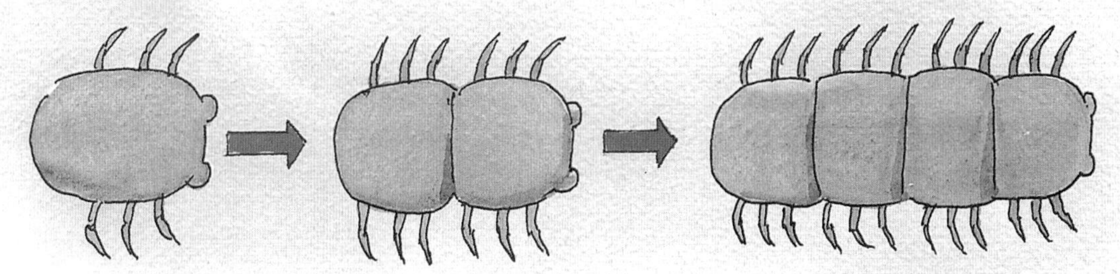

體節愈變愈多

在這隻假想的生物中，控制身體組成的某基因發生突變，使原來的體節倍增，產生連體嬰式的子代。在接下來的 代，該基因重蹈同樣的錯誤，使兩個體節又變成4個體節，依此倍增下去。

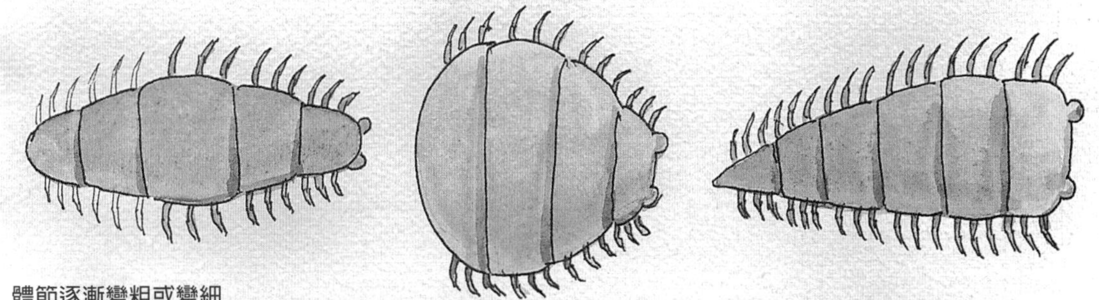

體節逐漸變粗或變細

另一個基因的突變，導致體寬出現漸進式的改變，造成該生物的體寬逐漸變粗，或末端逐漸尖細。

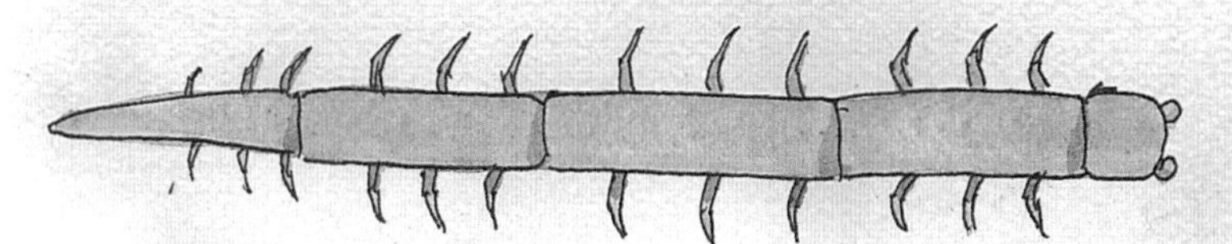

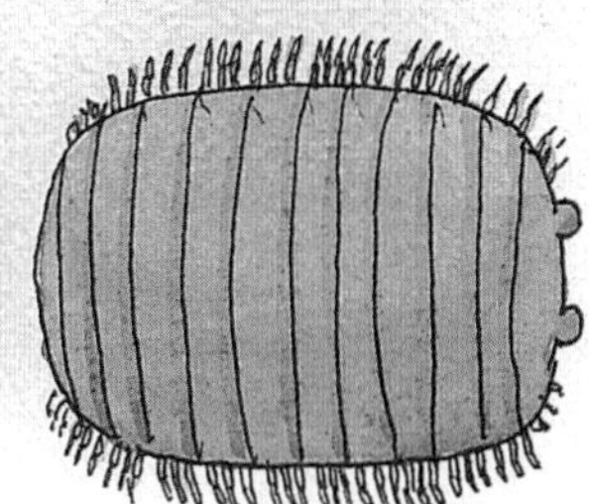

體節變長或縮短

再另一個基因的突變，導致體節變長或縮短。

特化的體節

進一步的突變將使各個體節出現不同的功能，有些體節會長出腳來，有些裡面存放消化器官，有些則專司生殖。體節上的突變可以產生千變萬化的身體方案。

小突變，大躍進

黑猩猩有99%的基因和我們人類的基因是相同的。剩下的1%基因讓我們產生直立的姿態、較稀疏的毛髮、較大的頭顱和較大的腦。這些使我們有別於黑猩猩的基因，幾乎可以確定都屬於調節基因，也就是那些在胚胎發育過程中可以像開關那樣切換其他基因活性的基因（請見第124頁）。例如，人類胚胎在形成頭顱及腦的期間，在時間上的稍微延遲，有利於促使我們形成較大的頭顱以及較好的推理能力。

當突變發生在胚胎發育所需的基因上時，可能誘發各式各樣的身體方案出現。

同樣的，我們來看看長頸鹿的頸子和人類的頸子之間爲什麼差異這麼大？這兩者皆有7塊頸椎骨，但長頸鹿光是一塊頸椎骨就可達18公分長，而人類一塊頸椎骨還不及2.6公分。我們不妨猜想一下，這也許是因爲遠古時期有一隻長頸鹿的始祖在胚胎發育過程中，頸椎骨細胞內有一個調節基因發生異常，造成該基因始終維持在「打開」的狀態，因此形成比先前還長的頸椎骨，同時也把這異常基因繼續遺傳給後代子孫。

某些突變可能只能視爲一種肇端，不過許多小小變化的累積，終究可導致大躍進。好比調節蛋白上陸陸續續發生一些小改變，使它們何時能啓動、活化後能持續多久，以及結合能力或其他功能等都有了更動。也許這些小變化一開始不容易察覺，但經過一連串的細微突變，最後還是可能迎向演化上的大突破。

在前兩頁我們展示了體節上一連串的小變化如何造成動物體形設計的多樣化。體節的「發明」可能源自突變帶來的失誤，使身體從一節變成兩節。這種偶發性的新設計一旦脫穎而出，將能迅速傳播開來，並使後來隨機出現的額外體節也能脫穎而出，傳播開來。

會移動的訊息

跳躍基因

假設每隔一段時間就有人從你的書架上抽出一本書，隨意撕掉其中一頁，然後再把這頁插入書的其他章節，這會是什麼樣的情況呢？這種奇怪的現象確實會發生在DNA上。某些酵素會像剪刀一般剪下一小段DNA，然後有些酵素會把這剪下的DNA片段黏到其他地方，有點類似在形成精子或卵子過程中所發生的基因重組那樣（請見第193頁）。這種基因轉位的情形很罕見，不過一旦發生了，這些「跳躍基因」將會影響鄰近基因的正常功能。

目前，科學家還不清楚爲什麼基因會出現這種轉位現象。正如把你的書撕下一頁，再隨意塞回去，會因此搗亂了書的內容，大部分的基因轉位也會干擾基因的訊息。不過，偶爾一些轉位作用將導致有利的創新。

質體是什麼？

有時候被酵素剪斷的DNA片段並沒有再重新塞入基因組的其他地方，而是自行捲成一個環形的DNA，成爲可以不斷自我複製的遺傳單位，叫做質體，它的功用就像一些額外的迷你染色體一般。

有些質體僅含有幾千個核苷酸，這樣的遺傳訊息剛剛好足夠讓它們能自行複製，不受寄主細胞內的染色體影響。有些質體則還攜帶了一些基因，可以製造出對寄主有幫助的蛋白質。例如，有些存在細菌細胞內的質體所攜帶的基因，可以製造出破壞抗生素的酵素，幫助它的寄主——細菌，逃過抗生素的劫數。有一些質體則使它們的寄主能夠產生一些毒素，用以殺死其他的細菌。還有一些質體讓細菌能夠把它自己的DNA注射到另一個細菌細胞內，這就是一種原始的有性生殖。

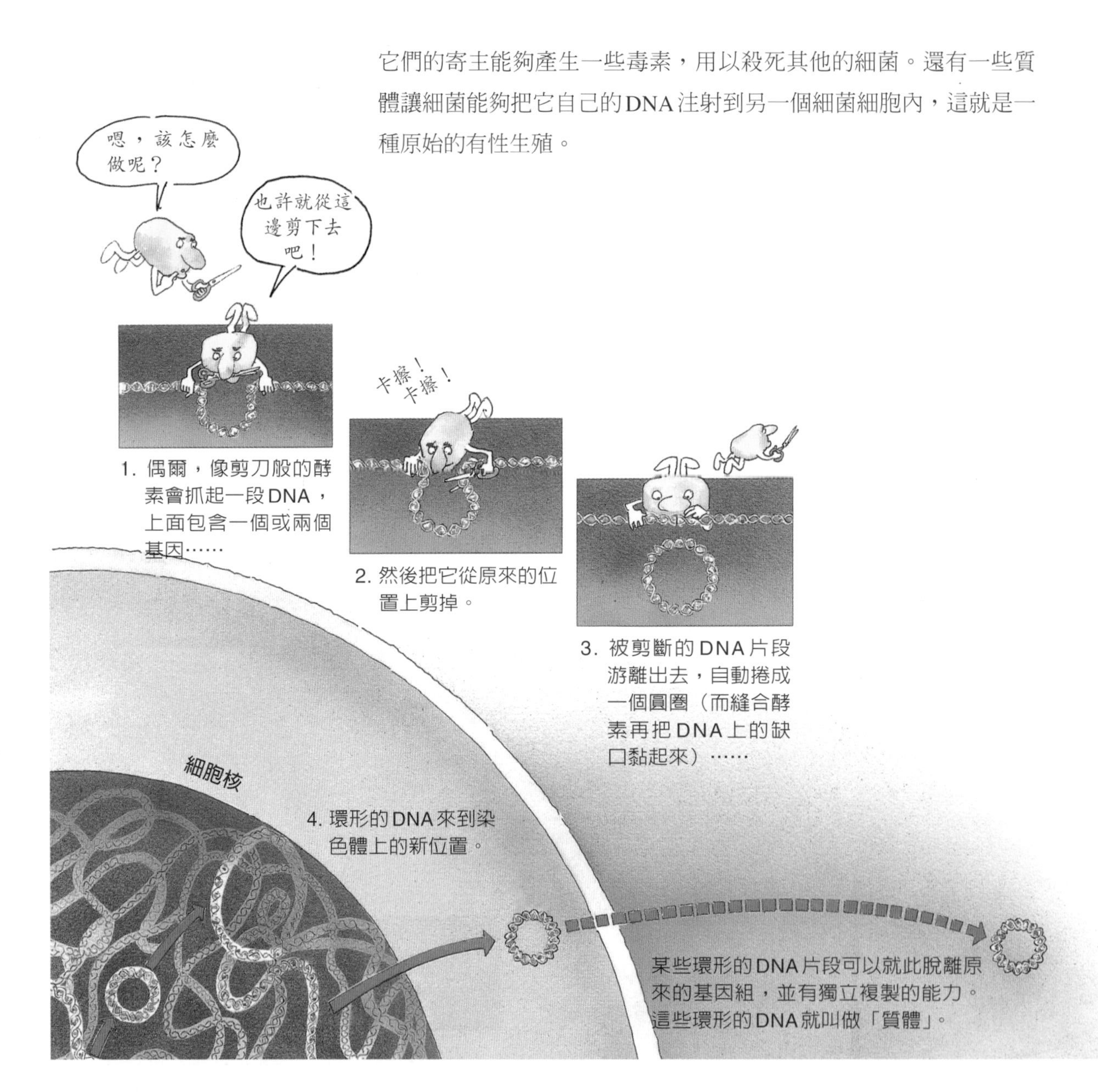

從玉米田到冷泉港實驗室

真不可思議！我們對於人類遺傳現象和遺傳疾病分子機制的了解，竟然大多來自對豌豆、果蠅、酵母菌、細菌以及玉米的研究。

著名的遺傳學家麥克林托克曾在紐約長島的冷泉港實驗室研究玉米的遺傳學，並成為首位發現玉米染色體的跳躍基因的科學家。她的研究披露了基因並非靜止不動的事實，她發現基因會受到細胞內一些自然反應而發生重組，或受到外在因子，例如X射線的重創而引發重組。麥克林托克的研究還導致另一項發現，那就是基因有兩種：一種是提供DNA訊息，以製造出有特定功能的蛋白質，另一種是製造出調節蛋白，用以打開或關閉那些執行特殊功能的蛋白質。麥克林托克於1983年獲頒諾貝爾獎的殊榮。

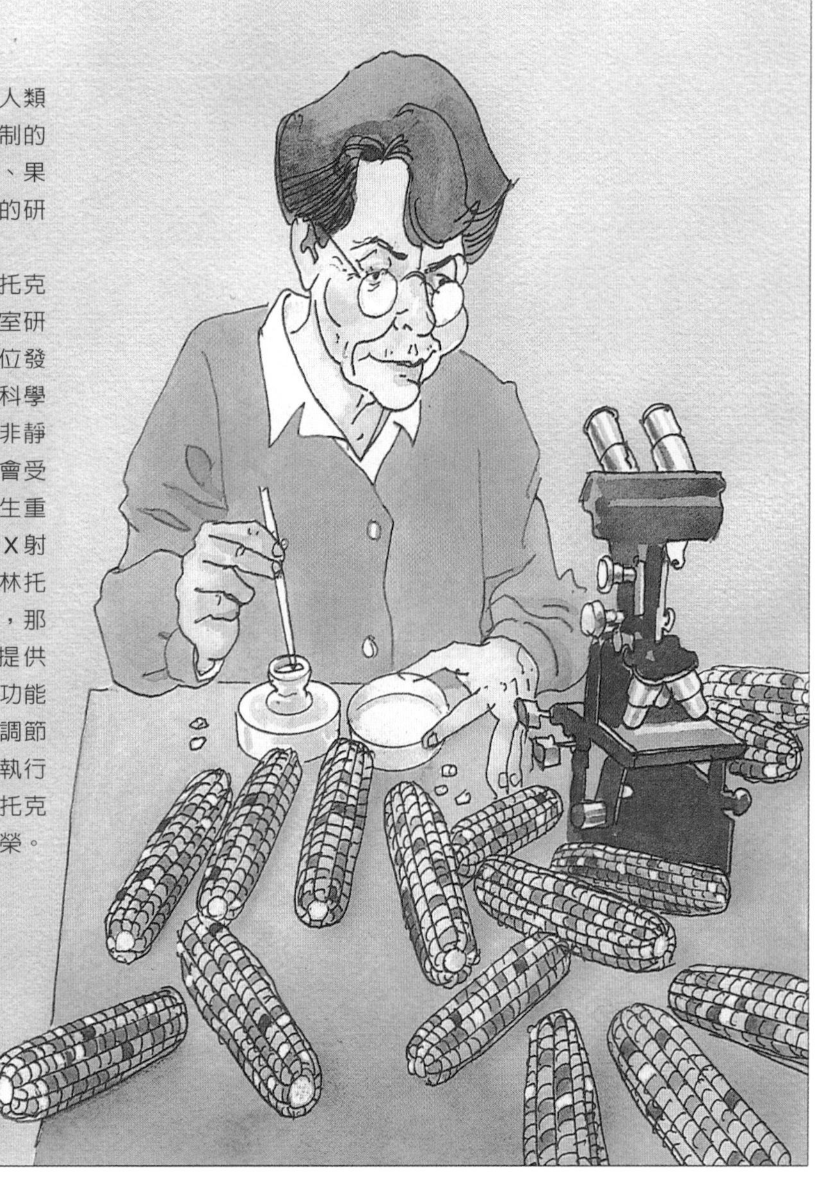

注：麥克林托克（Barbara McClintock, 1902-1992），她發現跳躍基因的故事見於《玉米田裡的先知》一書。

病毒的神奇行蹤

不速之客

某些能獨自複製的質體在演化的歷程中愈演愈烈，變得難以駕馭，甚至演化出利用寄主的ATP與核糖體來為自己製造蛋白質外套

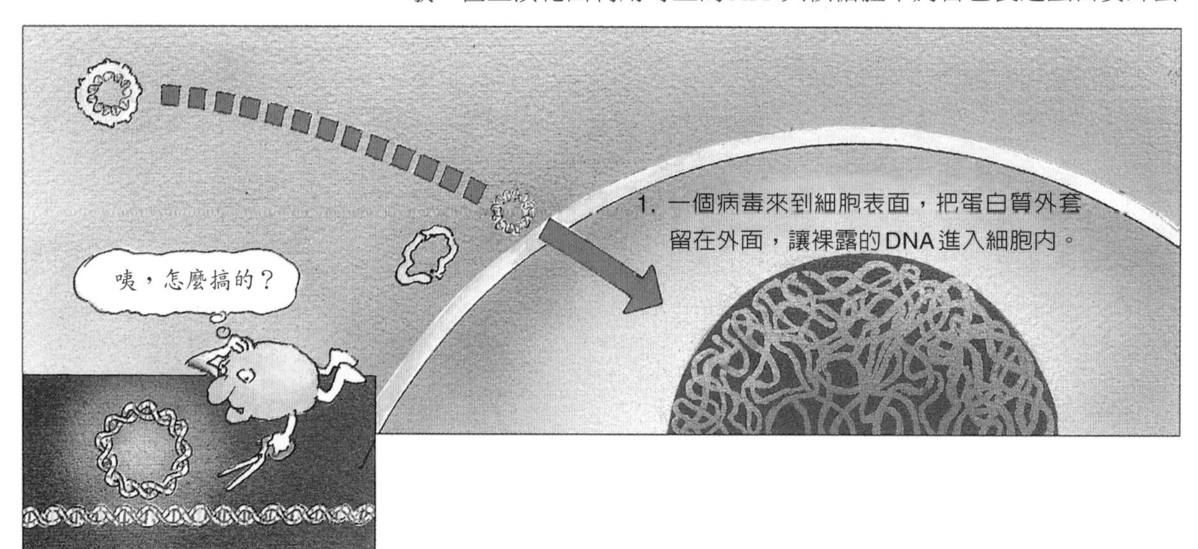

2. 病毒DNA悄悄的來到寄主基因組的某處……

3. 把自己的DNA黏進寄主的DNA中。

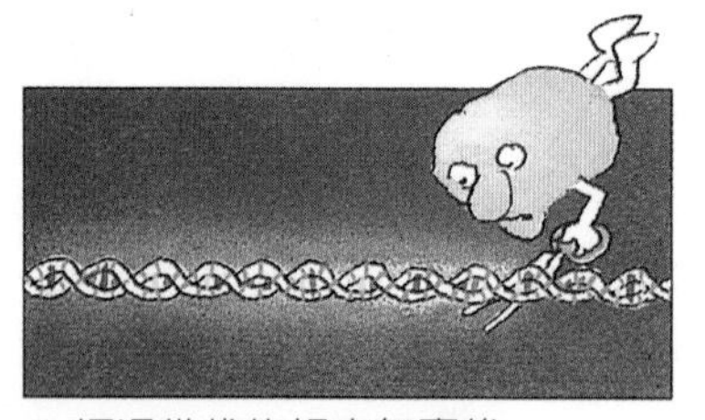

4. 經過幾代的相安無事後……

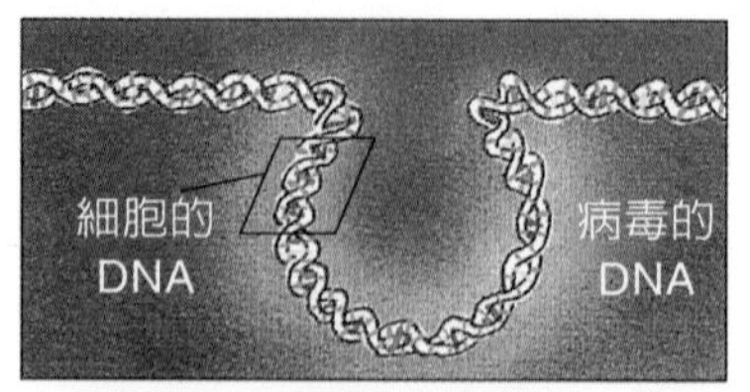

5. 病毒的DNA順手挾帶了一段寄主的DNA離開。

的能力，也就是說它們把自己變成病毒了。有了蛋白質外套的保護，加上利用某些自製的酵素，病毒很順利的在完成複製後，從寄主細胞跑出來，然後繼續去感染其他的細胞，占用新寄主細胞的核糖體，製造出更多的病毒蛋白，再包裝成一個個的病毒顆粒，最後從寄主細胞釋放出來。

病毒可以讓細胞生病（例如感冒病毒）或破壞細胞的功能（例如愛滋病病毒HIV, human immunodeficiency virus），不過有時候，它們又挺懂得作客之道，乖乖的把自己的基因黏進寄主的DNA中，在神不知鬼不覺中，改變了受感染細胞的基因特質。但稍後，當它們準備脫離寄主的DNA時，它們很可能順手「挾持」一段寄主的DNA出來。因此當這些病毒從這個細胞感染到下一個細胞時，可以把自己的遺傳物質連同正常細胞的基因轉移到新寄主細胞內。

從病毒的行爲看來，它們似乎源自細胞，並在演化過程中，不斷的與細胞互動——當它們頑劣的時候，那簡直會要了寄主細胞的老命，不過在安分的時候，它們偶爾也爲寄主帶來一些演化上的優勢。病毒可說是穿梭在各種生命形式間的一種基因載具。

這一切細胞內和細胞間的基因「洗牌」作用，說明了生命的訊息是不斷的重新組合。簡單的突變、基因轉位（跳躍基因）、有性生殖時的基因重組、質體和病毒的出現，這些都增添了基因庫的變化，好似一片充滿變異性的汪洋大海，任由天擇作用去篩撿了。

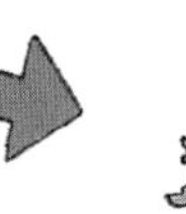

病毒藉由這種方式把新的訊息帶到下一個細胞。

噬菌體——細菌的掠奪者

科學家藉由研究一種很奇特的病毒——噬菌體（顧名思義，就是吃細菌的傢伙），而對病毒與寄主的關係有了多方面的了解。噬菌體就好像是灌滿了DNA的注射針筒，有著一個蛋白質做成的外套。這些打家劫舍的掠奪者一旦展開入侵行動，會先以蜘蛛般的「足」吸附在細菌表面，然後將它們的DNA注射進去。噬菌體DNA上的訊息會阻止細菌使用自己的蛋白質製造機器，轉而製造噬菌體的蛋白質。大約20分鐘過後，細菌細胞內已經塞滿了100個左右全新的噬菌體，每個噬菌體內都填滿了DNA。

噬菌體這種行為，對細菌而言簡直是奇恥大辱，它們竟然命令細菌製造出某種酵素，來破壞細菌自己的家園。結果，細菌一命嗚呼，噬菌體破門而出，繼續再去侵略其他的細菌！

偶爾，當一個噬菌體把DNA注射到一個細菌細胞內時，反倒是一切正常，沒什麼異樣。這是因為噬菌體把它的DNA直接黏進細菌的DNA中，成了一種潛伏狀態。等細菌繁殖了好幾個世代之後，噬菌體的DNA才忽然一覺醒來，猛然顛覆了細菌的蛋白質製造機器，開始命令細菌製造新的噬菌體，再瓦解細菌，把自己釋放出來，去尋找下一個受害者。在這過程中，有時候，噬菌體會順手牽羊，偷走一段細菌的DNA，帶到下一個它準備入侵的新目標。由此看來，在細菌浩瀚的基因庫中，恰可藉由噬菌體的穿針引線，遊走於細菌之間，而讓細菌的基因不斷的發生類似洗牌的重組與轉換。

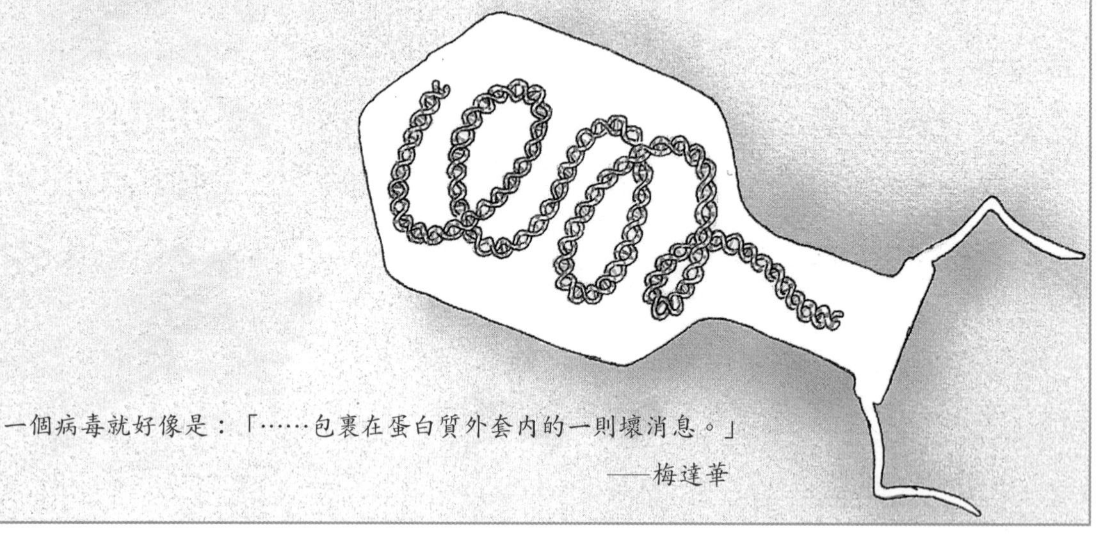

一個病毒就好像是：「……包裹在蛋白質外套內的一則壞消息。」

——梅達華

1. 一個噬菌體（一種專門攻擊細菌的病毒）把它的DNA注射到一個細菌細胞內。

2. 入侵的噬菌體DNA命令細菌細胞的複製機器複製出很多份噬菌體DNA……

3. 細菌細胞再根據這些噬菌體DNA的指示，製造出很多噬菌體的蛋白質……

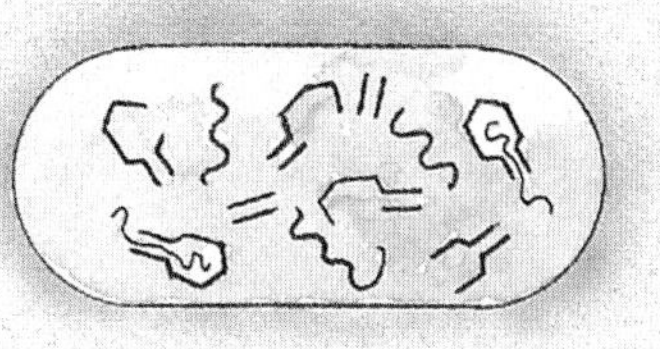

4. 噬菌體DNA與噬菌體的蛋白質會自動組裝……

5. 產生一個個新的噬菌體……

6. 噬菌體將細菌摧毀，釋放出去。

注：梅達華（Sir Peter Medawar, 1915-1987），英國免疫學家，他發現把抗原疫苗注入動物胚胎，動物就會對該抗原產生後天免疫相容性，這對器官移植有重大貢獻,因此獲得1960年諾貝爾生理醫學獎。

新物種如何崛起？

需要為發明之母

在漫長的生命史中，地球上物種的種類已經增加到好幾百萬種。（一種物種指的是某種生物族群，其中組成的成員僅能和自己的成員交配，並產生相似的子代。）牛羚每年長途遷徙、穿越賽倫蓋提草原，就是一個活生生的例子，說明了改變與選擇的基本機制如何幫助一個物種適應環境的變遷，如何維持一個物種必要的特性。然而，新的物種又是如何透過這樣的機制而崛起的呢？

我們不妨把地球上最先出現的生命形式想像成一棵樹的主幹，而新生命形式的崛起，就好像從主幹岔出去的分枝，這分岔出去的樹枝還會再分出去，長出新樹枝，然後這樹枝再分出去，依此而往，經過漫漫的時間長河，這棵生命大樹愈來愈繁茂，展現出枝椏密布的景象。在每一個分岔點上，每一對新物種與舊物種仍保有共同的祖先，只是這新物種從此與舊物種分道揚鑣，揚長而去，邁向自己的新里程。隨著交配與繁殖的進行，每一種物種都漸漸經歷一些改變，或快或慢，或多或少，視它們的需求、環境中的壓迫或機會而定，使它們繼續往外分岔，與主幹愈離愈遠了。

還記得嗎？任一物種適應環境變遷的能力（即產生變化），要視它們基因庫中所隱藏的潛力而定。前面我們曾提過，一個物種的基因庫會因爲有性生殖、突變、基因轉位，以及其他的基因變化而攪亂。結果，引起一些蛋白質的改變，進而影響了該生物的各種能力，例如導致了產生變化的個體能夠跑得較快、或游得較快、看得較遠、有較好的保護色，或產生較有利的消化酵素等等。

高速進行的天擇 ▶

過去20年來，科學家在加拉巴哥群島上以繫帶做記號的方式，觀察了將近20,000隻雀鳥。他們注意到在這一群雀鳥中，有些雀鳥的喙較大，有利於橇開粗糙、有刺的種子；有些雀鳥的喙較小，比較適合吃小種子。在一次嚴重的乾旱後，有刺種子的植物占優勢。可想而知，鳥喙較大者可以盡情享受充足的食物，並繁衍出營養良好的子代。稍後，漫長的雨季又讓小種子的植物繁盛起來，鳥喙較小者重新獲得優勢。

這些變化都是照著達爾文的原理進行的，只是變化的速度驚人。我們不難想像有這麼一種情況，也就是一個雀鳥族群因某種原因被分成兩群，其中一群居住在乾旱的小島上，另一群居住在潮溼的小島上。經過若干個世代，我們預期這兩群雀鳥將演化成「大喙」和「小喙」兩種物種。這與達爾文在加拉巴哥群島上觀察雀鳥時所遇見的情形類似（請見下一頁的圖）。

當環境出現新契機或新危險時，物種會開始改變及適應。爲了對付變遷中的環境，原本隱藏的一些技能會自然而然的發揮出來，以幫助它們覓食啦、求偶啦、找一個窩，或避免成爲其他物種的盤中飧。說實在的，還不是因爲環境會選擇，造成物種中的個體必須善用它們基因中的潛力，以求生存。

這也難怪一個物種可能會分枝成兩種，導致各自適應兩種不同的食物來源，甚至也有可能會適應同一種食物，只是其中一物種是在白天進食，另一物種是在晚上，或是有一物種的體型變得比另一物種大很多（你不妨想想獅子那麼大，蒼蠅那麼小，兩者卻都會吃斑馬的屍體）。

在創造新物種的過程中，地理隔離要算是最重要的一個因子。如果某物種的族群中，有一些成員恰巧與其他成員分開，跑到一個

雀喙的表現

分散在加拉巴哥群島各個小島上的雀鳥，在成為覓食專家的過程中，分別演化成不同的物種。這些小島上的所有雀鳥都與南美大陸上的雀鳥頗相似，而與地球上其他地區的雀鳥較不相像。

很不同的新環境，例如一座小島上，或山脈、冰河的另一側，或者新水域中，它們將在接下來的世代中發生快速的變化，最後出現新物種。若把這新崛起的物種中的成員重新引進原來的族群中，它們將因基因庫已出現極大的差異，再也無法與舊有的物種交配、繁殖了。

就在自然界驅動物種演化出各式各樣的形態與功能之際，我們漸漸領悟出一股創造生命的力量：來自太陽的能量，源源不絕的點燃細胞內的分子機器，啓動了生命的運轉，並在基因突變的煽動下，與環境選擇有利基因的教唆下，毫不客氣、不留情的硬是把生命朝向更複雜、更多變的樣貌推進。

共同演化

軍備競賽與互利共生

生物並不會刻意嘗試去演化。不過各種生物族群不可避免的會發生改變，主要是因爲它們必須適應不斷變遷的環境。對任何一種生物來說，環境中最重要的因子之一就是其他與它們共存的生物。

演化對某種生物造成的改變，也會迫使與它們關係密切的生物發生改變。如果瞪羚跑得更快了，印度豹也得跑得更快，或變得更聰明。如果青草變得較粗韌了，馬兒就得演化出較堅硬的牙齒。如果人類發現了抗生素，細菌就得發展出抵抗力（抗藥性）來對抗這些藥物。這樣的關係可以大略比喻作「軍備競賽」，彷彿道高一尺，魔高一丈。只是這種一山比一山高的競爭，不是短時間內可以分出高下的，它需要透過漫長的時間來演化。由於每一種新的發展都可能促進另一種足以相抗衡的發展，所以雙方可謂勢均力敵，很難分出勝負。不過在這場沒完沒了的競賽過程中，雙方都可能產生一些創新的變化，只是這樣仍存在一個矛盾的問題：雙方可能在經歷許多變化之後，最後還是保有原來的關係。

有時候，軍備競賽在經過長期的競逐後，會漸趨和緩，原本敵對狀態的雙方集思廣益，把彼此的才能與訊息結合、匯聚起來，轉變成互相合作的關係。這就是所謂的「共生」關係（請見第1冊第1章）。

當居住在土壤中的細菌入侵豆科植物（例如紫花苜蓿、紅花三葉草等）的根部，共生的關係於焉展開。細菌會刺激植物的根部腫大，使根部長出許多瘤狀物（裡面都是入侵的細菌，又稱根瘤菌）。

分解難以消化的纖維素

你以為乳牛、白蟻真的可以大把大把的吃進青草或蛀食木頭，然後獨自把食物中所包含的大量纖維素分解光光？其實不然。牠們都是靠著消化道中所寄生的一種特殊細菌，來分解纖維素這長鏈的多醣分子。結果是：你吃，我吃，大家都可以盡情的啃食。

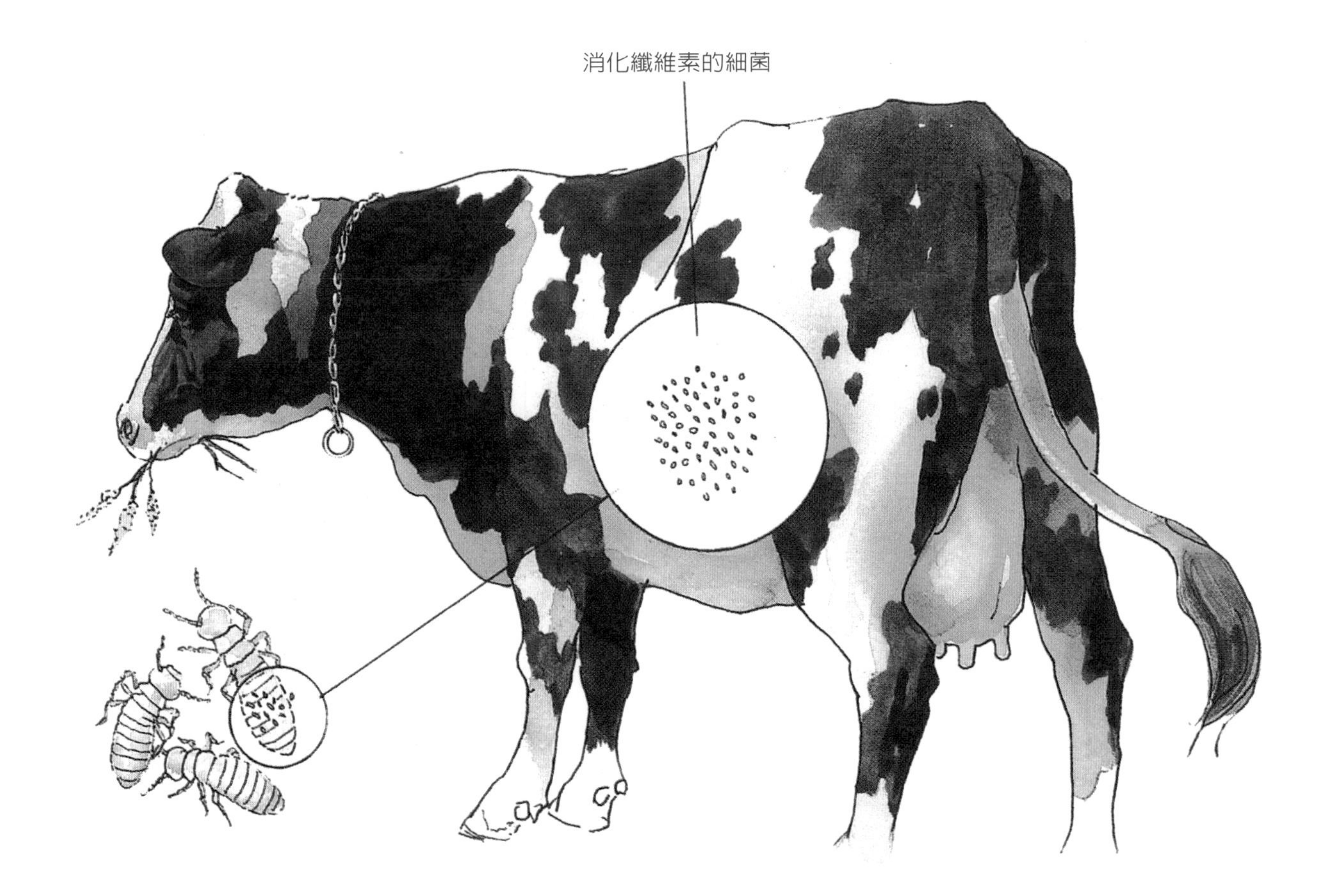

細菌從豆科植物那裡獲得醣類，而豆科植物從細菌那裡得到必需的氮元素。這是一種很寶貴的利益交換，因爲空氣中雖然充斥著大量的氮氣，但植物無法直接利用這種氣態的氮。所幸，細菌能夠把氮氣轉變成可以固定於土壤中的氨及硝酸鹽，讓植物可以利用這些氮化物製造胺基酸、核苷酸等物質。若沒有這種共生的安排，氮氣可就無緣進入生命世界走一遭，去維持多細胞生物的生長與繁衍。

共生關係展示出，把基因訊息大塊大塊的結合後所引爆的力量。來自不同物種的基因透過相互合作，產生有利的演化大躍進，遠遠超過漫不經心的突變所漸漸累積而成的改變！

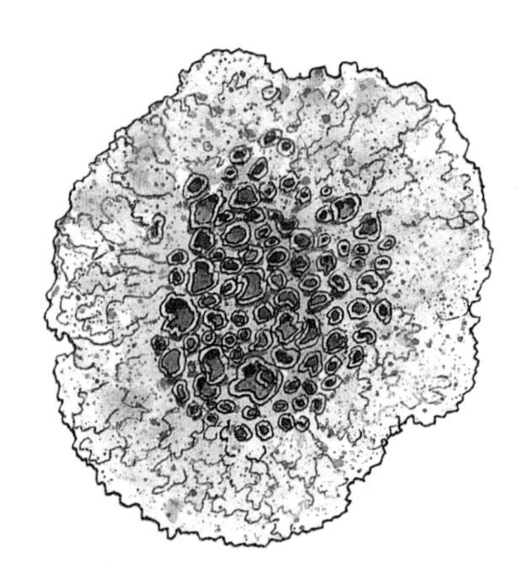

真菌與藻類合為一體

很久很久以前，某些陸生真菌與居住在水中且能行光合作用的藻類，發現雙方可以藉由形成恆久的生命共同體，而大大的拓展彼此的勢力範圍。於是它們結合起來變成所謂的「地衣」。在這個共同體中，藻類提供了光合作用所產生的能量，真菌則使地衣能夠以少量的水存活著，不至於乾死。這樣的結合讓地衣從沙漠到北極，幾乎可以隨處披覆在任何岩石上或其他粗糙劣質的表面上。這絕非真菌或藻類可以獨自辦到的事。

犀牛和啄牛鳥的共生

啄牛鳥會啄食犀牛及其他大型草食動物背上的扁蝨與其他寄生蟲。啄牛鳥盡情享受免費的午餐，犀牛則得到免費的害蟲防治看護。而且，每當有掠食者接近犀牛時，啄牛鳥會一哄而散，大聲警告犀牛危險來臨。

習性可以遺傳嗎？

拉馬克 vs. 達爾文

從前的人說到生命的起源，總是推崇生命是上帝創造的，這種絕對的神創論，一直到拉馬克（請見第152頁）提出演化論點後，才開始鬆動。拉馬克也因為把人類的思維判斷從盲目的信仰導向探求事物的原因與關連，而值得我們讚揚。拉馬克的觀點認為：物種會隨著時間改變，且所有的生物都是彼此相關的。這基本上可說是第一個明白闡述的演化觀理論。

拉馬克最著名的是提出「後天性狀會遺傳」的理論（現在已遭屏棄），他認為一個生物個體的經驗可以遺傳到下一代身上；如果個體很努力的追求某種他想要的東西，他的小孩將遺傳到親代努力付出所得到的果實。

達爾文（請見第155頁）頗認同拉馬克論點中指出的「物種會改變」以及「物種彼此相關」。這些觀念恰好與他自己的理論不謀而合：也就是小變化的累積，可以造成重大的結果。儘管達爾文無法解釋為何生物會產生變異（當時遺傳學尚未萌芽），且也不排除後天性狀會遺傳的可能性，但他很肯定演化的動力不是來自生物的意願。生物就是持續的在改變，發生改

變後，那些碰巧變得比較能適應環境的生物，將繁殖出較多的子代，所以這一支生物存活下來，愈來愈興旺。

拉馬克和達爾文的觀點最根本的差異在於，一位認為演化是有目的的設計，一位認為不是。儘管拉馬克認為物種會改變，他終究無法把「注定會發生」這樣的觀點拋到演化理論之後。達爾文則將「天擇」視為一股強大的力量，天擇毫無目的與方向，卻創造出有計畫目標的假象，其實天擇保留下來的是那些恰巧能夠適應環境的變異個體。

毫無疑問的，達爾文主義戰勝了拉馬克主義。過去50年來所累積的證據，已牢牢的建立起這樣的概念：生物系統中的訊息是以單一方向流動的，也就是從DNA流向RNA，再流向蛋白質；任憑環境怎麼變遷，也不可能有什麼辦法可以指使生物的蛋白質去改變它的DNA（也就是把生命的訊息流向逆轉）。因此，後天獲得的特徵、經驗與習性，是無法藉由DNA遺傳到下一代的！

長頸鹿如何形成長長的脖子？請看兩種理論如何解釋這性狀的發生

拉馬克的理論

一開始，樹葉多得吃都吃不完時，長頸鹿的脖子是短短的。

隔了一段時間，長頸鹿吃光了較低樹枝的葉子，只剩下較高樹枝所長出來的葉子。

為了要吃到高處的葉子，長頸鹿只好拚命伸長脖子去吃。

漸漸的，長頸鹿的脖子愈拉愈長，並把這性狀遺傳到子代，後來，長頸鹿都長出長長的脖子。

達爾文的理論

一開始，樹葉多得吃都吃不完時，大部分長頸鹿的脖子都是短短的，不過有一些長頸鹿脖子天生就比較長一點。

經過一段時間，長頸鹿吃光了較低樹枝的葉子，只剩下較高樹枝所長出來的葉子。

於是，脖子短的長頸鹿漸漸因為吃不到葉子而死掉；剩下吃得到葉子的長脖子長頸鹿存活下來，並繁衍後代。

最後，短脖子的長頸鹿都消失了，只剩下長脖子的長頸鹿留在地球上。

一個關於演化的實驗

利用細菌測試演化的原理

一直到了1940年代，科學家還是很難相信細菌這種地球上數量最龐大且最古老的生命形式，也會受到演化法則的管制。細菌繁殖與改變的速率很快，快到科學家以為它們的遺傳可能直接受到環境的改變（這是拉馬克這一派的想法）。然而，1969年諾貝爾生理醫學獎得主盧瑞亞（Salvador Luria, 1912-1991）卻懷疑細菌像長頸鹿一樣，也遵守達爾文的法則。1943年，在一場校友舞會裡，盧瑞亞在觀看人們玩吃角子老虎時，構思出一個實驗，毫無爭議的把這個疑問一次搞定。

盧瑞亞的問題：

我們知道噬菌體就是會殺死細菌的病毒。如果把細菌放在含有營養液的試管中培養一天，試管中會出現渾濁的現象，這是因為細菌的數量已經增殖到十多億左右。（細菌細胞每隔半小時分裂一次。）但是，你若接著把噬菌體加入這根試管中，不消20分鐘，幾乎所有的細菌都死光光了。不過，別緊張！過了一天後，試管內又再度出現十多億的細菌細胞，每個細菌都對噬菌體產生免疫力。這樣的免疫力究竟是由噬菌體引發的呢（這是拉馬克派的解答）？還是由於某個細菌偶然出現了免疫力（不論噬菌體存在與否），進而繁殖成一個全都具有免疫力的新族群呢（這是達爾文派的想法）？

實驗方法：

盧瑞亞在100根試管內放入數量相等的細菌（能被噬菌體入侵的細菌），並餵以營養液。待這些細菌繁殖一天後，他準備了100個培養皿，裡頭裝著混了營養液與噬菌體的凝膠物質。然後，他把每根試管裡的東西倒入一個個培養皿中，讓所有細菌均勻的分散開來，所以每當一個細菌細胞成功的「登陸」，它就會待在原處開始繁殖。一天過後，任何對噬菌體有免疫力的細菌將繁殖出一個肉眼可見的菌落（colony），也就是培養皿上所看到的一小團一小團的東西。

推測結果：

盧瑞亞推測如果細菌是「後天」獲得這種免疫力的話，那表示這些細菌從與噬菌體的接觸中「學會了」如何避免遭殺害。這麼一來，每個培養皿上的菌落數目將會相同，因為每個細菌的能力與面臨的挑戰都是一樣的。不過，如果免疫力是由細菌的隨機突變造成的（不論有沒有噬菌體存在，都可能發生），則每個培養皿上的菌落數量就會出現多寡不均的情況。有些培養皿上可能一個菌落也沒有，有些有若干個，少數幾個培養皿則出現許多菌落。

於是盧瑞亞推論如下：突變是罕見的情形；每5百萬個細菌細胞才發生一次。如果有一個細菌剛放進試管中就發生可以對噬菌體產生免疫力的突變，那麼這個具有免疫力的細菌將有足夠的時間複製出許多相同的子代，待倒進含有噬菌體的培養皿中，一天之後就會出現好多菌落——就像在吃角子老虎中，碰巧去拉到「大獎」一樣。突變愈晚發生，培養皿上的菌落數量就愈少。當然，很有可能許多試管中根本沒發生突變，所以培養皿中什麼也沒看見。

實驗結果：

正如盧瑞亞所預期的，出現菌落的培養皿中，菌落的數量都不一樣，而大部分的培養皿中是沒有菌落的。這表示突變造成的免疫力是隨機發生的，與噬菌體存在與否無關。

吃角子老虎機器和細菌突變之間有什麼相關嗎？

盧瑞亞因為站在舞廳一旁觀看人們玩吃角子老虎，而獲得實驗的靈感。

一台吃角子老虎要讓你中獎的機率很低。

不過你若一整晚玩了好多台吃角子老虎，中獎的機率就會提高。有些機器一次也沒中獎，有些中了小獎，少數幾台則中了大獎。

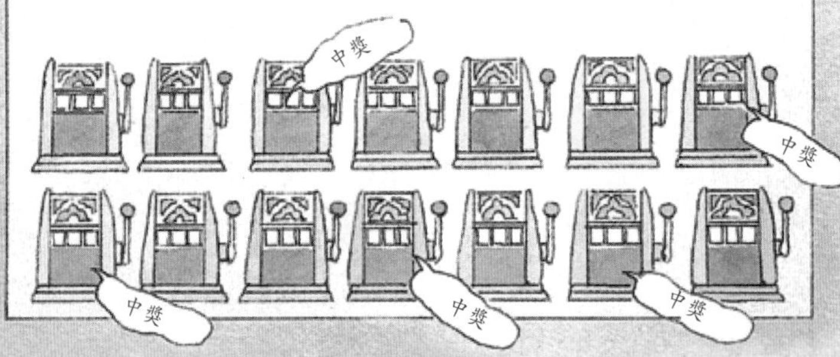

在一根試管中，細菌族群要出現對噬菌體免疫的突變是很難得發生的事。

不過如果試管的數目增加了，並讓這些試管中的細菌族群繁殖一整天，則其中幾根試管出現突變的機率就會提高。

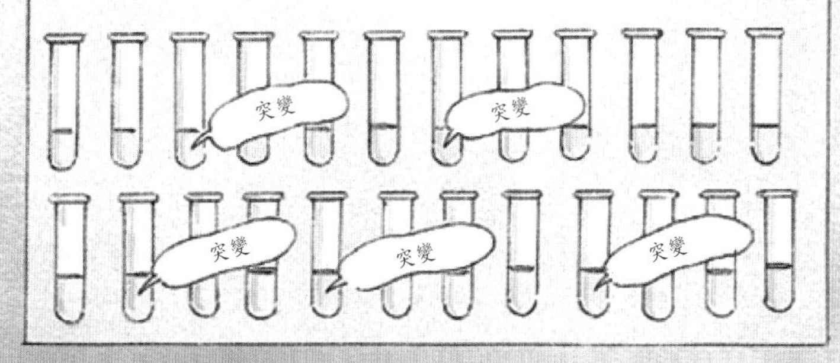

若突變發生得很早，則所產生的突變子代就會數量可觀，好比玩吃角子老虎中了大獎一般，因為突變的親代有幾乎一整天的時間可以繁殖；如果突變發生的較晚，則隔日試管中的突變子代就會比較少。這樣的洞見引發盧瑞亞成功的做出可以測試演化理論的實驗。

盧瑞亞發現倘若這樣的突變真的發生，那可就意義重大了。

親緣關係的證據

同是一家人

我們知道所有動植物都是相關的，因為大家都使用相同的基因密碼，及大同小異的生命運作原理與機制。但科學家是如何判定任何兩種物種之間有多相關的呢？也就是我們怎麼追本溯源的查出兩者共同的祖先是生活在什麼時期？它們多早以前曾是同一種生物呢？

幾百萬年來，基因以大體上相當穩定的速率累積突變。比對兩種不同物種的相同功能的基因，找出相似性或相異性（由基因突變的累積所造成的），是測量兩物種親緣關係的方式：同一基因的差異性愈小，兩者的關係愈密切。假設任兩種物種都有共同的祖先，那麼建立系譜樹是找出它們彼此關係最簡便的方法。

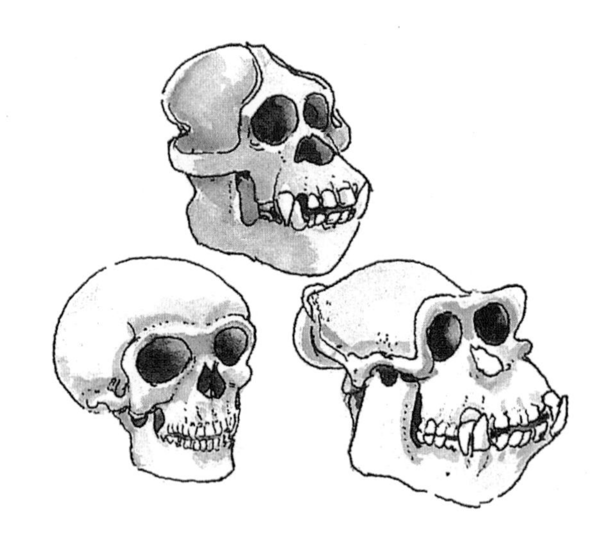

比較解剖學

這些人類、大猩猩及紅毛猩猩的頭顱顯然是相關的。不過，從它們的解剖特徵來看，你看得出哪一個和哪一個有較親的親緣關係嗎？

系譜樹

這個簡單的世系圖是比對了紅毛猩猩、大猩猩及人類這三物種中某一特定基因的核苷酸序列所得到的結果。根據該基因上的一段含有75個核苷酸的序列，人類的序列和大猩猩的序列有12個核苷酸相異，而人類與紅毛猩猩之間則有20個核苷酸相異。假設這些基因都曾隨機發生過突變，而且發生的速率都相當，則從這個系譜樹中我們知道，人類和大猩猩的親緣關係，比起人類與紅毛猩猩或大猩猩與紅毛猩猩的關係，還要親近一些。換句話說，人類和大猩猩的共祖生活在比這三物種的共祖還要靠近現代的年代。

放射碳定年法

當宇宙線撞擊大氣中的氮氣時，產生少量具有放射性的碳（碳14），這種碳後來出現在二氧化碳中，並成為所有活生物組織中的碳的一部分。在生物死後，它體內所含的碳14會以穩定的速率衰變，並釋出放射線。碳14的半衰期是5,730年，所以原有的碳14經過5,730年之後，會減為一半，剩下這一半碳14再經過5,730年後，又減為一半，依此類推下去。（半衰期指的就是原有的放射性元素含量減為一半所需的時間。）

測量動物死後留下的骨頭、皮膚或毛髮中的碳14所殘存的放射性，可以讓我們知道該組織的年齡。（不過這個方法不適合年齡超過4萬年的組織，因為那樣的組織所含的放射性不足以提供正確的測量。）

岩層有多老了呢？

地球的生命史就寫在地球的岩層中，這就好像一本書所包含的頁數那樣。這些岩層中所發現的化石，就好比書頁上所記載的文字。古生物學家透過追蹤岩層的年代，來推測岩層中一度是活生物的化石的年齡，藉此了解那些生物生存於什麼年代。岩層的年齡之所以能被測定出來，是因為岩石中的天然鈾原子，幾十億年以來，都以固定的速率衰變成鉛原子。因此從岩石中鈾與鉛的相對含量，可以測知岩石的年齡。

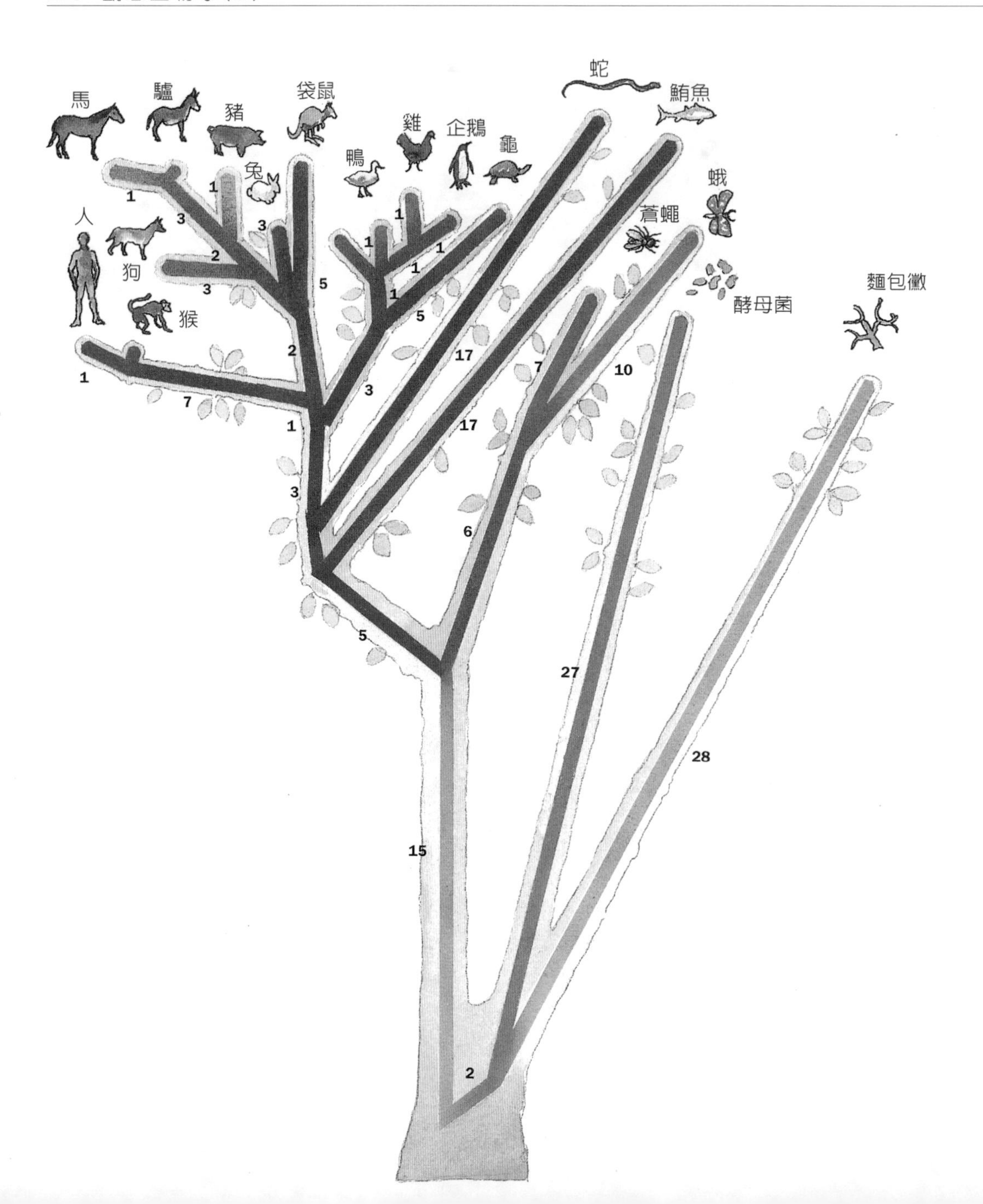

馬
驢
豬
袋鼠
兔
鴨
雞
企鵝
龜
蛇
鮪魚
蛾
蒼蠅
人
狗
猴
酵母菌
麵包黴
1
1
3
1
3
2
3
5
1
1
1
1
1
1
5
2
17
1
7
3
1
17
7
10
3
6
5
27
28
15
2

親緣關係樹

藉由比較兩物種間同一基因上的核苷酸相異性，或同一蛋白質上的胺基酸相異性，生物學家可以推測兩物種的血緣親疏關係。這方式甚至可以揭露像人類與酵母菌這樣相差十萬八千里的物種之間存在多少相似性。在這棵系譜樹上，每一根分枝的長度（它代表與共祖之間的距離），大致上是以它與相鄰物種間的核苷酸差異數目爲比例畫出來的。好比說，從圖中你可以推算蛾和鮪魚有38個核苷酸相異（10＋6＋5＋17）；烏龜與企鵝有8個核苷酸相異（5＋1＋1＋1）；馬和豬有5個核苷酸相異（1＋3＋1）。

我們可以利用這樣的推算方式，從分子層次找出所有生物的相關性，只要它們之間存在共同的基因。

各「樹種」間的比較

對科學家來說，最令人欣慰的經驗之一就是，自己建立的假說受到兩三個完全不同研究路線的實驗結果所肯定。當分子生物學家把他們的「系譜樹」（即計算基因上核苷酸的差異數目所做成的樹狀圖）拿出來與古生物學家的「演化樹」（即根據化石定年，以及比較化石解剖學與現存生物的解剖學，所做成的樹狀圖）做比較時，他們發現兩「樹種」十分的相像。由此可見，科學家可以綜合這所有的方法，把演化的路線圖愈來愈精細、準確的描繪出來。

智力的演化

基因和頭腦

三合一的頭腦

我們的腦是一個「有層次」的建築物，新來的東西會添加在舊有的東西上面。

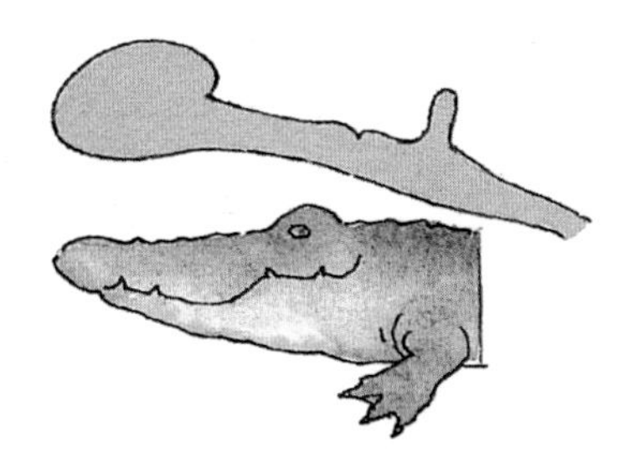

最初也是最古老的形式是所謂的「R-複體」（R指的是爬蟲類reptile之意），是由上腦幹的延伸物所發展出來的。這個部位支配著我們的領域性、攻擊性與交配能力，可說是我們最基本的「求生腦」。

在演化史上，沒有一個器官像人類的頭腦發展得那麼快。從我們類猿的祖先時代（距今大約5百萬年前）到現代人類的出現（距今大約20萬年前），在這段期間裡，人類的腦容量每10萬年就增加約16.4立方公分。儘管新質量不斷的添加在舊有的質量上，我們腦內調節身體與本能的裝備依然近乎原封不動；新的迴路可說是直接安裝在舊有的迴路上面（請見左圖）。

人類的頭腦在某種程度上跨越了門檻；怎麼說呢？我們腦部所保存的訊息遠超越我們基因上的訊息。每個人的DNA上共有30億個（3×10^9個）核苷酸，每個核苷酸可視為一個訊息單位；而我們每個人的腦卻有10兆個（1×10^{13}個）訊息單位，在此我們把一個訊息單位定義為一個神經連結，即在兩個神經元間傳遞數位式訊息「對、錯」或「開、關」的連結。

我們這種有加成性的腦就像可調整的硬體，它可以隨著經驗的刺激，來修改神經的連結——這正是學習的必要特徵。由於學習可以帶來強大的優勢，因此我們祖先中學習成果較佳者，得以繼續生存、繁衍下來。在早期，我們的腦部結構主要是用來應付生存與生殖之道；後來陸續加諸在腦上的東西才逐漸開啓其他關於好奇心與創造力等較抽象的領域。

語言很有可能是一步一步演化出來的，也許最初是一些簡單的叫聲，接著用不同的發音代表不同的東西（也就是為各種東西命名），後來又用其他的發音代表抽象的意念或想法。我們利用語言來增進意念或推衍想法的這種特殊能力，可說是正回饋的精采例子。一個念頭導向另一個新念頭，這個新的念頭又導向另一個更新的念頭，使新的連結在腦中建立起來──這最後將爲我們大腦的理解力開啓一扇新大門。有人就曾經這麼說：不光是我們發明了語言，語言也發明了我們！

意識的演化就像語言一樣，要大大的仰賴相互合作的方式。複雜度相似的腦藉由彼此的激盪與交流，將彼此提升到較高層次的思考。在這種演化階段（或許發生在過去1萬年以內），我們既得到一種「自我」的感覺，也意識到「時間」的存在。有了自我意識之後，每一個個體都是一個「我」──在他或她自己的戲碼中獨挑大樑。有了意識，讓一個人得以在全然主觀的世界中，引進一些客觀的標準。就在意識露出曙光後，我們人類已漸漸演化出一個可以觀察自我的心智。

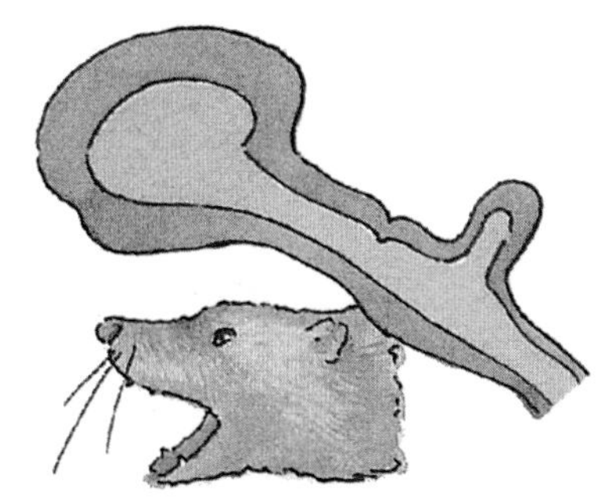

在R-複體上方包圍了一層邊緣系統（從最早期的哺乳動物演化出來的），負責使我們產生各種情緒狀態，可說是我們的「情感腦」。

我們的祖先透過想像他們的過去、現在和未來，使他們能夠鑑往知來，開創新格局。農業的發展、日曆的發明以及許多其他文化上的創新，都是源自這樣觀前想後的洞見。至於現今的我們呢？我們也能夠向前看，並想像未來生活可能的樣貌，而就在我們展望未來的同時，我們無形中獲致一項影響深遠的天賦：那就是抉擇的能力。我們不僅可以抉擇我們所要的生活方式，而且也可以抉擇爲全球整個生物圈的生命做出奉獻，這就絕非我們的祖先所能想像的了。

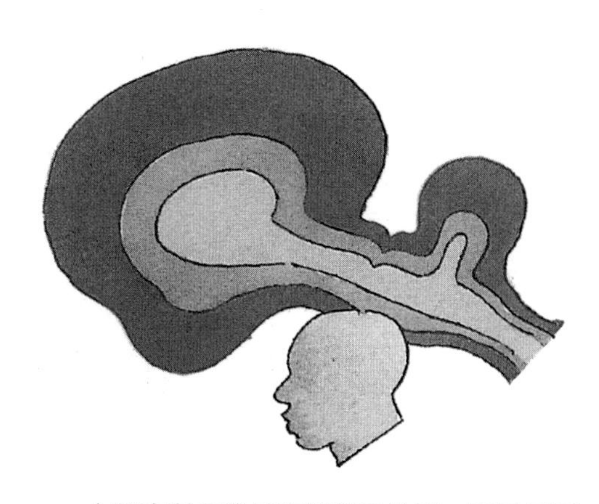

大腦皮質是我們的腦部最外圍、也是最厚的一層，它像是一個帽套，可說是我們的「思考腦」。有了這層新腦質，我們發展出很多人類獨有的特質。

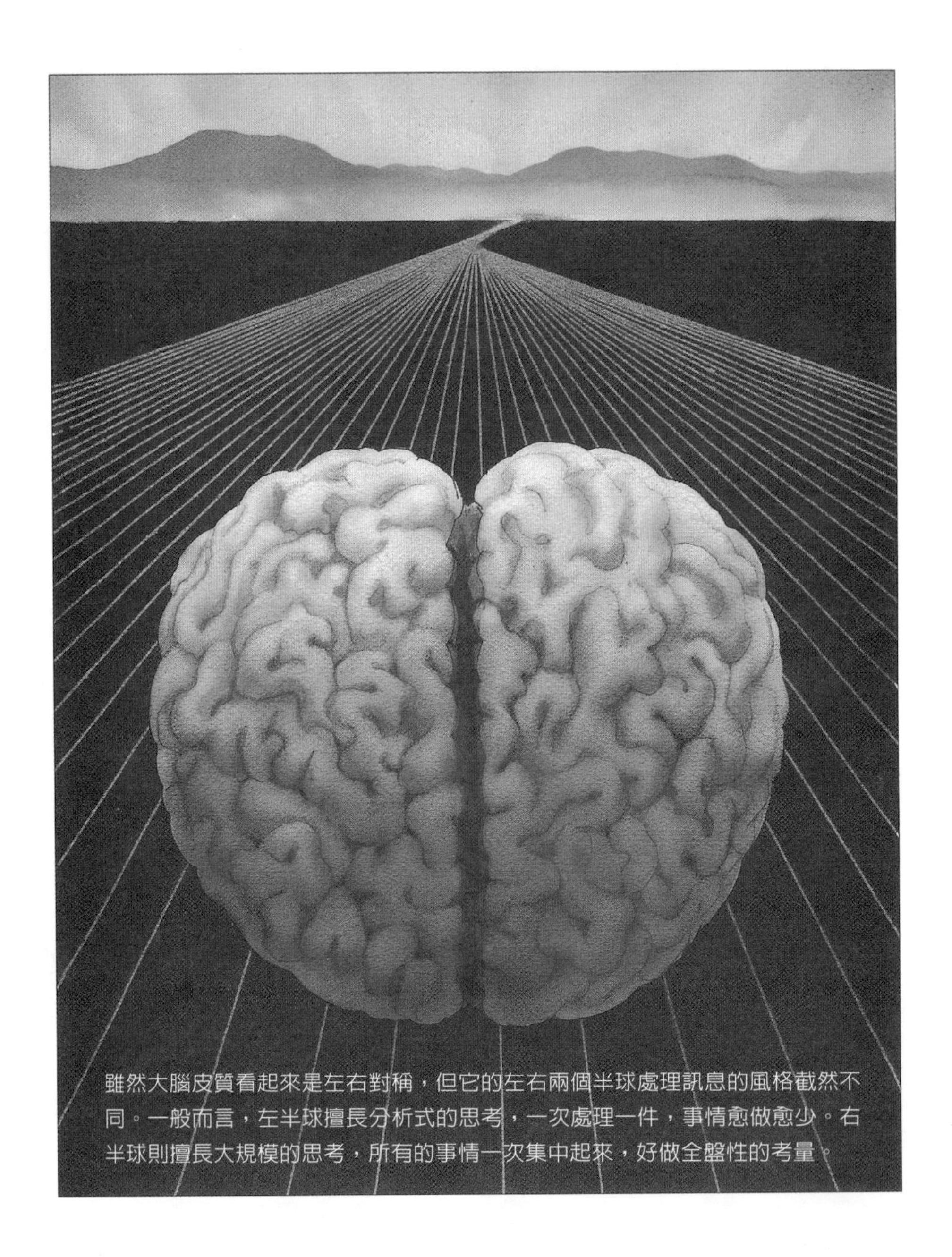

雖然大腦皮質看起來是左右對稱，但它的左右兩個半球處理訊息的風格截然不同。一般而言，左半球擅長分析式的思考，一次處理一件，事情愈做愈少。右半球則擅長大規模的思考，所有的事情一次集中起來，好做全盤性的考量。

文化的演化

基因和觀念

演化不斷推動新訊息的崛起與累積，現在，我們已來到這股動力所能抵達的最遙遠邊境上了：那就是人類經由文化所代代相傳的觀念。

和生物界的創新一樣，人類世界裡的觀念，似乎也遵守著演化的法則。雜七雜八的思想、言論及著作從四面八方匯聚而來，經過一段時間的考驗後，很自然的只有一些精粹獲得保存及再生，其餘的都淘汰掉了。今天，一個新觀念在某個腦袋中萌發之後，它將隨著傳遞到其他腦袋的過程中，一路演化下去。那些傳播得最廣、最深遠的觀念，將在全球各地的圖書館或CD收藏中繼續延續較持久的生命。

任何毫不相干、但令人印象深刻的觀念、想法或新玩意兒，都可以進入這場競爭中，例如汽車的前燈、晶片、小木偶皮諾丘、代數、天擇，甚至那些揮之不去又無可奈何的電視廣告配樂。對一個觀念而言，它的當務之急就是把自己擴散出去，不論它是否對任何東西有好處。只要它愈能夠牢牢的黏繫在我們的集體意識中，它就愈有可能存活在我們的文化中。

今日，由於通訊、傳播科技的進步，許多觀念都可以迅速的擴散開來，導致一場文化演化的盛宴正快馬加鞭的加速地球的變化。它賜予我們各種工具去拓展我們的勢力範圍、開發新疆界、延長人類的壽命，以及無止境的從整個生物圈汲取愈來愈多的物質與能量。然而，無論人類的文化再如何昌盛繁榮，終究必須適應自然，與自然和諧共處。現在幾乎不管從什麼標準來看，自然的環境正承受著沈重的壓力，許多生物已無法趕上我們改變自然的腳步，以致於滅種的速率日益高升。演化的法則已暗示我們：在一個環境行得通的觀念，不見得在另一個環境也行得通。換句話說，一切把我們帶到目前這種境地的觀念，未必就是讓我們能在此安身立命的觀念。

當前，我們認為「最成功」的一些觀念正在危及自然界的生態平衡，我們需要換個角度檢視這些觀念，並抉擇出對於全球生態系的福祉有貢獻的觀念。其中一個這樣的觀念就是博物學家威爾森（請見第102頁）所提倡的「親生命性」（biophilia），也就是人類樂於親近各種生命的天性。威爾森寫道：「想要探勘生命、並與生命產生關連的渴望，是我們心智發展中一個深奧及複雜的過程。儘管就某種程度上而言，這種傾向仍未受到哲學界與宗教界的看重，但我們的存在需要仰賴這種癖好，我們的精神領域是由它編織而成的，我們的希望崛起於它如潮水般的湧動中。」

也許，我們能留傳給後代子孫的最佳獻禮，就是讓愈來愈多的人懂得尊重生命、親近生命、熱愛生命，使地球上的生命萬物生生不息的繁衍下去！

我們在大地上烙下的印痕愈深，對大地的責任就愈多。

本圖仿自艾雪（M.C. Escher, 1898-1972）的作品。艾雪爲荷蘭畫家，以創造空間幻覺的畫作和重複的幾何圖案著稱。

名詞解釋

大腦皮質 cerebral cortex 大腦表層，由深僅2至4毫米的灰質所構成，可分成為6層，每一層包括上百萬的神經元及突觸。大腦皮質可成分數區，各區具有不同功能。

天擇 natural selection 演化的主要機制，包括兩個步驟：機會和選擇。「機會」是指一個族群中的訊息總量（即基因庫）會產生隨機的變化；「選擇」則是指非隨意的保留住有用的東西變化。

半衰期 half-life 原有的放射性元素含量衰變為一半所需的時間。

古生菌 Archaea 比普通細菌更原始的微原核生物，由一群較不特異化的細菌在將近20億年前分支出來的。

生物圈 biosphere 泛指地球上所有生物棲息生存的大環境，從高山山頂到海溝深處皆是。

同源染色體 homologous chromosome 細胞內的染色體通常都是兩兩成對，大小和形狀相同，這成對的染色體一條來自父親、一條來自母親。

地理隔離 geographic isolation 因為大海、高山等物理障礙，使得一個生物族群被隔開來。地理隔離是形成新物種的重要因素。

宇宙線 cosmic ray 亦稱宇宙射線，指從太空中以接近光速的速度射至地球的各種粒子。

衰變 decay 放射性原子核或不穩定的粒子自動轉變成其他較穩定之原子核或粒子的過程。

質體 plasmid 細菌主要染色體以外的另一小段DNA（有些為圓圈狀，有些呈線狀），能自行獨立複製，並遊走於不同的細菌之間。質體也具有獨立複製序列的能力。

噬菌體 bacteriophage 或簡稱phage，專門感染細菌的病毒。

轉位 transposition 麥克林托克提出的遺傳理論，主要論點是基因組內具有相當程度的流動性，基因可從某個染色體移動到另一個染色體上，並同時挾帶著對細胞新的指令。

注解

在寫這套書的過程中，我們曾研讀了許多參考書，獲益匪淺。不過，在此我們把最受用的一本列出來，那就是：*Molecular Biology of the Cell*，作者包括Bruce Alberts、Dennis Bray、Julian Lewis、Martin Raff、Keith Roberts、James D. Watson，由Garland Publishing於1994年出版。另一本也是很有用的參考書是：*A Guided Tour of the Living Cell*，作者是Christian de Duve，由Scientific American Library於1984年出版。

第4章 機器

第26頁，「每個『接頭』都能辨識一組特定的核苷酸三聯體。」稍早（在第1冊第177～179頁），我們曾把核苷酸比喻成英文字母，把基因比喻做一段文字。現在我們可以延伸這樣的譬喻，把每一個三字母一組的密碼子比成一個單字，每個單字最後會被翻譯成一個胺基酸。

第30頁，「從DNA到蛋白質——多重步驟的過程」：在1950年代，麻州總醫院的霍格蘭（Mahlon Hoagland，本書作者）、Paul Zamecnik及同僚發現胺基酸活化作用與tRNA的故事，可參閱霍格蘭的*Toward the Habit of Truth: A Life in Science*（W. W. Norton, 1990）。

第34頁，「拼裝蛋白質長鏈」：爲了讓讀者了解，我們書中只顯示出一個基因轉譯成一個蛋白質。實際上，許多蛋白質在製造完工時，都是由兩個或更多個次單元相互以最合適的狀態鑲嵌在一起，是一個多元體。每一個次單元都是一個小蛋白質分子，而且都是來自不同的基因，這些基因在DNA上也未必相鄰。不過當核糖體完成了每個次單元的拼裝後，這些次單元會聚在一起，進一步組成最後具有特定功能的成品。

第5章 回饋

第51頁，「傳訊、感覺與反應」：關於回饋原理的一般性解釋，可以參閱這個領域的先鋒者韋納（Norbert Wiener）所著的*The Human Use of Human Beings*（Avon Books, 1967）。

「『回饋』機制是生命世界的一個重要特徵……」由於回饋系統把它自己的狀態當作訊息來處理，有人認爲回饋機制就好像運作於所有生物和生態系統中的心智過程，類似人類的心智運作那樣。貝特森（Gregory Bateson）在他著的*Mind and Nature*一書中進一步闡述這樣的觀點。

第60頁，生物系統中變構作用的發現，多虧了法國微生物學家暨諾貝爾生理醫學獎得主莫諾（Jacques Monod）和他的同僚Jean-Pierre Changeux。莫諾所著的《偶然與必然》（*Chance and Necessity* Alfred A. Knopf, 1971）涵蓋本書探討到的許多主題的科學與哲學背景。

第67頁，「控制製造蛋白質機器的機器」：來自巴黎巴斯德研究所的莫諾和賈寇布（Francois Jacob），算是研究抑制子如何調控蛋白質合成的先鋒隊。他們因此在1965年共獲諾貝爾生理醫學獎。

第89頁，「生態迴路」：關於淡水生態系的迴路系統所具有的模控特質，可以參閱Barry Commoner所著的*The Closing Cycle*（Bantam Books, 1971）。

「……生態系並非僅以單一迴路在運作，而是一個錯綜複雜的迴路網路……」科學家兼發明家洛夫洛克（James Lovelock）曾在他的著作《后土》（*The Ages of Gaia*, W. W. Norton, 1990）中提出諸多情節、例子，來闡明地球生態系是一個由回饋迴路所組織成的巨型網路。

第6章 群集

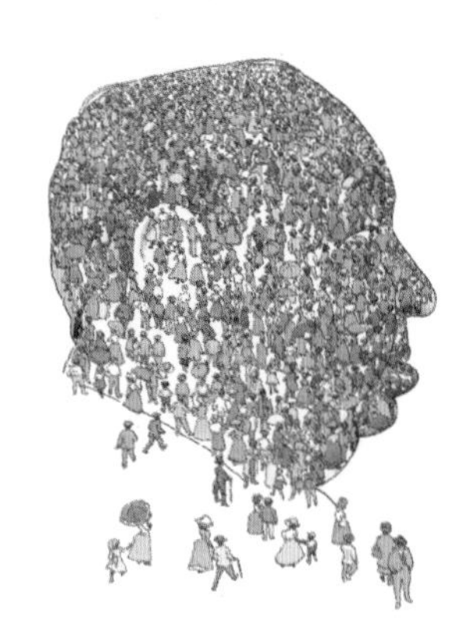

第102頁，「超生物體？」關於這方面的討論可以參考Robert Wright所著的*Three Scientists and Their Gods*（Times Books, 1988）以及威爾森（E. O. Wilson）所寫的*The Insect Societies*（Belknap Press, 1971）。

第105～107頁，「黏菌與它的雙重特性」：關於這方面的訊息可以參考Tyler Bonner所著的*Cells and Society*（Princeton Press, 1955）。

第140頁，「一連串的命令」：並非所有的信號都源自胚胎本身。在哺乳動物中，信號會透過胎盤的血流，從母體傳遞給胚胎。在某些物種中，卵子四周的護從細胞（nurse cell）會通知卵子開始發育。在蜜蜂的族群中，蜂王藉由決定讓哪些卵子受精來決定蜜蜂的性別：未受精的卵將發育成雄蜂，受精的卵則成爲雌蜂。在一些情況下，溫度也可以做爲信號：溫的鱷魚蛋會發育成雄性，冷的鱷魚蛋則發育成雌性。

第7章 演化

第150頁，「機會加上選擇成了各種創意表現的基礎。」如果你說：「生命會如此複雜而美麗，肯定是經由特殊設計而來的。」那麼，演化學家恐怕很難認同你這樣的觀點。對很多人來說，「設計」一詞意味著「預先計畫」，這眞是個誤導的定義。凡是有經驗的設計家、藝術家及科學家都知道，設計並不全然是這麼一回事。創意的出現包括靈光乍現的突發事件、偶然的機緣、出其不意等狀況。換句話說，設計必須包含隨機出現的成分，否則是不可能推陳出新的。

第151頁，「遠古的地球」：在強調地質改變的漸進性時，赫頓（James Hutton）和他的同儕可能低估了過去演化過程中，一些大災難與生物滅絕事件所扮演的角色。化石的紀錄中記載著由氣候變遷、小行星撞擊地球等因素所引起的物種大滅絕的故事。在每一次大災難之後，都會有新生命形式的大爆發，這是因爲大災難開創了新的可能與機會。在古爾德（Stephen J. Gould）所著的 *Wonderful Life: The Burgess Shale and the Nature of History*（W. W. Norton, 1989）

書中，作者對寒武紀新生命形式的爆炸性崛起，提供了精彩動人的解說。

第162頁，「自我複製的長鏈」：複製子這觀念來自道金斯（Richard Dawkins）所著的《自私的基因》（The Selfish Gene, Oxford University Press, 1989，中文版由天下文化出版）。這本書以及道金斯其他的著作：《盲眼鐘錶匠》（*The Blind Watchmaker*, W. W. Norton, 1986，中文版即將由天下文化出版）和《伊甸園外的生命長河》（*River Out of Eden*, Basic Books, 1995，中文版由天下文化出版）對於演化的證據與理論有非常詳細精闢的論述。

第168頁，「巨碩如大象的老鼠」：這個假想的實驗源自史塔賓斯（Ledyard Stebbins）所著的《由達爾文到DNA，由分子到人類》（*Darwin to DNA, Molecules to Humanity*, W. H. Freeman, 1982）。

第173頁，「當猴子遇見文字處理器」：這是一個不錯的例子，來說明有時候譬喻可能被過度衍生、延用，或太拘泥於字面上的意義。我們用這個譬喻主要是用以闡述（1）一次接一次的機會，終究可以產生有用的或有意義的字母序列──即訊息；（2）透過選擇的過程，訊息會逐漸累積；（3）每個階層的複雜性都爲更高階層的複雜性鋪路（這過程就像工程師所稱的「自我啓動」）。很明顯的，當我們發現猴子使用的是電腦這種人類發明的產物，加上又是人類主宰的目標──十四行詩，於是這樣的譬喻便不攻自破了。

第176頁，「……即使是最微小的優勢也會想辦法保存下來……」道金斯在《盲眼鐘錶匠》中，對這個觀念有最強而有力的闡述。

第184頁，「……最佳的基因組。」把基因標上「較好」或「較壞」，通常是根據它的蛋白質某特定狀況下的表現如何。在這個狀況下有最好表現的蛋白質，到了另一狀況中就不見得由那麼好的表現了，而且沒有一種環境是靜止不動的。火山爆發、地震、冰河移動、小行星碰撞、大陸漂移等活動都可能摧毀原本最適應的生物。

第196頁，「花朵細胞中的某種酵素負責製造出色素分子。」把花的顏色歸因於單一個基因的表現，或許太過簡化事實的眞相了，不過應該足以用來傳遞這樣的觀念。同樣的，白色的花只是爲了表示該花缺乏色素，而不是說它眞的是一朵白色的花，因爲眞正的白花可能會反射出我們看不到、但也許蜜蜂看得見的紫外線。

第209頁，「高速進行的天擇。」有關葛蘭特夫婦（Peter and Rosemary Grant）耗時費力的雀鳥研究，可以參考《雀喙之謎》（*The Beak of the Finch, A Story of Evolution in Our Time*, Alfred A. Knopf, 1994，中文版由大樹文化出版）。

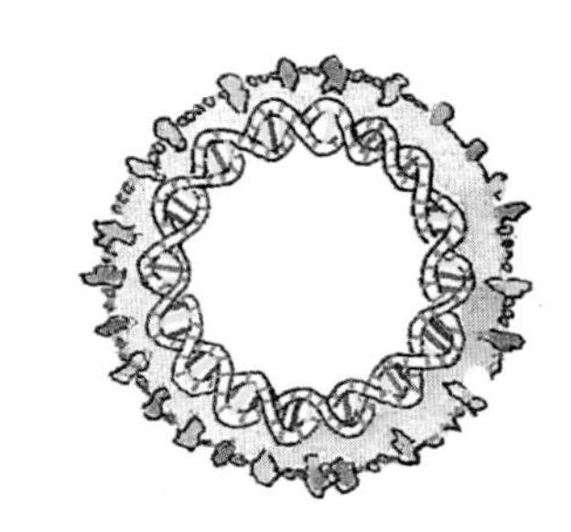

「……地理隔離……」地理上被隔絕的小族群，它們天生具有的創新可能性，與十九世紀晚期的法國印象派畫家，以及1950年代美國抽象派畫家的情況恰可相比擬。這兩種畫派的規模都很小，而且被隔絕於主流的博物館與藝評圈之外，但他們內部彼此都很自由

的交換觀念與想法。這兩畫派也都在很短的時間內創造了頗具影響力的新運動(類似演化上的大改變)。

第211頁,「……把生命朝向更複雜、更多變的樣貌推進。」關於「生命不可避免的會朝多變化與高複雜性的方向演化」這樣的觀念,在生物學家之間存在著爭議。儘管有些化石證據暗示,一些生物幾億年來幾乎不曾發生改變(例如鱟)。不過,演化朝複雜、多變、及較有互動性的方向移動,似乎是不可否認的事實。

我們還可以見到一個朝向較抽象情況發展的趨勢。在一個建築於較簡單基底之上的系統中,這種加成性似乎會以較抽象層次的邏輯(也就是比較間接的方式)來運作。演化就是具有這種加成性。好比說調節基因吧(請見第124頁的「基因做爲一種開關」),這些基因會操作其他的基因(也就是那些產生工作蛋白質的基因),而且它們勢必是在比較後來才演化出來的。進一步的演化又產生另一個調節基因,來調控這整組的調控基因。這樣的調控階級與智力的主要特徵相似,而生物也正是靠著這種層次分明的階級劃分,漸漸的愈變愈複雜。

第212頁,「對任何一種生物來說,環境中最重要的因子之一就是其他與它們共存的生物。」同樣的,我們也可以說對一個基因而言,它的主要環境就是其他共存的基因。其實就是在這種分子層次上,我們見到最根本的合作關係。

第226、227頁,「親緣關係樹」:這棵種系發生樹是根據細胞色素C(此親緣關係樹上出現的生物體內都有這種蛋白質)的胺基酸序列的分析比對而建立的。這項研究是由Walter M. Fitch和Emanuel Margoliask所做的，最初是發表在《科學》（*Science*）雜誌（155期，279-284頁，1967年）。稍後的修正版出現在《科學美國人》（*Scientific American*）雜誌（239期，1978年9月）上的*The Mechanism of Evolution*一文，作者是Francisco Ayala。我們書中的版本是源自後者的研究。就如Ayala所言：「分枝上顯示的數字，代表細胞色素C的基因上，可以讓研究者觀察到胺基酸序列差異性所需的最少核苷酸數目。」

第228頁，「智力的演化」：關於腦的演化，有一個絕佳的資料來源可參考：威爾森（E. O. Wilson）所著的《論人性》（*On Human Nature*, Harvard University Press, 1978，中文版由時報出版）和*The Origin of Consciousness in the Breakdown of the Bicameral Mind*（Houghton Mifflin, 1976）。

關於人類的腦以三種不同的階段演化出來的觀點，是由麥克林（Paul D. Maclean）在他的*Astride the Two Cultures*（由Harold Harris編輯，Hutchinson公司出版，1976年）書中提出來的。我們的圖解似乎過度簡化了爬蟲類、哺乳類和人類之間的差異。現存的物種之間存在著更細微的漸進變化與重疊。

第231頁，「文化的演化」丹尼特（Daniel C. Dennett）所著的《意識解析》（*Consciousness Explained*, Little Brown, 1991）有很詳盡的探討。

天下文化〈科學天地系列〉

書號	書　　名	作者	譯者	定價	備註
WS001	愛麗絲漫遊量子奇境	吉爾摩	葉偉文	260	
WS002	胚胎大勝利	沃伯特	周業仁	240	
WS003	統計，讓數字說話！	墨爾	鄭惟厚	300	
WS004	一粒細胞見世界	倫斯伯格	涂可欣	300	
WS005	開天闢地	布羅克	袁彼得	260	
WS006	固、特、異的軟物質	熱納、巴竇	郭兆林、周念縈	220	
WS007	看！這就是生物學	麥爾	涂可欣	320	
WS008	小氣財神的物理夢遊記	吉爾摩	葉偉文	280	
WS009	我的生日不見了	奚模尼	楊玉齡	180	
WS010	幹嘛學數學？	斯坦	葉偉文	250	
WS011	諾貝爾的榮耀——物理桂冠	科學月刊		280	
WS012	諾貝爾的榮耀——化學桂冠	科學月刊		280	
WS013	諾貝爾的榮耀——生理醫學桂冠	科學月刊		280	
WS014	凝體Everywhere	錢卓斯卡	蔡信行	300	
WS015	物理馬戲團 I	沃克	葉偉文	169	
WS016	物理馬戲團 II	沃克	葉偉文	220	
WS017	物理馬戲團 III	沃克	葉偉文	250	
WS018	微積分之旅	伯林斯基	陳雅茜	280	
WS019	IC如何創新	特騰	李雅明	320	
WS020	毛起來說三角	毛爾	胡守仁	250	
WS021	毛起來說e	毛爾	鄭惟厚	250	
WS022	數學小魔女	夫蘭納里	葉偉文	250	
WS023	費曼的6堂Easy物理課	費曼	師明睿	240	
WS024	費曼的6堂Easy相對論	費曼	師明睿	240	
WS025	觀念物理 I ——牛頓運動定律．動量	休伊特	常雲惠	380	
WS026	觀念物理 II ——轉動力學．萬有引力	休伊特	蔡坤憲	380	
WS027	觀念物理 III ——物質三態．熱學	休伊特	師明睿	380	
WS028	觀念物理 IV ——聲學．光學	休伊特	陳可崗	380	
WS029	觀念物理 V ——電磁學．核物理	休伊特	陳可崗	380	
WS030	光錐．蛀孔．宇宙弦	皮寇弗	丘宏義	360	
WS031	國民科學須知	葛瑞賓	蔡信行	380	
WS032	免疫兵團	肯德爾	涂可欣	280	
WS033	數學是啥玩意 I	斯坦	葉偉文	220	
WS034	數學是啥玩意 II	斯坦	葉偉文	220	
WS035	數學是啥玩意 III	斯坦	葉偉文	220	
WS036	觀念生物學(1)	霍格蘭、竇德生	李千毅	400	
WS037	觀念生物學(2)	霍格蘭、竇德生	李千毅	400	
WS038	夸克仙蹤	吉爾摩	師明睿	300	
WS2001	跳出思路的陷阱	葛登能	薛美珍	160	
WS2002	啊哈！有趣的推理 I	葛登能	薛美珍	160	
WS2003	啊哈！有趣的推理 II	葛登能	薛美珍	160	
WS2004	葛老爹的推理遊戲(1)	葛登能	葉偉文	180	
WS2005	葛老爹的推理遊戲(2)	葛登能	葉偉文	180	

天下文化〈科學人文系列之一〉

書號	書　名	作者	譯者	定價	備註
CS001	混沌—不測風雲的背後	葛雷易克	林和	300	
CS002	居禮夫人—寂寞而驕傲的一生	紀荷	尹萍	280	
CS003	全方位的無限—生命為什麼如此複雜	戴森	李篤中	280	
CS004	你管別人怎麼想—科學奇才費曼博士	費曼	尹萍、王碧	250	
CS005	理性之夢—這世界屬於會作夢的人	裴傑斯	牟中原、梁仲賢	320	
CS008	大滅絕—尋找一個消失的年代	許靖華	任克	280	
CS009	柏拉圖的天空—普林斯頓高研院大師群像	瑞吉斯	邱顯正	300	
CS010	古海荒漠—地中海默默守著的大祕密	許靖華	朱文煥	220	
CS011	宇宙波瀾—科技與人類前途的自省	戴森	邱顯正	300	
CS012	別鬧了，費曼先生—科學頑童的故事	費曼	吳程遠	300	
CS013	喜悅時光—從宇宙演化看人性真諦	席夫	葉李華	250	
CS014	恐龍再現—誰讓恐龍「復活」了？	雷森	陳燕珍	280	
CS015	雁鵝與勞倫茲—動物行為啟示錄	勞倫茲	楊玉齡	280	
CS016	蓋婭，大地之母—地球是活的！	洛夫洛克	金恆鑣	240	
CS017	基因聖戰—擺脫遺傳的宿命	畢修普、瓦德霍茲	楊玉齡	400	
CS018	複雜—走在秩序與混沌邊緣	沃德羅普	齊若蘭	400	
CS019	玉米田裡的先知—異類遺傳學家麥克林托克	凱勒	唐嘉慧	300	
CS020	演化之舞—細菌主演的地球生命史	馬古利斯、薩根	王文祥	320	
CS021	自私的基因—我們都是基因的俘虜？	道金斯	趙淑妙	360	
CS022	達爾文大震撼—聽聽古爾德怎麼說	古爾德	程樹德	360	
CS023	台灣蛇毒傳奇—台灣科學史上輝煌的一頁	楊玉齡、羅時成		360	
CS024	物理之美—費曼與你談物理	費曼	陳芊蓉、吳程遠	250	
CS026	達爾文與小獵犬號—「物種原始」的發現之旅	穆爾黑德	楊玉齡	300	
CS028	所羅門王的指環—與蟲魚鳥獸親密對話	勞倫茲	游復熙、季光容	200	
CS029	宇宙的詩篇—解讀天地間的幾何法則	奧瑟曼	葉李華	220	
CS031	大自然的獵人—博物學家威爾森	威爾森	楊玉齡	380	
CS032	繽紛的生命—造訪基因庫的燦爛國度	威爾森	金恆鑣	400	
CS035	DNA的語言—給下一輪太平盛世的基因備忘錄	波拉克	楊玉齡	300	
CS036	貓熊的大拇指—聽聽古爾德又怎麼說	古爾德	程樹德	380	
CS037	天才的學徒—建構叱吒風雲的科學王朝	坎尼葛爾	潘震澤、朱業修	320	
CS038	愛因斯坦（上）—千山獨行，擘創宇宙大業	布萊恩	鄧德祥	320	
CS039	愛因斯坦（下）—沾惹塵緣，萬丈光芒也彎折	布萊恩	陳瑞清	380	
CS040	迴盪化學兩極間—尋找美麗而感性的中間地帶	霍夫曼	呂慧娟	300	
CS041	瘟疫與人—傳染病對人類歷史的衝擊	麥克尼爾	楊玉齡	320	
CS042	線索—一位本土科學家的心路歷程	陳文盛		280	
CS043	第三種文化—跨越科學與人文的鴻溝	布羅克曼	唐勤、怡鋆	420	
CS044	追獵癌症—癌症病因研究之路	溫伯格	許英昌、陳雅茜	300	
CS046	夢與瘋狂—解讀奇妙的意識狀態	霍布森	朱芳琳	320	
CS047	這個不科學的年代！—費曼談科學精神的價值	費曼	吳程遠	160	
CS048	想像的未來—戴森再掀宇宙波瀾	戴森	楊玉齡	180	
CS049	雷達英雄傳（上）—群英聚義麻省理工	布德瑞	常雲惠、常雲鳳	320	
CS050	雷達英雄傳（下）—輻射八方改造世界	布德瑞	常雲惠、常雲鳳	320	
CS051	魔鬼盤據的世界—薩根談UFO、占星與靈異	薩根	陳瑞清	360	
CS052	肝炎聖戰—台灣公共衛生史上的大勝利	楊玉齡、羅時成		340	
CS053	十月的天空—一位NASA科學家的逐夢少年歲月	希坎姆	陳可崗	320	
CS054	血液中的騷動—免疫交響曲	霍爾	周業仁	380	

天下文化〈科學人文系列之二〉

書號	書　　名	作者	譯者	定價	備註
CS055	笛卡兒，拜拜！—揮別傳統邏輯	德福林	李國偉、饒偉立	360	
CS056	數學與頭腦相遇的地方	柯爾	丘宏義	300	
CS057	金色雙螺旋—生物科技的無限商機	孔伯格	涂可欣、李千毅	320	
CS058	我們是火星人？	李傑信		250	
CS059	科學並未終結	馬杜克斯	梁錦鋆	390	
CS060	物理與頭腦相遇的地方	柯爾	丘宏義	300	
CS061	生物世界的數學遊戲	史都華	蔡信行	380	
CS062	露骨—X射線檔案	凱維勒斯	楊玉齡	250	
CS063	露骨—醫學造影檔案	凱維勒斯	楊玉齡	280	
CS064	佛克曼醫師的戰爭—終結癌症的新曙光	庫克	楊玉齡	420	
CS065	費曼的主張	費曼	吳程遠、師明睿	320	
CS066	Consilience—知識大融通	威爾森	梁錦鋆	600	
CS067	物理學家的靈感抽屜 （原書名：時間旅行與老爸爸的菸斗）	萊特曼	丘宏義	240	
CS068	生病，生病，why？	內斯・威廉斯	廖月娟	350	
CS069	洞察—科學的人文觀與人文的科學觀	王寶貫		300	
CS070	統計，改變了世界	薩爾斯伯格	葉偉文	320	
CS071	牛頓（上）—最後的巫師	懷特	陳可崗	300	
CS072	牛頓（下）—科學第一人	懷特	陳可崗	300	
	科學大師系列				
CS101	大霹靂—科學大師系列(1)	巴洛	葉李華	220	
CS102	最後三分鐘—科學大師系列(2)	戴維思	陳芊蓉	220	
CS103	人類傳奇—科學大師系列(3)	理查・李基	楊玉齡	220	
CS104	伊甸園外的生命長河—科學大師系列(4)	道金斯	楊玉齡	220	
CS105	化學元素王國之旅—科學大師系列(5)	艾金斯	歐姿漣	220	
CS106	大自然的數學遊戲—科學大師系列(6)	史都華	葉李華	220	
CS107	萬種心靈—科學大師系列(7)	丹尼特	陳瑞清	220	
CS108	大腦如何思考—科學大師系列(8)	卡爾文	黃敏偉、陳雅茜	220	
CS109	小海魚的輝光—科學大師系列(9)	威廉斯	王瑞香	220	
CS110	大腦小宇宙—科學大師系列(10)	格林菲爾德	陳慧雯	220	
CS111	性趣何來？—科學大師系列(11)	戴蒙德	王道還	220	
CS112	地球實驗室—科學大師系列(12)	史奈德	劉　貞	240	
CS113	電腦如何思考——科學大師系列(13)	奚力思	林遠志、陳振男	220	
CS114	細胞反叛—科學大師系列(14)	溫伯格	周業仁	190	
CS115	宇宙的六個神奇數字—科學大師系列(15)	芮斯	丘宏義	260	

天下文化〈資訊時代系列〉

書號	書　　名	作者	譯者	定價	備註
IA001	數位革命—0110111001011101111……的奧妙	尼葛洛龐帝	齊若蘭	320	
IA002	位元城市	米契爾	陳瑞清	280	
IA003	力與美，電腦革命原動力	葛倫特	白方平	240	
IA004	矽晶之火	賴爾登、侯德森	葉偉文	380	
IA005	零阻力經濟	劉易斯	陳子豪、張駿瑩	360	
IA006	Intel創新之秘	虞有澄	季安	240	
IA007	Webonomics——一個新名詞背後的無限商機	許華茲	呂錦珍、洪毓瑛	300	
IA008	我的名字是電腦	坎貝爾凱利、艾斯普瑞	梁應權、胡頂立	380	
IA009	蓋茲的野蠻兵團	艾斯瓊、埃勒	陳瑞清	290	
IA010	MIT媒體實驗室	布蘭德	白方平	390	
IA011	區域優勢—矽谷與一二八公路的文化與競爭	薩克瑟尼安	彭蕙仙、常雲鳳	290	
IA012	Killer App——12步打造數位企業	唐斯、梅振家	邱文寶	270	
IA013	Linux紅帽旋風	羅伯・楊、羅姆	鄭鴻坦	300	
IA014	i蘋果	卡爾頓	陳子豪、張駿瑩	450	
IA015	微軟的創新推手	安得魯斯	陳瑞清	400	
IA016	矽谷紅衛兵	張煒天		260	
IA017	創意魔王賈伯斯	多伊奇曼	陳雅茜	280	
IA018	混沌碰上華爾街	貝斯	李俊忠	350	
IA019	B2B——獲利不再虛擬	康寧漢	陳瑞清	300	
IA020	創新未酬	西爾吉克	洪裕翔	420	
IA021	網路心理講義	華萊斯	陳美靜	300	
IA022	e貓掉進未來湯	郭正佩		300	
IA023	你的手機我的夢	草野達雄、井上能行	李弘元	220	
IA024	當鞋子開始思考	葛申菲爾德	王昱海	300	

天下文化〈科・幻系列〉

書號	書　　名	作者	譯者	定價	備註
SF001	3001：太空漫遊	克拉克	鍾慧元、葉李華	250	
SF002	正子人	艾西莫夫、席維伯格	葉李華	250	
SF003	童年末日	克拉克	鍾慧元、葉李華	280	
SF004	奔月追緝令	希坎姆	吳鴻	380	
SF005	夜幕低垂	艾西莫夫、席維伯格	駱香潔、葉李華	360	
SF006	滾石家族遊太空	海萊因	吳鴻、葉李華	300	
SF007	醜小孩	艾西莫夫、席維伯格	葉李華	350	
SF008	4＝71	海萊因	吳鴻、葉李華	300	

天下文化〈健康生活系列之一〉

書號	書　　名	作者	譯者	定價	備註
GH001	病人狂想曲	安納托・卜若雅	尹萍	160	
GH002	婦科診療室	威廉・派克	張嘉倩	400	
GH003	健康快樂100歲	王正一		260	
GH004	神經外科的黑色喜劇	法蘭克・佛杜錫克	吳程遠	280	
GH005	走過帕金森幽谷	李良修		220	
GH006	肝病診療室	林靜靜		280	
GH007	用心聆聽	黃達夫		250	
GH008	改變世界的藥丸—避孕藥的故事	伯納德・亞斯貝爾	林文斌／廖月娟	300	
GH009	非常醫療，非常另類	陳玉梅		220	
GH010	活力久久	約翰・羅伊、羅伯・康恩	張嘉倩	250	
GH011	甜甜圈外的人生	安蒂・多明尼克	朱珊慧	250	
GH012	重生──我打敗了脊椎裡的惡魔	雷諾茲・普萊思	尹萍	250	
GH013	搶救心跳	伯尼・羅恩	李元春	300	
GH014	健康活力Go Go Go＋錄影帶	彭淑美		299	
GH015	健康活力Go Go Go（單書）	彭淑美		239	
GH016	about SEX	大衛・魯賓	傅達德	350	
GH017	怎樣看病最正確	李蓮宗		150	
GH018	當醫生變成病人	愛德華・羅森邦	易之新	280	
GH019	為什麼她們不會老	吳香達		150	
GH020	The Baby Book-親密育兒百科上	威廉・西爾斯、瑪莎・西爾斯	張嘉倩	600	
GH021	The Baby Book-親密育兒百科下	威廉・西爾斯、瑪莎・西爾斯	張嘉倩	900	
GH022	誰先來？──在自己身上做實驗的醫生	羅倫斯・奧特曼	潘震澤／廖月娟	450	
GH023	幹嘛要抽菸？	大衛・克勞	潘震澤	300	
GH024	當父母變老──關心老人失智症、中風及其他神經疾病	劉秀枝		240	
GH025	阿茲海默診療室	麥克・凱瑟曼等	易之新	450	
GH026	三種靈魂──我與躁鬱症共處的日子	莊桂香		260	
GH027	天使的孩子──兒癌痊癒不是夢	林明燦編著		220	
GH028	性、女體、手術刀──一位婦產科醫師的診療筆記	林文斌		220	
GH029	關節炎診療室	張棋楨		220	
GH030	肺病診療室	林靜靜		280	
GH031	健康飲食GO GO GO！（新版）	郝龍斌		280	特價199元
GH032	健康飲食Follow Me	郝龍斌		280	特價199元
GH033	從憂鬱飛向陽光	何方		250	
GH034	伴你最後一程──臨終關懷的愛與慈悲	石世明		260	
GH035	絕地花園	鄭慧卿		300	
GH036	跟著名醫來養生	馬心婷		200	
GH037	用心，在對的地方──黃達夫的醫療觀	黃達夫		240	
GH038	歐陽英生機飲食50問	歐陽英		380	
GH039	獨角獸，你教我怎麼飛	謝奇宏	朱珊慧	250	
GH040	醫師的深情書	賴其萬		250	

天下文化〈健康生活系列之二〉

書號	書　　名	作者	譯者	定價	備註
GH041	胃腸科診療室	羅錦河		320	
GH042	第二意見──為自己尋求更好的醫療	傑若・古柏曼	陳萱芳	320	
GH043	抗老專家王衛民教授給費翔的12把金鑰匙	王衛民、費翔		280	
GH044	腰痛	長谷川淳史	雲中明	220	
GH045	兒科診療室	李秉穎		280	
GH046	美麗相伴	梁玉芳		250	

國家圖書館出版品預行編目資料

觀念生物學／霍格蘭（Mahlon Hoagland）、竇德生（Bert Dodson）著；李千毅譯.--第一版．--台北市：天下遠見出版；[台北縣三重市]：大和圖書書報股份有限公司總經銷,2002[民91]

冊；　公分．--（科學天地；36-37）

譯自：The Way Life Works

ISBN 957-621-999-X（第1冊：平裝）--

ISBN 986-417-000-7（第2冊：平裝）

1. 生命（生物學）　2. 生命科學

360　　91006906

觀念生物學（2）

原　　著／霍格蘭、竇德生
譯　　者／李千毅
顧 問 群／林和、牟中原、李國偉、周成功
系列主編／林榮崧
責任編輯／徐仕美
特約美編／黃淑英
封面設計／江儀玲

社　長／高希均
發 行 人／副社長／王力行
執行副總編輯／林榮崧
版權部經理／張茂芸
法律顧問／理律法律事務所陳長文律師、太穎國際法律事務所謝穎青律師
出版者／天下遠見出版股份有限公司
社　址／台北市104松江路93巷1號2樓
讀者服務專線／（02）2662-0012 傳真／（02）2662-0007；2662-0009
電子信箱／cwpc@cwgv.com.tw
直接郵撥帳號／1326703-6號 天下遠見出版股份有限公司

製 版 廠／凱立國際資訊股份有限公司
印 刷 廠／仲一彩色印刷股份有限公司
裝 訂 廠／台興裝訂廠
登 記 證／局版台業字第2517號
總 經 銷／大和圖書書報股份有限公司 電話／（02）2981-8089
出版日期／2002年5月15日第一版
　　　　　2003年3月10日第一版第10次印行
定　　價／400元
原著書名／**The Way Life Works**
by Mahlon Hoagland and Bert Dodson

ISBN: 986-417-000-7（英文版ISBN: 0-8129-2020-1）
書號：WS037

BOOK zone 天下文化書坊　http://www.bookzone.com.tw